IT SECURITY METRICS

A Practical Framework for Measuring Security & Protecting Data

信息安全度量

用来测量安全性和保护数据的一种有效框架

〔美〕兰斯·海登（Lance Hayden）/ 著
吕 欣　王 标　于江霞　樊 晖 / 译

北京大学出版社
PEKING UNIVERSITY PRESS

致 Jayne 一直陪伴我患难与共的伙伴和朋友

致 Wyatt，你简直太酷了

序 言

如今，所谓的“没有测量就没有安全，”或类似像开尔文勋爵关于测量和结果之间的关系的最初宣言已成为老生常谈。不幸的是，很少有组织有效地遵从这一信条。在我看来，这是整个安全行业中最强有力的控诉之一；尽管控制框架、最佳实践以及指导在不断地扩大，但是似乎还没有人询问(引用风险分析测量专家道格拉斯·哈伯德的话)，“我们怎么才能明白这个东西是否真的有用?!”

那么，在经历了近十五年对财富1000强组织的安全咨询后，我在这里要告诉你们关于信息技术安全的一个可耻的鲜为人知的事实：防火墙、漏洞扫描、入侵检测/防御系统，数据泄漏预防、应用程序安全、补丁管理、加密、数据安全标准条例……没有人真正清楚这些东西是否有用。信息安全对以上所列举的各项投入越来越大，但是论及测量投资回报率时，他们仍然像躲避瘟疫似的避开这一话题。现在数量可观的资金开始投入到安全领域上(例如：据我所知就有信息技术安全年均消费超过五千万的机构)，如今时机已经成熟，是时候迎接挑战并深入探讨实用、相关、有效的安全度量了。

走进你手持的这本书，兰斯开启了一段深刻且以事实为依据的旅程，去探寻谁提出安全度量、安全度量的意义，何时、何地、如何以及为什么去建立这个度量指标。他阐明原理，打破了神话，为信息技术在定义、实施以及说明安全活动与投资的价值上提供了更好的方法。

在这本书中，我特别欣赏兰斯务实的方法：他碰壁的次数足以使他理解和懂得对度量的专业化历史性尝试。(如年预期亏损)但是他也明确知道，到目前为止我们所做的还不能提供有用的决策支持，而且对于处于各组织间责制和监督逐渐加强的年代，我们也不能非常清晰地表述出安全活动的价值。

与其他我读过的书相比，这是此书的不同之处：书中暗藏着一种令人耳目一新、给人启示的逆向思维，但同时也提醒人们对其加以辨别。往往急于改革和挑战现状的想法在技术领域有些极端，会使我们脱离一些基本原则，而这恰是我们赖以工作的基础。此书并未忽视这些基本原则，而且鲜明地植根于风险管理、决策支持和基本经济学的基本概念中。与此同时，人们认识到，今天安全专家的许多实践是大打折扣的(借用第一章的一个表述)，并且“炼金术”常常为那些想要走捷径的“懒虫”以及为使观众所想听的为结果增色的“套期保值者们”所采用。介于石器时代和发展最前沿之间，我们开始感到迷失和困惑；这本书是带我们回到中间地带的简明向导，它提出了一个更具有实证性的方法去思索信息安全和衡量它的进程。

虽然“中间道路”和“安全度量”可能听起来很乏味，但这本书却完全不会给我们这种感觉。书中运用了大量丰富的实例、轶事、隐喻、对复杂概念的清晰描述、与其他行业的类比，此外作者近似纯娱乐化的写作风格不会使你感到枯燥乏味。这些东西读起来一点儿都不费力——像泊松分布和蒙特卡罗模拟法这样能用于当今信息世界解决实际问题的工具，书中对它们的描述并不是牙牙学语般的搪塞，例证中也应用了实际的数学法来阐述它们在实践中是如何运作的。

这本书的相关性、信息量以及可读性都是一流的，作为一个有十多年经验的技术作家，我是很郑重地说。在阅读章节时，我"抄袭"了许许多多的好点子来运用到我自己的工作中，这成为我自己的个人价值与实用性的指标。《信息安全度量》销量屡创新高，我强烈地把它推荐给任何一位本着热忱、严肃的态度，精确、高效地保护数字资产的人。

Joel Scambray

与人合著《黑客大曝光》，Consciere 公司首席执行官

2010 年 4 月 25 日

致　　谢

完成这本书，我要感谢很多人，因为没有他们就没有这本书。我爱我太太和儿子，感谢他们在我研究和写作过程中给予我的坚定支持。我每次研究都要连续工作数小时，他们对我的理解仍然让我感动，我感到非常幸运，因为有他们在背后支持我。

我要真诚地感谢我所有的以这样或那样的方式促成了这本书的同事。Doug Dexter、Mike Burg、Caroline Wong 和 Craig Blaha，他们写了极好的研究案例，这本书对各行从业者投入上获益极大。我也感谢 Joel Scambray，他融入了自己的想法和见解写了一个非常宝贵的序言。作为技术报告审核专员，Caroline Wong 肩负双重任务，我要感谢她在我写作中为我提供了许多见解和建设性的建议。书中几个主题来自 Mike Burg 和我在不同项目共同工作中的经历，我感激他花费大量时间给我反馈。也感谢在思科水疗中心团队的 Pablo Salazar，很多想法都是从我们就各种主题多次交流中产生的，如：关于其他行业的测量、将学术界成果转化到现实世界中、人类安全行为、"圆形监狱"和钱币学。最后我想真诚地感谢我在思科的上司 David Phillips，他坚定的支持和鼓励使这本书的问世成为现实。

这本书的许多概念和技术来源于我在得克萨斯大学奥斯汀分校做博士项目的经历，感谢论文委员会，尤其是委员会主席 Phil Doty 博士和 Mary Lynn-Rice Lively 博士，这些学者教我成为一名社会科学家和研究员。他们专注于定量或定性的研究方法，这种研究方法仅仅提出一个只有理解一半的问题，这让我印象深刻。得克萨斯大学信息学院是我多年来的学术之家，我想表达我对导师、同事、学生的感谢，他们一次又一次地拓宽了我的思想和经历。

我要感谢麦格劳-希尔的团队，这一团队使这本书顺利完成。感谢非常优秀的 Jane Brownlow 编辑和 Megg Morin 编辑，她们对本书满怀信心，并不断地提供建议和支持。项目协调员 Joya Anthony 为我们制定了严格的计划，保证我们如期完成目标。同时我还要感谢 Lisa Theobald 和团队里出色的编辑们，他们对章节编写的改进提供了敏锐的视角和很好的建议，感谢 Vasta Vikta Sharma 和在 Glyph 工作的每一个人，她们的付出保证了该书的出版。

最后，我想向给我启发的许多安全学者、从业者表达感谢之情，以及最终决定本书成功与否的读者们。我希望你们能对本书感兴趣并发现它的有用之处，使本书能作为另一种声音在以后关于测量和安全改进方面的讨论中发挥应有的作用。

译者序

中央网络安全和信息化领导小组第一次会议提出，网络安全和信息化是事关国家安全和国家发展、事关广大人民群众工作生活的重大战略问题，要从国际国内大势出发，总体布局，统筹各方，创新发展，努力把我国建设成为网络强国。如何去评判一个国家、一个行业、一个系统的网络安全态势，加强调控和能力建设，成为当前世界各国政府管理层、学术界和产业界关心的一个热点和难点问题。

安全度量是发现问题、判断形势、提出对策的基础，是加强网络安全管理的一项基础性工作。开展网络和信息系统安全度量需要解决三方面的问题：一是建立一个科学、可操作性强的指标体系，这些指标可以真实反映系统的安全态势；二是建立度量的方法学，以此为基础来推进安全度量的各个环节实施，以实现评价目标；三是度量结论可以服务于我们系统安全性能的改善和安全能力的提升，为决策层提供有效的信息参考。

网络安全度量的难点在于我们面对的网络信息系统的复杂性、不确定性和攻防双方信息的极大不对称性。正如本书作者兰斯·海登所说，尽管目前在网络安全领域已经建立了一些安全度量的方法，但很多度量都有其局限性并会导致某些安全性方面的问题。在本书中，作者系统阐述了什么是信息安全度量，谁来执行信息安全度量，如何设计有效的信息安全度量，以及如何用度量结果来支持决策。本书内容丰富，视角新颖，伴有相关应用案例，具有较强的实践应用价值。

我们在开展“信息安全保障指标及评价体系”专项课题研究过程中发现并认真学习了本书，并愈加认识到本书对于学习和开展信息安全度量具有重要的参考价值，深感翻译本书十分必要。因此，在北京大学出版社的大力支持下完成了本书的翻译。尽管翻译组的同志付出了大量的努力，反复讨论、认真论证，但基于水平限制，一定还存在一些不当之处，欢迎广大读者批评指正！

感谢何德全院士和国家信息中心有关领导对本书翻译工作给予的指导和支持。

本书的翻译工作得到了北京大学出版社陈小红主任，王华编辑的大力支持和帮助，在此表示诚挚的谢意。

本书所涉及的字母、公式和人名等，均沿用原著表示方法。

吕欣

2015 年 8 月

目　录

第一部分　安全度量介绍

第二部分　安全度量的实施

第三部分　探索安全度量项目

第四部分　在安全度量之外

导　读

如果你想要一个好的测量问题，那么就去看《虎胆龙威》这部电影。这部电影的角色是由布鲁斯·威利斯和塞缪尔·杰克逊饰演的。杰克逊试图去阻止坏人，却发现自己置身于一个拥挤的公园之中，公园里有一个五加仑的塑料罐、一个三加仑塑料罐、一个喷泉还有一个威力巨大的炸弹。为了拆除炸弹，他们必须将四加仑的水（以不超过几盎司的误差）在一定的时间内放到称上，否则，每一个人都不得生还。当然，在他们意识到注重罐和规模是不够的，为实现必要的测量还需要一个精确的逻辑流程之后，他们才解除了这次危机。这一场景是壮观的，它包含一个测量挑战、一个可接受的误差、还有一个可能由于测量失败导致不可接受的后果。到最后，这个问题与度量关系不大（比如体积和重量指标），反而更多和探究决策制定的测量进程有关（是否冒着可能爆炸的危险把罐子放进去）。

信息安全性评估

这是一本关于测量过程的书，也是一本关于度量的书。越来越多的首席信息安全官以下的信息技术从业人员被指派去评估他们组织的安全和改善数据保护活动的效力。从对萨班斯—奥克斯利法案和数据安全标准的监管和产业规范到对由国家、跨国犯罪或恐怖组织构成的“高级持续性威胁”的讨论，信息安全显而易见正经历一场巨大的冲击，就连美国总统这样最具权威的人也参与进来了。回顾2009年美国网络空间政策，得出的结论是，美国的数字基础设施既不安全也不能防御持续的攻击。报告中给出的提高基础设施安全的一系列建议中，排列最靠前的就是需要实施更好的安全测量和度量。

这给我们提出了一个重要的基本问题：我们热衷评估的所谓的安全是什么？我们行业经常使用安全、风险、漏洞等词语，却并未首先定义一下这些术语的意义。我们常常听到这句口头禅，“要对自己的领域了解才能得心应手，”我同意这句话。但是如果你缺乏对所管控的现象进行定义或达成共识（例如，系统运行与人类行为），就直接进行度量，必然受挫或导致失败。如果数据是具体的且为每个人所接受，你对所测事物的理解也必须是具体的、一致的。

对岩石的理解

信息安全度量最难的工作源于努力去解释你想弄清楚的究竟是什么。毕竟，安全不是个有形的事物。让我们暂且先把安全抛在一边，考虑那些比较容易测量的事物如岩石。岩石测量似乎非常简单，岩石有高度、宽度和深度，你可以使用尺子很容易地测量出来，把岩石放在秤上就能称出它的重量。如果安全测量有那么简单，并且一些安全维护人员所采用的测量方法正是你所想的，那么一切就太好了。但实际上岩石也具备复杂的测量特征，岩石有质量，它是不同于重量的，那么你该如何测量呢？岩石有化学成分和矿物学特征。岩石具有诸如碎石尺寸这样的特殊指标，它用于测量岩石个别颗粒的大小。并且测量岩石还有更多挑战性的指标。许多岩石兼具可以测量的社会价值和经济价值，尽管这些评估指标不能只从岩石的内在属性着手。

因此这印证了一个道理：即使是测量看似简单并且有形的物体都不是一个简单的事情。如果你不清楚你对岩石的哪一方面感兴趣，那么你在评估哪些指标将会增长你对岩石的了解或改进相应的决策时就会变得更加困难。这块岩石是掷向敌人更好还是把它擦亮打磨成一枚戒指更好呢？如果你为了保护自己的黄铁矿而向敌人投掷了一个24K的钻石，你可能会为此感到后悔。如果我们连测量岩石的过程和标准都难以达成一致的话——想象测量信息安全将会有多么的困难！

安全专家常常陷入这样一个陷阱里，即他们还没明白我们真正想要知道的是什么，就试图去评估安全。我们也许自以为知道，但往往我们的调查是过于简单的，只建立在我们的直接经验和先入为主的知识结构上。我们中有多少人在参与组织安全的讨论，结果后来（通常在方案实施的时候）却发现，每一位参与到讨论中来的人对安全的意义的想法千差万别。这一情况在企业安全经理与安全技术人员谈话时尤为常见。安全在业务上的定义不同于它在技术上的定义，因为一名财务分析师所熟悉和关注的事情常常与一名防火墙管理者所熟悉且关心的事情大不相同。

通过《信息安全度量》提高安全性

随着安全行业（职业）的成熟，以及安全被视为业务流程的核心，人们对这一流程的有效评估的需求在与日俱增。为了满足这一需求，信息安全技术的度量运动也在逐渐加强。这本书试图继续探讨安全测量，帮助你理解如何在组织环境中有效地使用度量指标。为此，我提出了一个框架，有助于在业务流程改进的背景下确定安全和安全度量，同时我希望能给你们提供一些信息安全测量的新方法，这些方法也许会有别于你在其他度量书中可能会读到的方法。

本书的组织结构

本书共分为四个部分，体现了全书的整体内容及各个章节的写作目的。我并没有把这些部分或章节作为独立的模块去写，而是自始至终以叙事的方式把各部分串联起来（当然，你不用非得从头到尾顺着去阅读，但这是我整本书的结构编排）本书的结构围绕着安全过程管理（SPM）框架展开，它是创建内聚性的信息安全度量项目的通用方法，而这一度量项目将测量项目的战术和战略因素都考虑在内。因此，在其他条件相同的情况下，我建议你从头到尾地读完这本书，对于有些章节的概念介绍，如果你已经熟练掌握，就可以跳过。

我也诚邀了几名对度量的某个方面或多个方面颇有经验的行业从业者，他们的研究构成了此书的案例部分。每一部分都以案例的研究为结尾，多多少少都与特定章节的内容相关。这些案例研究用来说明我所讨论的是如何在不同情境和环境下呈现的，希望它们在测量安全上对你有所启发。

部分

本书由四个部分构成。

第一部分：介绍安全度量

第一部分讨论了信息安全度量的现状，批判了一些现存的安全度量以及关于应如何进行安全测量的偏见，提供了思考安全度量的新方法。这部分还介绍了数据的概念，这些数据在理解如何进行安全测量中发挥着重要作用。

第二部分：安全度量的实施

第二部分介绍了安全过程管理（SPM）框架和讨论了安全度量数据的分析策略。这一部分还探讨了安全测量项目（SMP）的概念—作为一个度量实践，这是上述框架的重要组成部分。

第三部分：探索安全度量项目

第三部分从目标、数据、到分析来讨论安全测量方案具体实用的实例。这些项目范例为读者提供了先前章节中所提及的概念的具体介绍，并说明如何去实施这些项目。

第四部分：安全度量之外

第四部分探索如何开展一个安全度量项目，并战略性地将其应用到不同的组织情景和环境下，其目标是实现持续性的安全改进。

章节

这本书的每一章节涵盖了与理解和开发信息安全度量和安全过程管理框架密切相关的具体材料。我尽力使章节的内容变得切合实际：我力图为我们正在谈论的问题提供具体的、可操作的例子，而不仅仅只是描述概念。我的目的是为了使读者能够形成这样的思想，即他们如何在自己的实践和组织的范围内实施这些概念。为此，各个章节都包含了方法、使用案例和工具的描述，同时它还能够展现模板和组织方面的因素。每一章节还包括总结以及就各章概念和主题相关的扩展阅读。

结束语

这本书终于诞生了。当我完成我的博士课程时，我越来越清晰地意识到——

我的同行可能受益于许多社会科学研究方法和技术，而这些方法技术我已经探索了好几年。我论文的题目本身并不重要，在社会科学方面写一篇论文是一个有趣的、有意义的想法，而且，深入的挖掘探索之后，它不仅仅只适用于自己。但是，在写论文的过程中所得到的实践大于所获得的启示。当我从研究过程中醒过来时，我意识到，虽然我的特定课题不会改变安全实践，但是我学会的技术和工具很可能改变安全实践。我开始阅读他人关于安全度量的想法，并且意识到因为科学探索的开始，安全领域是行业和研究领域的旅程的开始。我们是新人，有很多需要学习。但测量不是新的手段，也不是测量完成后调查和观察经验的方法。我希望能在这本书中与大家分享一些方法。如果我的研究完成得很好，你可能对其中一些方法不熟悉。如果我把我作为一个作者的工作做得很好，你就应该可以用这些方法来理解和改进你的安全操作。我希望这两个工作我都完成得很好。

第一部分

安全度量介绍

第一章 什么是信息安全度量?

无论你是否已经准备好制订一个信息安全度量计划,你一定好奇怎样能更好地度量和改进组织的安全性。你可能会寻找新的方式来体现信息安全对于高级管理层的重要价值,或者你可能只是想给安全操作带来更多的可视性。你可能会在担心相关的法律法规要求你的组织对于指定的信息安全管理负起更大的责任。不论你的理由是什么,我相信你已经可以更多地了解如何开发和受益于IT安全度量。但是,在你沉浸于这些细节之前,你需要去理解安全度量体系的规则。

在过去的几年里,我们看到了很多质量参差不齐的安全度量。很多书籍、行业文章、报告以及白皮书都致力于宣传IT安全度量的好处。安全度量迅速成为一个热门话题,因此有些人认为我们是刚刚发现,安全度量可以对我们的行为进行测量的。但是,对于那些被专业安全人士使用多年的众所周知的安全度量——如年度损失期望(ALE)、总体拥有成本(TCO),以及定量和定性的风险评估——当然是不准确的。

随着安全度量领域的发展,人们越来越意识到传统的测量效果并不令人满意,它们没有给我们带来真正需要的用来支持决策或者明确安全活动价值的信息。而且它们也不能胜任不断变化的安全形势带来的更加细微的威胁和不断增强的问责及审查机制。我们必须找出新的更好的度量方法来分析现有的指标数据,人们在这些方面达成了共识。本书旨在加入IT安全度量领域的讨论,并且帮助人们更好的测量、阐明信息以及IT资产保护的价值。

当我给客户就如何开发一个有效的安全度量项目提供建议时,通常我会面临一些迫在眉睫的挑战,其中最重要的是,人们普遍理解的指标通常与他们的切身问题紧密相连。我们往往只测量那些我们经常处理的东西,最终我们将它们定为唯一重要的度量。例如,每天早上我煮咖啡,会仔细测量将几勺磨碎的咖啡和几杯水,添加到压滤壶中,作为我每天的咖啡因摄取仪式。我关心这些测量,因为它们会直接影响我早晨的体验。我并不去思考这些测量是如何与其他指标相关联的,如咖啡豆所需的适当的酸性及氮的需求、最佳的温度,或者是烘烤的时间等,我这些测量依赖于他人(但如果他们不能胜任,我总会找到其他的咖啡来源)。

这些度量,不管是咖啡还是IT安全,对信息安全的评估包含了许多域内度量审计和域外度量策略,当域内度量审计和域外度量策略应用于大型系统时,他们会更加相互依赖,更加具有战略性。我可能不会在我的局部环境之外进行测量,但如果我够聪明我就会试着去更多的了解他们,从而做出最好的选择,而且别人也会这么做。除了咖啡和水的比例之外，弄清楚制作出好咖啡的其他因素，将最大限度地提高我的消费体验，而了解到我如何测量并享受我的早餐饮料将会帮助咖啡制造商体现其价值及其竞争力，这对于IT安全来说也是一样的道理。我可能不会超出我的防火墙日志的内容对测量安全进行分析，但如果我不理解别人是怎样测量安全性或其他的商业价值，那么我的数据就不能很好的帮助我（或别人）做出决策。如果我能学习去了解其他的权益相关人是如何在我的公司度量成功，我可以用我的安全指标数据来帮助他们使他们的业务获得更大的成功，从而证明我个人工作的价值。

随着安全问题变得越来越复杂和普遍，安全专家们不仅需要保护公司财产，还要为公司的财务和竞争力负责，关于IT安全操作的信息将更具有全球性和战略意义。作为一名顾问，我接触到各种各样的已被证明了安全测量价值的需求和环境，我建议人们在看待安全度量的时候能更具有大局观。

再回头说我的比喻，如果你的生活依赖于咖啡，你需要多了解的不仅仅是一杯咖啡的机制，同样，如果你是一位首席信息安全官（CISO），你需要了解更多，而不仅仅是昨天防火墙记录了多少事件，或者哪一个供应商提供的防火墙能让你节省更多花费。关于测量需要研究的几个问题如下：为什么我们想要测量，我们真正想要测量的到底是什么，我们怎样测量以及怎样处理我们收集到的数据。所以让我们总体上来看看度量和测量。

度量和测量

基于某些原因，你可能想要迅速实现一个安全度量计划，可能是想要证明你管理行为的价值，或者是提高自己控制能力和保护你的基础架构，但是这些原因的核心在于我们为什么要测量事物：我们想更好地理解它们。这是一个关键点，它将在随后告知你如何运用你的努力来实现自己的安全度量项目。

你通过测量安全性来理解安全，这句话看似很简单，但将它付诸实践还是比较困难的。我知道客户已建立了度量方案，但仍然在努力研究其安全性。这种情况经常发生，是因为客户的度量方案实际上是一个数据采集程序，完全不是由测量驱动的。这种度量方案令我想起了电影《夺宝奇兵》中，政府将一个巨型仓库藏匿起来，然而最后却遗忘了琼斯博士努力得来的那些神秘装置。对于度量方案来说，采集安全数据确实十分关键，但采集到的数据，若没有数据的采集环境、采集原因以及采集作用等相关信息，你可能会发现当你需要描述自己的测量数据时，只有依靠兆字节来计算数据日志以及由审计员提供的几本书架报告。

度量是结果

在设置安全度量计划时，人们常犯的错误之一是过于注重度量指标本身。有人认为这种过失是由于语义的关系，因为在行业中，相比于“测量”(measurement)人们更趋向于“度量”(metric)，是因为它能更好地描述我们的工作。我也感觉很愧疚，本书的题目就是证据，但是我做出了我的选择，如果我的书名叫“IT 安全测量”可能会让读者费解。

需要强调的最重要的一点是安全度量是一个过程，而不是目的。一旦你建立了一个安全度量计划，你必须扪心自问这个计划的成果如何来提升你对自己安全系统或者程序的理解。理解不是诊断，经过长时间的使用后，一定比例的用户的密码很容易被破解，或者易受攻击的面向网络的安全主机的比例还没有降低四分之一从而减少一些关于你的 IT 安全有效性的不确定性，但如果这些信息不能让你提高有效性，那或许是因为计划中某些东西的缺失。即使安全性有所改善，如果这些是你唯一知道的，而且你并不了解为什么会有所改善，那么你的度量指标并不会比安全性降低时带给你的价值更大。度量指标是一个概念上的数据库，它的作用是定义和规范信息。度量指标并没有将信息转化为知识，存储任何超过准确定义的词将会把它从字典转化为文献，只要有人能完成这些事。

测量是行为

安全度量的目标并不是收集大量数据，少部分理解深透并且定期应用的数据会比大量没有处理过的，在架子上或者硬盘中落着灰尘的数据更有价值。度量真正的价值在于获得了代表有意义活动(我们完成任务或目标的行为)最终结果的数据，度量至少应该是我们的观察记录。测量是观察和收集数据的行为，努力去获得我们正试图了解的事物的实用数据，这种差异是很重要的，因为度量给 IT 安全带来的不仅是信息，还有成本及风险。

为了收集度量数据而收集度量数据不是测量，除非研究活动的目的是为了在历史数据中挖掘出有趣的模式。我实际上喜欢这种类型的测量，而且我认为它很有价值，但多数与我共事采集安全数据的用户这样做却并不是出于做学术的目的，他们的安全数据很少进行实验式的分析。更常见的是，他们采集安全数据的益处在于可以声明已收集了大量安全数据，即使他们并不知道这些数据揭示了什么，但拥有大量数据会令人感觉很安心。随着人们努力去比他的同事、上司或与之合作或竞争的组织收集到更多的数据，采集到所有这些数据甚至可以充当组织竞争的弹药库。

现在所面临的挑战在于安全度量本质上是有风险的，正如其他让你更好地理解的事物一样。知识可能是力量，但伴随它的往往是一定的要求和义务，其中最重要的是，你可能需要以新的方式来看待你所处的环境，而这可能会相当不舒服(或昂贵)。除了收集和贮存度量数据所带来的开销问题以外，还意味着你现在所收集的一切安全数据都是由你所知的人和组织构成的。采集到的系统缺陷的数据意味着你知道它是因为什么不安全，由于这些信息会在报告中给出，不论报告来源于自动程序或安全顾问，它总会储存在你的书架或者硬盘中。倘若安全漏洞被攻击，这些数据会有泄露的危险，导致你的组织将面临诉讼。

不管你是否读了或理解了报告都无关紧要：你采集到了数据并且提升了认识，发现了问题但没有采取行动导致了安全漏洞。但是，实际上在你得到数据之前，就可以阻止更多的破坏。许多安全管理员未考虑到他们所采集的数据已经被记录在公司的档案中，并且可能遭受电子取证。未使用的度量数据会导致雪上加霜，一旦被黑客攻击，你可能会打输官司，因为你明知道由于你的安全度量数据会导致安全漏洞。这对于在我们刚刚兴起的安全度量的行业来说是一个重要的考虑因素。

我的意思不是说度量风险太大，也不是说我们应当对安全机制如何运行置之不理。如果你采集到了数据但是并没有使用，那么你就不会有一个安全度量计划。没有分析和行动的测量仅仅是浪费时间和金钱，而不是降低它们的不确定性和风险。我们需要更加了解我们的安全操作，了解我们安全流程所带来的价值远远超过对其认知所带来的风险。但度量指标必须建立在针对安全测量和实用的完善的战略之上，而不仅仅是囤积我们不打算再看，更别提投入分析使用的数据。相反，安全度量应被看做是业务流程的一部分，从而随着时间的推移会不断寻求更好的企业信息资产保护措施。

如果你正在执行一个安全度量计划，你应该做的就是对你所接触到的任何其他的业务流程涉及的风险、成本、收益一视同仁。对于你所在组织收集的每个度量指标，都需要有人理解数据被收集的原因以及数据所支持的决策，并且需要有人对收集这些数据的成本和收益进行评估。进行没有任何特定目标的探索性数据收集是可以的（并且通常是有用的），但研究度量的行为应当被理解并最终为你的公司带来新的认识。

当你把度量应用于探索安全操作时，扪心自问你是否做好了对从测量程序中获取认识进行操作的准备，即使这些认识是意料之外的，或者对你的安全操作提出了新的要求。如果你还没准备好如何处理这些认识，度量只会让你的问题更复杂。

安全度量的现况

随着人们对 IT 安全度量关注度的不断增长，安全领域已经使用了几种常用的公认的度量方法，这些度量有些是安全实践的基石，供应商用其来推销他们的产品，而安全管理员用它试着去提高安全性和降低风险。然而，很多度量都有其局限性并会导致某些安全性方面的问题也是存在的。

现在有很多的参数来评价一个度量的好坏，我们将在本书中探讨一部分。我相信任何能够帮助组织降低不确定性的经验性测量都是一个好的度量。我不会仅仅因为一个度量不是定量的或不明确就认为这不是一个好的度量,也不会仅仅因为它简单明确就认为它是一个好的度量。当测量进行不佳或者测量方法自身不够严谨时,任何测量都会被质疑。不精确的安全度量的举动可能引发一些问题,包括数据质量问题,实证性或不成熟的以误导性的方式使用度量的问题,以下这些度量都有这样一个或多个的问题。

风险

在 IT 安全中风险是一个基础性的概念。与安全性相关的核心问题是,在做出某些决定或采取具体行动时,我们需要承担什么样的风险。作为安全从业人员,我们关注的所有现象中,风险是排在首位的。但是最关键的,风险往往是一个人们知之甚少的概念。信息安全从业者通常使用术语,如风险评估、风险分析、风险管理等,风险的定义往往是假设的或想当然的。在 IT 安全中,风险通常是与系统或数据遭到破坏或损失联系在一起,但这个定义太笼统并且没有被普遍接受或使用。相反,风险通常被定义为一些概念的组合,如广义的威胁、缺陷和不精确的参数等,直到我们只剩下一个模糊的概念,它甚至可以改变整个组织。这使得风险始终难以衡量其安全性,而且许多厂商混淆了风险的含义或误用其来推销他们的安全产品和服务。

IT 安全风险可以反映出相关行业的不成熟和我们正在面临的专业挑战。我们对于风险的认识是一种大体上的印象,当我们在讨论风险的时候,我们很少感觉到我们需要去弄清楚它真正的含义。我们用风险这个术语来描述很多我们知道会影响安全性的不同现象,然而我们却从未对它认真的理解和定义。

当我们在 IT 安全背景下提到风险,每个人都会赞同地点点头,但你却不能肯定每个人对风险的理解都是一样的。毕竟,风险意味着很多事情,假设在一个成熟的行业中,比如金融业,对风险的定义有明显的差异,向一个财务人员询问风险,那么他可能会需要你进一步说明你的意思,你指的是内源性或外源性风险——风险是在控制范围之内还是之外?你说的是系统或者非系统的风险——是否风险是受一定的概率曲线定义的,或者这个风险是非概率性的?这只是小部分拥有具体特点和类型的风险,它们都属于正式的风险管理讨论的范畴。

你可能会发现,在你的财务同事的眼中,你需要做足功课,然后再准备考虑评估你的风险,这种成熟的状态是很平常的。保险和金融公司并不总是评估风险的复杂性(在最近的经济危机之后,有人会说他们在某些方面仍然不成熟),测量会随着实践和训练不断改进,而只要有更多的安全专家积极地试着去测量和了解我们的业务,我们得到的评估就会越好。

我们对 IT 安全领域的风险的定义多少有些幼稚,这是我们在试图展示测量时缺乏严谨性的一种表现。也许测量安全风险的最常用方法是使用图 1-1 所示的

“可能性×严重性”的矩阵。这个公式和矩阵的一些版本可以在大多数的 IT 安全风险评估的讨论、书籍和培训方案中找到。

		事件发生的可能性		
		高	中	低
影响的严重程度	高	我们完蛋了	糟糕的	异常
	中	糟糕的	不好的	过失
	低	烦人的	普通的	无所谓

图 1-1　风险矩阵

这个矩阵可以更加复杂,同时包含不同的尺度、权重、热图颜色或者其他标记,但他们都来自同一个概念。关于评估可能性,我们的想法是,假设你的东西(通常是一个技术系统)遇到一个消极安全事件,而后你依据系统受到的影响程度来评估事件的严重性。这个评估结果可以引用于图 1-1 的风险矩阵,从而得到一个关于你所遇到的风险的更优等的结论。矩阵简单明了并给人很直观的感觉,可能这就是为什么这个矩阵能用这么久的原因。不过,作为衡量风险的工具,它本身具有局限性,当然对于我们导入的用来支持安全决策的巨大数据量来说就更有限了。

虽然用于衡量实际风险时矩阵仍存在问题,但作为一个有针对性的民意调查来说是非常有效的。安全专家利用它为他们认为最重大的安全事件迅速建模,通过媒体,你可以看到当专家们阐述和提供意见时,他们使用这种类型的评估,凭借他们的知识和经验,他们比街头的其他人要更有资格来对这些安全事件的话题进行评论。当然,这些专业知识并没有证明这些人是正确的,事实上,专家也经常意见不一致。问题是,专家应该在他们的专业领域比我们这些人要有更明智的意见——这就是为什么我们有教师、医生、律师和安全专家。他们的观点可以明确主题,并减少人们的困惑,让人们专注于真正重要的东西。

重要的一点是要认识到意见本身就可以有价值,而无需坚持其代表的事实是否有可取之处。专家判断的安全风险矩阵可以成为一个有用的评估,但它仍然是关于风险的一种意见而已,在矩阵中确定的最大的安全问题不一定是企业面临的最大的危机。真正的安全风险有可能与负责的安全专家的意见在某种方式上相关联。在下面的章节中,有些方法可以校准和完善专家的判断,从而降低专家意见的不确定性,但总会有一个误差率。当我们为了假设我们已经确定了一个事实而故意忽略了这种不确定性的时候,我们就会失去我们衡量的目标,使得矩阵风险评估变得具有误导性,并对我们的决策增添了更多的不确定性。此结果反映了参与这种形式的风险评估的两个基本限制中的第一个。

安全风险评估并不衡量风险

考虑到标准的安全风险评估方法，股东们被聚集在一起被要求回答或通过问卷调查来提供关于风险发生的概率和严重程度信息，为他们的系统和数据进行评分。这些人诚实的提供了被使用在风险矩阵上的必要数据，评估已经在进行中。我们甚至可以声称这项测量或多或少是经验主义的，因为它涉及现象的观察。现在的问题是我们认为我们衡量了安全风险，我们实际上是衡量了人们对于安全风险的判断。用更正式的衡量术语来说，我们刚刚发现了一个被称为有效性的问题——我们认为我们观察到的并没有准确地反映我们的实际。

有一些对这种风险评估的简化形式的批评走向了另一个极端，认为因为你没有实际测量风险，所以整个的评估矩阵是毫无价值的。我不同意这种说法，衡量别人的意见并没有本质上的错误，如果这种衡量并没有产生有价值的结果，市场营销和广告行业（更不要说政治顾问）会在很早之前就崩溃了。重要的考虑是，当市场营销部针对某个深受喜爱的物品衡量消费者对产品质量的意见时，他们并没有想当然的认为他们实际上是在衡量这个产品究竟有多好。安全管理员们可以做很多很细微但是重要的事，从而来改善他们的风险评估活动的质量——他们在根据意见衡量而不是根据风险，但这种意见也是有价值的，而后他们可能会通过努力改善他们引起的判断来进行更严格的风险评估，可能是通过校准工作和置信区间的使用，而不是坚持把这些意见转换为生硬的数字或更好看的图表。

测量的懒鬼和“统计炼金术”

关于安全风险评估结果的第二个问题是，不论自觉与否，我们都意识到这些评估是有缺陷的。由于我们意识到了这一点，一些安全从业者可能会被迫尝试着去改进方法，使它看起来比实际上更复杂或严谨。在其核心，以矩阵为基础的评估需要两个基本参数——“可能性”和“严重程度”，并指出了三个基本的等级——低、中、高，这些参数是人们主观的从数据源派生出来的。任何想到矩阵的人都会意识到矩阵使得高级管理人员很难接近“目标”结果，但是高级管理人员经常对意见不感兴趣；他们需要能够帮他们做出决定的事实，而与事实不相关的结果似乎不那么有价值。

安全共同体有两个通用的方式来应对这种限定值的风险矩阵。首先是标记为“定性”的风险矩阵评估方法，在IT安全性方面往往会翻译成“安全是模糊的，你不能像衡量其他事物一样真正衡量它，所以你不能因为我们的结果被证明是极不精确的而责备我们”。当然，这是无稽之谈，这是风险衡量问题的一种偷懒的解决方法，当我们设法去证明这种方法的有效性时，就导致我们离可能得到的结果越来越远了。它同样给定性研究方法带来了不好的影响，这意味着他们可以不严谨，这同样是无稽之谈。这个论点的实际功能是减轻安全管理员和风险评估小组成员的批判压力，从而提高他们自身的测量活动。

更糟糕的是我称之为“统计炼金术”的一种实践，这涉及将一种东西变成另一种被认为更具有价值的完全不同的东西。正如我前面提到的，风险矩阵通常用高、中、低三个等级来描述可能性和严重程度来考虑一个特定事件。这些级别是按照字面意义来划分的，而我会把衡量等级分配为名义、计序和区间测量，但现在我能说的名义尺度功能是离散范畴。热的和冷的、好的和坏的、高的和低的都属于名词范畴，这意味着你不能把它们放在价值、规模或比率上进行比较。企业决策者往往不喜欢断然做出决定，他们希望看到数字，从而知道究竟有多冷或多热、多好或多坏、多高或多低的东西。数字给人一种确定和重视观察的感觉，不管它们实际上有没有提供这些东西，幸运的是，当一个希望基于数字来做决定的人进行风险分析时，有一个简单的方法：只要将级别换成数字就可以！现在高的可能性为 3，中可能性为 2，而低可能性为 1，这同样适用于严重性的描述。这使得你可以成功地将统计到的东西(计序测量)转化为可能不是最好，但比以前得到更好的结果。计算高和中的平均值是没有意义的(难道是中—高?)，但计算平均 3 和 2 就不一样了(我们可以得出明确的 2.5)。

大多数采用简单数值类型的评估不会被描绘成定量，通过这样的伎俩我们可以看出安全人士是很聪明的，但更多“高精尖”的风险分析矩阵提出了更高的要求。在严重性一栏中也许他们需要美元损失的规模而不是对应高、中、低的数字，如“低于 25000 美元”或“高于 500000 美元”。可能性等级或许被替换为概率得分，如事件发生具有“90%的可能性”或“0.25 的概率”。附加的列可以包括基于系统的环境或是系统可能缺失功能的比率的模拟权重数值，现在的矩阵更像是一个试算表，通过对财产损失的估计表示最高风险，这使得相同的风险矩阵由简陋变得丰满，就像皮革马利翁一样，而且，即使评估人员依旧会提醒大家矩阵是定性的，只是反映了人的意见而不是真实的数字，已经没有人会真正听得进去了。

那我们为什么还要使用风险矩阵?

安全风险矩阵真正的悲剧不在于它是一个不好的测量方法，而在于这个矩阵假装可以测量真正的风险，这是很糟糕的。不幸的是，多数 IT 安全领域的矩阵用户并不在意这细微的差别，他们使用矩阵来做“基于风险的”决策，即使考虑到套期保值者关于矩阵是定性的警告(然后继续将结果当做是真实的)，风险矩阵已经成为当今一些最常用的安全风险评估方法背后的引擎。

似乎每年都在耗费大量的精力和成本来开发新版本的矩阵，这些方法经常被用来作为组织的正式的风险评估和管理方法。在这种情况下，矩阵，作为风险衡量最初的模型，它的不作为导致了更多的问题和标准，而成为了风险评估过程的最终结果。这是因为如果一家保险公司通过经验和精算师团队的建议做出决策时，在付诸行动之前从未费心去验证这些观点是否正确。我不主张以放弃风险矩阵来做出安全决策，但我认为这些工具应比他们现在的作用多出两个不同的目的。

评估的原型开发　正如我所说，安全风险矩阵是一个反映人们的思想和对风险看法的好坏的晴雨表。而且，由于该方法期望你去要求系统负责人对系统进行风险检查，获得这些专家对他们管理的系统风险等级的看法是很有价值的。

当我们使用矩阵作为一种手段来对更深层风险评估进行原型开发时，矩阵的价值就体现出来了。我经常看见已经采取了风险评估方法的组织，在没有问"为什么？"之前就接受了结果。为什么这个系统如此容易就被攻破，而且为什么相比于其他系统会有如此严重的影响？相比于简单地接受评级，询问为什么会鼓励安全管理人员去考虑这些问题，而这些问题会导致更多的测量，问这些问题并不意味着你对风险评级不同意或是产生质疑，而是你要明白这些结果是如何得出的，从而你可以有效地应对。第一步是确定我们需要的数据，以及我们必须运行的测试，并评估我们的风险指标，一个风险矩阵可以非常有效地运行而且不会被那些从一开始就未预料的期望所摧毁。

测量协议中的差异　风险评估矩阵另一个重要的作用是比较组织中不同的人对风险的看法。我们并不是将此矩阵当作对现实的反映，用作填充数据的分数可以用来鉴别在哪些领域人们有共识，在哪些领域人们意见不一致。这一点同样可以提供很有价值的数据，尤其是当对某一特定系统的重要性的意见存在重大差异时，或者是关于一旦组织被攻破将受到多大伤害时。

这一方法鼓励评估小组从更大范围的专家处收集数据，你或许会发现，举个例子来说，电子邮件管理员更关注用户收件箱的管理，把电子邮件保存量视为一种较低的风险；但监察员要对记录保存负责，而电子化搜索更加关注电子邮件归档系统。正像原型开发的那样，风险评估矩阵主要是用来找出一个组织应该在哪些方面进行风险评估，包括在哪要进行更精细、更有力的评测活动。

安全漏洞和事故统计

针锋相对的，为了理解 IT 安全而最常收集的数据包括各种系统漏洞以及攻陷这些漏洞的努力。系统漏洞的统计数字产生的来源包括：企业在自己的网络上运行安全扫描；发现新的漏洞，并将其向供应商和公众发布；企业进行行业调查或者分析所收集的安全数据，并发布有关报告。事故的统计数据来源于系统日志、入侵检测和预防系统、行业调查和分析。这些数字通常被用做当前 IT 安全统计的总体度量标准。

恐怖大游行

我最近看了一篇由供应商赞助的关于互联网安全趋势的行业研究报告。该报告包括一个产品安全漏洞报告的数量随时间变化的散点图图表。这个图表明显的显示出漏洞的数量随着图表时间轴的增长而稳步增长的正相关关系。该报告认为互联网的安全性变得越来越差(这个趋势自然与赞助此研究项目的安全厂商所给的赞助费保持合理性)。这里的问题是,每年根据漏洞报告的数量来衡量网络安全性,就和根据开出治疗勃起功能障碍处方的数量的多少来衡量男性的阳刚程度一样,如果我把这些处方像安全漏洞一样绘制在同一张图表上,这样将会显示出男性的生殖能力在过去的十年左右快速下降,而且人类可能会有麻烦了。这两种分析方式忽略了更多他们没有考虑的数据。从安全的角度来看,仅每年数以百计的新技术产品的增加就足以解释漏洞报告数量增长的合理性了。

计算和分析技术漏洞并加以利用是所有 IT 安全程序的重要组成,但是如果仅仅使用主要的数据来衡量你的安全,不但对你没有帮助,反而会扭曲和歪曲结果。过分地依赖关于漏洞的数据会导致恐慌、不确定和猜疑(FUD),而不能理性的分析和改善安全业务流程。正如我在安全报告中发现的那样,当分析变得马虎起来的时候,问题就复杂起来了。

一千个被围起来的孤立花园

漏洞和事故数据报告的问题不仅存在于它过于夸大的趋势。作为一种测量,因为它以太多的方式发生在太多的地点,而没有充足的聚合或者进行数据的规范化,所以这种测量是不统一的。一个公司对自己进行漏洞扫描,不太可能把它收集到的信息与其他公司甚至自己公司内部的其他部门一起分享。供应商和咨询师进行收费或者作为一种推广自己产品和服务的方式,从而发布这个信息,这是不太可能的,因为这种数据是一种宝贵的知识产权。由于不愿分享数据以及缺乏有效的制度来促进组织之间的交流,使得学术研究人员和公共机构对这类信息的发布要面对更多的困难。其结果是,大多数的组织除了他们自己收集的数据之外,没有任何其他数据的支持,而且没有一个切实的办法来和任何其他人的数据进行比较。

我被客户提问的最多的来自安全角度的问题是,他们与其他公司和竞争对手相比如何更好地隐蔽起来。我总是不得不承认,我不能提供一个令人满意的答案。当然,已经有了一些分享安全数据的努力,这些努力包括高层次的调查和研究,例如计算机安全协会的年度 CSI 计算机犯罪和安全调查,以及供应商和市场分析公司的大量研究。其他技术努力试图规范化脆弱的数据,包括一般漏洞和暴露(CVE)字典以及通用漏洞评分系统(CVSS)。不过,虽然这些资源有助于大致的理解,但是他们没有反映出任何接近共同度量标准的事情,也没有反映出存在于保险、运输或制造业等更成熟行业的数据问题。

年预期亏损

如果有关漏洞的统计是在安全方面最常收集的测量数据,那么 ALE 就是最常使用的度量标准。ALE 指的是你认为自己由于安全事故将有多少损失。风险评估矩阵用于比较并按重要性将风险列到一个表的单元格中,更好地确定哪里需要增强安全性。ALE 被定为一个完全量化的度量标准,包括完整的公式和其他完善的统计拟合。

计算公式为 ALE＝ARO×SLE，ARO 代表年发生概率（你预期在某一年中遭受的损失的概率），SLE 代表单一预期损失（你预期一个事故中受到多少损失）。假设，例如，你有一个价值 10000 美元的服务器（系统和数据加在一起），并且你估计由于零日漏洞，这个服务器将会有 25％的概率在来年被成功地攻陷（ARO＝0.25）。每次这个服务器被攻陷，你估计由于修复的开销和储存在那里的数据的曝光而损失 5000 美元（SLE＝5000 美元）。那么，你预期的年度亏损为 ALE＝0.25×5000美元，即每年 1250 美元。从理论上说，你现在已经确定这台特定服务器的安全预算，所以，你的服务器的维护资金不应当超过当它被攻陷时你将受到的损失。

我觉得 ALE 公式很有趣，因为它对于安全行业而言是很特别的。你可能会认为它是从拥有更长风险评估和风险管理历史的保险行业借鉴来的。但事实上，我可以告诉大家，这个度量第一次出现在 20 世纪 70 年代，作为联邦信息处理标准出版物（FIPS PUBS）的一部分，由美国国家标准与技术研究所（NIST）出版，而且在这三十年中，这个度量和它的使用方式几乎没有变化，而 ALE 已经发展成为，也许是在 IT 安全中最常用的单次测量。遗憾的是，对于安全管理人员来说，ALE 是一个很差的度量值。

期望 VS 概率

我当然不是第一个批评 ALE 作为安全度量的人，令我惊讶的是这个公式是如何持续获得认可并作为一种 IT 安全标准，而被本应该对此有更深入了解的专家们所接受的。就像常用的基于矩阵的风险评估一样，ALE 所依赖的数据通常是无中生有的。这点可以从它的暗示了人们期望的名字中反映出来。如果它能被称为年度亏损概率，那么应该至少意味着这个公式的结果是基于更加实际的数据的。和风险矩阵一样，ALE 衡量的是人们的主观意愿而不是客观现实。相关的人员也许非常清楚他们被要求审查的系统，但是，当一个风险评估小组让他们的成员投票来填充 ALE 公式时，他们是在征求意见，ALE 是统计炼金术的一个完美的例证。尽管风险矩阵存在缺陷，但它在一个明确的背景下给出数据，却并不意味着事情就真的会发生，ALE 却与此不同，它假装向你展示可能的结果。

ALE 处理意见和期望的主要原因是 IT 安全并没有定义实际概率的数据，安全漏洞和事故数据的讨论显示了在收集有意义的安全数据中的薄弱环节。问题的部分原因是，大多数企业对即使像漏洞数据和事故数据这样的历史数据的收集和分析都没有系统的计划，更不用说他们由于安全漏洞而受到的影响和损失了。在多数情况下，企业甚至没能实时地检测或者跟踪将会引起这些数据的事件。在极少数情况下，一个企业正在检测、收集和分析这些数据，即使假设这个企业希望和别人分享这些数据，也没有一个能够让这些数据可以被分享的共同的行业机制。

事实上大多数企业并不想这么做。保险行业能够起作用是因为他们已经有了一个收集和分享有关风险数据的学科，该行业把风险作为一个整体去面对。IT 安全还没有成熟到我们能够这样去做的程度——众多原因之一是真实的、可核查的安全度量标准对于我们每个人来说正变得更加重要。

我们会损失什么？

ALE 的另一个很大的问题是，我们不明白什么是损失。ALE 的功能只能通过把损失的美元成本分配给事件来实现。因此，这个度量值往往集中在这些案例中，出现问题的系统在一段时期不能工作，必须花时间清理或者修复系统，或者存在系统中的数据由于被盗或者泄露而受到负面影响。（将价值分配到我们的数据上是一个完全不同的问题，这也使得我们的 ALE 结果变得更加复杂。）

ALE 在估计像品牌或者声誉这样的无形损失相关的风险时表现的并不好，这个模型很死板而且不准确，当你尝试添加细小的差别或者复杂的分析时，它往往会崩溃，问题的部分原因是我们缺乏安全环境意识，就像企业很难收集关于攻击和事故的数据，他们通常对将会可能失去的东西没有足够深刻的认识。

ALE 往往特别关注技术系统，因为它们是最简单的模型。我们错误地认为我们可以通过硬件、软件和数据的分析来弄清楚我们的损失，因为我们可以计算出他们的价值，即使那仅仅把我们的花销作为考虑的因素。但是这个估值对于风险评估往往是最没用的，因为我们真正想知道的不是直接的重置成本，而是所损失的资产又造成了多少其他的损失，例如生产力、效率或者竞争力。确定这些损失，使我们回到了对数据和认知的局限性，并迫使我们去依赖于经过或多或少培训的猜测而不是可证实的数据和概率。

投资回报率

投资回报率(ROI)是一个计算从投资中可以得到多少回报的安全度量标准。IT 安全直接从商业世界中借来了 ROI，他们的思想是取得比付出的努力更多的回报，这种思想是至关重要的。

从安全的角度来看，我们通常用两种方式来提及 ROI。首先，它与 ALE 相关，它定义了在没有任何防御性措施的情况下，人们预期的安全损失。如果一个企业采取了预防的行动，那么就把这个行动的花费和预期的损失之间的关系定义为 ROI。例如，如果你预期在一个安全事故中损失 10000 美元，而为了防止事故的发生而花费了 1000 美元，那么你的 ROI 是 9000 美元。如果你花费 20000 美元以防止同样的事故发生，那么你就有了 10000 美元的负回报。你可以用其他更华丽的方式加强测量，例如加权或者随着时间的推移减少返回值，但是以上的这些都是基础。

投资回报率的第二种应用是被安全厂商用来作为一种营销手段。供应商通过建立模型来展示一个购买了他们产品的企业是如何获得巨大的投资回报率的。供应商可能通过 ALE 分析来展示他们的产品是怎样减少损失以及提高客户效率和生产力的，然后供应商就可以使用投资回报率的数据，结合价格和支持的可选项来向客户显示：我们的产品是你最划算的选择。

投资回报率在 IT 安全领域中也有资格作为统计炼金术，因为它误导性地尝试将不同的概念在数量上等同起来。例如在金融业，投资回报率可能体现在借款人同意支付给贷款人的贷款费用的货币投入的盈利率。另一方面，在行业的资本性支出中，投资回报率也与利润有关，大量的额外资金可以随着时间的推移通过使用固定的费用来获得。安全性实际上并没有在这些方式中的任何一个上起作用，因为安全活动并没有作为利益中心而进行(除非它们作为一种业务被提供给其他人)。就像物理安全机制，如锁、栅栏和警卫一样，IT 安全也与预防损失有关系。

IT 安全被描绘成一个投资的原因与市场营销有关。安全回报率的主要意义是说服别人把钱交给其他人，而且如果他们认为他们在投资，那么大多数人在付钱时都会感觉很舒服，这就是为什么安全投资回报率经常被从商的安全管理人员以及销售产品的安全销售商所使用的原因，两者都在说服别人：把钱给我们，以后有利益可图。

正如前面所讨论的安全度量标准，投资回报率最大的难题是将数据代入公式。如果数据不可靠，那么度量标准就没有意义了。投资回报率还有一个不好的地方，因为它被用来直接影响财务决策，它鼓励人们把数据处理成最有利于他们的结果，这使得投资回报率变得更不可靠，因为你不仅要考虑数据的不完整性和主观性，而且现在还要考虑这个度量标准是错误的还是故意误导的。

总体拥有成本

ALE 试图衡量与 IT 系统相关的损失，而 ROI 试图衡量来自它们的利润，TCO 旨在把从最初购买到最后处理这一整个所有权的生命周期内所必需的成本进行量化。

TCO 最早是在 20 世纪 80 年代由 Gartner Group 公司提出来的，它提供了一种帮助它的客户比较供应商的产品的方式。TCO 在特定系统的成本上采用了一个更全面的视角，包括可能不会反映在购买价格中的一些因素，包括如下内容：

- 中央系统组件，例如硬件和软件；
- 许可证和购买费用；
- 基础设施的支持(空间、电源、环境控制)；
- 安装和维护；
- 培训和专业技术；
- 安全和审计；
- 隐藏成本。

在IT安全性设计的TCO被设计成了其他行业的TCO的镜像。例如，当买新车时，大多数人都会意识到我们必须考虑长期的花费，例如保险、维修和燃料。安全TCO试图将类似的成本与数据保护系统的关系更加可视化，这样一幅系统的实际成本图就被揭示出来了。

TCO相比ALE和ROI更有可能给结果带来可以被定量的严谨性，因为一些参数有更多的数据支持，但是这个优势也限制了TCO作为一个广泛的安全度量标准的应用，因为它仅仅适用于安全购买而不是IT安全流程的测量，TCO可以帮助你了解一个安全产品在其生命周期的费用是多少，但是它不会告诉你它是否能满足你的安全需求。

安全TCO无法避免与其他常见度量标准一样的不确定性。由于安全界在怎样跟踪和测量安全事故的影响上没有达成一致，许多成本仍然是隐性的并且无法被纳入分析的队列。TCO和ROI一样，已经被安全厂商共同作为一个支持采购决策的度量标准。这些厂商花费大量的时间用于制定TCO统计数字，以便于影响到CISO的采购决策并获得CISO的认可和大型基础设施采购的支持。TCO可以帮助客户比较解决方案，同时也是厂商之间竞争的主要手段。当关注交易量时，没有哪个厂家会宣称有比对手更高的TCO，而且操纵数据和结论的动机是很强烈的。

TCO可能是一个有用的比较性度量标准，将它与其他措施一起考虑，它可以支持一些具体的安全决策，包括一场较大规模的IT基础设施采购，在这场采购中供应商已经有先见之明地为安全着想而采用了TCO度量。但是TCO并不衡量安全业务，也不衡量行业之中最常用的度量标准——我们的现状还可以有多少可以改善。

安全度量标准现状并不令人满意：从其他行业吸取的教训

常用于IT安全度量标准的数量限制以及这些标准自身的局限性意味着，我们没有了解或者提高我们安全系统的适当工具。这令我很烦恼，因为我们没有任何理由不做得更好。我们的行业聚集了懂得关心爱护系统和数据的聪明人，我们应该能够更有效的测量出我们每天做的事情的结果。安全不是第一个处理复杂性、不确定性或者风险性的行业，如果你正在考虑建立你自己的安全度量标准程序，去了解其他已经处理了类似问题的专家是怎样做的，以及怎样克服我们自己的成果中的缺点是很重要的。

保险业

保险行业专注于风险管理已经有几个世纪了，安全行业可以从那里的年长者和智者提供的线索里学到很多东西。在保险业最重要的资产是数据，数据能使保险公司了解到他们的客户所寻求保护的事件发生的概率。

保险数据的收集可以追溯到十七世纪，那时从死亡率到航道航线的所有消息都开始被收集和交易，通常是在伦敦的咖啡馆，比较著名的是爱德华劳埃德咖啡馆。所收集的数据是相对较新的，而且利用创新性的统计分析使得保险公司能预测损失的可能性，从而设置相应的保险单和保险费率，现在的保险公司可以推出从你的汽车到你身体的具体部位的所有保险单，根据从生活各个方面收集到的概率相应的调整利率。

安全管理人员发现甚至为他们的操作系统提供最新而且准确的配置数据也是极具挑战性的。没有数据，你甚至无法描述日常的安全活动，更不必说把你的安全产品推广到整个公司或者整个行业了。不足为奇的是，当我首次进入 IT 安全行业时，我听到了很多有关安全风险保险的谈论，而现在，十年之后，我们仍然没有使它成为现实。保险业给我们上了 IT 安全度量标准的第一课：

安全度量标准第一课　安全度量标准和随后的风险管理决策将会在提高收集、分析和理解有关安全操作的数据能力的同时得到改善。

制造业

依赖于加工的制造业有计划的大规模生产相似的产品，这些产品非常讨厌变化，因为它涉及了产品的质量、效率以及可靠性等问题。

无论制造工艺是注塑成型的塑料水杯还是汽车厂的装配流水线，制造业必须确保每一个产品都是严格按照参数生产的，没有缺陷。同时，如果制造商希望与其他厂商竞争，他们必须不断检测和提高效率以及生产力。

制造业从保险业开始管理风险后就一直在研究如何改善流程，至少可以追溯到著名的经济学家亚当·斯密对于英国大头针工厂劳动力分工的好处的描述。从 20 世纪早期，到二战结束，流程专家开始将先进的统计模型应用于产品制造过程，努力提高工作效率和产品质量。在随后的几十年里，制造商进行了大量的质量管理和统计过程控制方式的研究，使得即使在如微电子技术和生物技术这样高度复杂的生产系统中也能保持高度的一致性和标准化。

安全进程可能无法像流水线一样运行，但是除非你的安全操作和其他人有很大的不同，你没有必要把你的安全当成一个真实的业务流程。你可能有安全的进程，但是这些进程的解构、映射或者分析的详细程度不太可能实现所涉及的活动的统计控制，所以，可能即使在你自己的企业里，你的安全活动仍然有点不透明和不明确。你可以而且应该从进程控制的研究文献中仔细想出许多技术和方法来理解和改进这些进程。随着需要收集更多的数据，实现安全目标的流程是你可以从事的最重要的改进策略，是这本书后面要介绍的安全流程管理框架的目标。从现在开始，我们可以从制造业中学习到安全度量标准的第二课：

安全度量标准第二课　安全性是一个业务流程。如果不能测量和控制流程，就不可能测量和控制安全。

设计行业

我是一个受过正规训练的社会科学家，所以有时我发现自己与其他相信只有表示为数字的“铁一般的事实”才能算作有效的度量标准的安全度量标准的倡导者不一致。通常我认为，IT 安全最终的目标之一是要摆脱我们自己的人类行为的“问题”——如果我们能使一切顺其自然，用户除了正确操作别无选择。在学术界，这有时被称为“技术决定论”，它反映出人类社会的主要驱动力不是人类，而是技术。

没有人能够比技术设计者们更理解这个世界观是多么地有误导性，他们整天都需要处理不理解“人恰恰是开发和使用技术的核心”这一观点导致的后果。这对于安全度量标准来说意味着，如果在你的安全计划中没有试图了解社会、组织，甚至是文化的环节，那么你正在丢失至少一半的图景。

当定性测量在“安全”的概念上被提起的时候，概念太“软”而且不科学或者收集有用的数据在逻辑上太难实现，这些往往是一种委婉的说法，这是对科学的定性调查背后的目的和方法的一种严重误解。设计师在他们的工作中依靠各种“软”研究方法，可能会使坚定的量化安全度量标准的信徒们变得很尴尬，或者至少他们会翻白眼，不以为然。设计人员也许会将环境、社会规范，甚至换位思考作为测量过程的一部分，他们更倾向于称作是研究而不是测量。（我将在下一章中讨论涉及安全的区别。）

设计研究人员以及雇佣了他们的公司使用了各种严谨的定性方法，例如调查研究人种学和叙事分析，从而深入了解无法被任何其他方式分析的人类行为的范畴。这些研究人员研究从人剃须的习惯（制作更好的剃须刀）到人们使用厨房的方式（创造更好的智能设备）的所有的问题。

在安全方面，我们经常采用相反的方法，试图通过研究技术去创造更好的人类行为。但是 IT 安全本质上是一个具有社会性和群体性，涉及不太容易理解或控制的人使用和误用技术的现象。理解不是来自无视你需要理解的东西，因为那些东西对于测量来说被认为太困难或者太昂贵了，或者因为他们不涉及很容易计算的东西。

典型的例子是社会工程学，它对于安全管理人员来说是件坏事，因为，IT 安全必须要开始担心这个问题了。无论欺骗是来自人际交往或者各种技术的混合应用，例如钓鱼攻击，信任每次都胜过技术。我觉得可悲又有趣的是，我们的行业意识到了社会工程的威胁，但是，除了惠而实不至的培训和政策外，主要的结果往往是又回到了过去尝试在技术上解决问题的那个阶段，所以我将为你所考虑的安全度量标准策略提供第三课：

安全度量标准第三课　安全性是人类活动的结果，有效的度量程序试图像理解科技一样理解人类。

重新评估我们关于安全度量标准的看法

今天我们所使用的安全度量标准不足以带着我们向行业的未来迈进。从事安全工作的人必须为总体安全进程制定更复杂的方法，并且特别的测量和评估这些进程。我们从其他拥有宝贵经验教训的行业中寻找有关应该如何看待数据、流程和人的思考来逐渐逼近我们下一代的安全度量标准，当你开发自己的度量标准方案时，可以而且应该通过各种方式来运用这些经验教训，最大限度的提高成功率。

地域思考

安全行业作为一个整体就应该齐心协力的研究统一的度量标准，特别是在常用测量和性能度量标准方面，还应该更好的分享关于安全操作和事故的数据，但是大多数安全管理者并不奢求成为积极分子。当你开发自己的度量标准程序时，你应该把敏锐的目光投向你当地的环境，你的企业的具体需求，以及可以为你的度量活动取得的资源。

度量标准程序不要求是大型的或者是很全面的才能成功；他们确实需要在适当的位置比之前做得更好。如果你的企业甚至说不上有安全度量标准，你是幸运的，因为理论上来说，你做的任何事情都将会提高你对安全流程的理解。一个集中的度量标准，被正确地分析和说明，可以作为完全改变你的企业管理安全方式的催化剂。因此，无论你的安全程序是一艘紧密航行的船舶还是一片无组织的混乱，都无关紧要，度量标准可以使之变得更好。你不可能在一夜之间完成所有事情，但是本书的课程中，我将尝试帮助你确定适合你的特殊情况和环境的度量活动，并提供直接的好处。

分析性的思考

本章涉及很多关于与度量标准有关的数据的问题：对它的需要，从哪得到它以及为什么数据质量很重要。但是一个收集到了很多数据但是没有考虑如何使用的安全度量标准计划是注定要失败的。当制订一个安全度量标准计划时，请记住你实际上建立起来的是一个分析来自你的安全度量数据的程序。如果度量指标是最终目标，那么许多安全组织就已经完成了这一目标，而不是留下他们收集的数据为什么对安全影响甚微这样的疑问，安全度量标准分析意味着确定你可以用来创建可用情报和组织化学习的工具和技术。在利益相关者之间分析并广泛的分享你的结果成为了将你的安全计划从静态审计和反复性修复的范例变成不断改进和创新的关键。

超前思考

度量是一件一开始就很难停止的事情，度量标准引出的知识和洞察力反过来又给了你还可以度量什么的启示。你初始的对度量标准做出的努力凝结成了一个正式的流程，这个流程变成了一个持续的计划，你应该考虑比赛的下一个阶段希望完成的事情。

我们开始探索一些制定度量标准的基本技巧，然后探索分析我们得到的数据的更复杂的工具和方法，于是开始思考，关于你的安全你想知道什么，可能的是有一个那样的度量标准，但是你可能无法立即完成你所有的安全数据的目标。这个目标是专注于结果，你不想掉进度量标准的大海里，使你分析所收集数据的能力过载，但是，你要首先解决眼前的安全测量目标。

下一个章节提供了可以补充或者取代在本章提到的传统的而且不太满意的度量标准的一些建议。它提出了一种确保你的度量标准保持一致并同你的安全战略和商业目标对齐的理论。

总　　结

当你考虑开发一个 IT 安全度量标准程序时，请记住，度量标准是建立在人和组织活动之上的测量结果，而且它们本身并不是也并不意味着结束。收集大量的度量标准相关的数据而没有一个有说服力的分析计划和规划良好的目标是无效的，甚至对企业是有害的，因为这些数据可以被理解为，组织收集到的任何关于安全问题的数据都意味着已经认识到那些问题并且有责任去解决它们。因此，你的安全度量指标程序应该要提供便于管理的大量有用的数据，从而你的组织可以据此进行处理并采取行动，包括没有明确目的的探索或者实验研究收集到的数据。

现在，安全行业使用了一些公认的度量标准来衡量企业 IT 安全的多个方面：

- 风险矩阵；
- 安全漏洞和事故统计；
- 年平均亏损期望(ALE)；
- 投资回报率(ROI)；
- 总拥有成本(TCO)。

尽管这些度量标准被广泛地接受，但是它们给一个安全程序带来的价值是极其有限的。很多时候，这些措施本身缺乏被理解，安全度量与使用者的预期有很大的不同。由于整个行业缺乏在安全实践及事故方面的信息交流，这些度量标准的大多数是以不可靠的数据开始的，因此必须用非经验主义的数据进行补充，例如专家的意见。虽然这并不意味着从这些数据得出的结论是错误的，它确实意味着这些结论必须受到比通常更多的质疑和怀疑。在某些情况下，这些度量标准被那些操纵数据的人为了得到更加有利于他们个人或者企业的目的而滥用。

其他行业已经面临着同样的挑战，这些挑战是安全行业现在面临的在度量上究竟做了什么。当你开始你的安全度量标准计划时，应该考虑从例如保险、制造和设计等行业中学习经验教训。数据质量的重要性，把安全作为一个商业进程，高度重视人和社交在安全进程中的角色，这些都是一个成功的安全度量标准程序的重要组成部分。

扩展阅读

1. Bernstein, P. Against the Gods: The Remarkable Story of Risk. Wiley, 1996.

2. Condamin, L., et al. Risk Quantification: Management, Diagnosis, and Hedging. Wiley, 2006.

3. Fasser, Y., D. Brettner. Management for Quality in High-Technology Enterprises. Wiley, 2002.

4. Merholz, P., et al. Subject to Change: Creating Great Products & Services for an Uncertain World. O'Reilly, 2008.

5. Taylor, D. Your Security Log Files Are a Discoverable Liability. www.thecomplianceauthority.com/security-log-files-are-discoverable-liability.php.

第二章　设计有效的安全度量

在第一章里，我们讨论了与安全度量相关的基础知识，包括为什么在一些行业中使用的安全度量并不能很好地帮助你理解你所做的安全活动。本章将探讨如何选择更有用的安全度量体系，并从经验软件工程中提出目标问题度量(GQM)方法，来创建有用的安全度量体系。

选择好的度量指标体系

安全度量体系相关文献通常花一定篇幅去定义度量标准，并讨论哪些性质决定了度量标准的好坏。安全度量标准相关书籍和论文更多的说到好的度量标准仅仅是通过数值来表现，如果一个度量标准不能在数值上体现，那么它就被称为是不好的度量标准。这就意味着如果你不能用数字去衡量一些东西，那么就说明你根本就不能测量它、分析它或者理解它。

这个观点的支持者经常引用19世纪科学家威廉·汤姆森，又名开尔文勋爵所说的，"如果你的测量结果没有用数字表达，那么就是简陋的，不令人满意的，不科学的。"许多关于IT安全度量体系的书籍、文章中都引用了开尔文的观点来支持他们对于定量测量的偏好。当有些人向我引用开尔文勋爵的事例时，我会让他们来重新阐述他们关于以数字的形式进行定量测量的支持。但是我还没遇到任何人，能够提供给我一定的证据来证明为什么数字能更好的度量和提供比其他测量形式更令人满意的度量信息。相反，他会告诉我一些故事，复述轶事，并引用其他人的意见。在那一刻，我会根据自己的心情决定要不要让他信守接受标准的承诺，用事实证明他并不知道他在说什么。如果我被激怒了，我会提醒他开尔文勋爵也会相信乙醚的存在，并说X射线会被证明是个骗局，但是我通常尝试尽量不去这么做。作为一名学者，我博士学习期间的研究依靠定量和定性的融合，意味着我在测量和研究上通常比物理学家和工程师有更多不同的观点。

在这本书中有时会花很大力度强调，这种多元化的研究方法已经在我的IT安全度量的研究中有着深远的影响。我相信在这个世界上存在非定量的度量方法，而且他们是必要的和重要的，因为安全本质上就是一个社会流程，就像它是一个科技流程一样。关于定量和定性研究度量之间的争论，更多的是自然科学和社会科学之间的争论，已经持续了数十年，远远超出了书本上的范围。

我必须郑重地对那些安全领域中认为非定量度量指标不重要的人表示不同意，具有讽刺意味的是，反对定性测量的证据本身也是定性的。讽刺是因为争论本身就说明了人们是如何使用经验数据的：原始的事实或者数字对我们没有好处。相反，我们拥有的证据能够证明，是对数据的解释而不是数据本身为我们提供价值。

从安全角度来看，了解CISO是如何看待安全性，或者电子邮件管理员信任的东西是处理问题的最好方式，它同定量分析日志和工具产生的数据同等重要。衡量和改进信息安全主要是提出正确的问题来减少不确定性和改善运作，而不是随意决定用或不用哪些问题和答案。

安全度量应该是在有限的资源约束下，如何选择最好的方法，来决定需要知道安全方面哪些相关的信息，以便能够理解并改善业务的进程。度量一个复杂的事物时，例如IT安全性需要一个复杂精细的方法，而在问题和解决方案上的过度简单化将会引入而不是消除更大的风险。

在第十二章中我们将会讨论高风险环境组织特点，以及如何保持复杂性的增值在他们的成功运作中是一个秘密。现在，理解复杂性增值意味着你要有你不能解决甚至不能测量一切的意识。你的度量标准应该是发掘你不知道的事情的时候，选择你要衡量和改进什么。使用几个关键指标或者当时在组织资源以外决定某些指标并不是坏事(真正的定性测量通常花费很高，而且很难正确的完成)，但是，如果你陷入了总是选择简单获取的答案的陷阱，这将变成一个在你的安全性中的一个严重的风险。

当度量标准被限制在简单的分类标准时，或者好或者坏，人们可能会仅仅因为一些专家曾说没有价值而忽略一些本来可能会对他们有用的测量方法。更糟糕的是，如果你相信只有数字才会产生好的指标，那么你或许会试图对那些与定量表述没有任何关系的事物进行数字化。最后，你必须决定你需要知道什么，不管那些不了解你的安全环境和安全挑战的人是如何建议的。测量始终是一个本地的活动，在个人和组织的理解范围内进行。如果这些努力是合理的系统化的，那么在实现安全操作上面应该放置更少的限制条件，定义始终是一个好的开始。

定义度量指标和测量

我定义的度量指标，广义上来说意味着一些衡量的标准。我特别喜欢这些定义，因为如果不把“测量”这个词语结合起来理解的话，那么它就是没有意义的。回想一下度量指标是一个结果而测量是一项活动，测量被定义为通过同其他物质比较来判断或者评估东西品质的行为，包括物质和非物质的品质。通常情况下，被测量的东西之间不直接进行比较，而是同一些被公认的测量标准进行比较。因此，度量指标是测量的标准，测量是事物之间的比较，通常是针对标准的。通常情况下，这些标准为度量品质提供数值单位，如长度、重量或者数量。但是度量标准不必通过这种方式来表示。

测量能够允许我们做比计数和计算更多的事情。请记住，测量不是起源于科学需要,而是在个人和团体之间的社会关系中产生的。狩猎分工、收获或者依据社会地位和等价贸易和易货贸易,都被看做是早期的度量实践,被用于科学分析。

除了可以对安全系统的活动进行合理分析以外,度量还能够提供社会和组织的好处:

- 测量能够让我们预测事情。安全性数据的推理统计分析能够比较样本和特性,提供除即时数据以外的结论。
- 测量能够通过观察和比较产生一个一般性框架,使我们感受到超越个人主观语言和个人经历的感受。
- 测量帮助我们处理争论和错误,因为它让我们规范化我们的标准和数值,然后用商定的基准线评估实验结果。
- 测量可以通过要求每个人都遵守同样标准来促进公平,不管这些标准是什么。
- 测量能够使我们随着度量标准的复杂化改进我们对事物的描述;随着时间的推移,我们能够将区别变得更加精确。

没有好坏之分,思想使然

当你制订安全度量指标的时候,你应该较少关心在本质上什么决定度量标准是好是坏,而是更多地关心如何开发出能为你的安全工程提供更多价值和组织化利益的测量项目。这意味着花大量时间开发度量指标体系是根据个人的特殊需求,而不是依赖不切合实际应用的"开箱即用的"度量标准。

当今的大多数安全工程的做法是收集到多于他们分析的数据,而产生未经检验的数据的度量仅仅是增加了这堆数据。这些是我认为本质上不好的度量标准类型,因为他们对安全项目没有任何价值,并能产生附加的不确定性和风险。决定一个好的度量标准,与这个度量本身的特性没有太大关系,而更多地依赖于你进行测量的方式。如果你想知道你的度量标准是否是好的,考虑以下三个基本问题的答案。

你理解度量标准吗?

回想一下第一章提到的一般风险评估矩阵,是在前面定义的背景下存在的,它能被描述成一种安全度量标准吗?答案是当然可以。建立风险矩阵,是一种通过同其他事物进行比较,或者同其他度量体系进行比较或评估事物品质的行为。风险矩阵可以被称为是一个用于测量的仪器。

但是,究竟是什么样的东西被测量?用于比较的标准是什么?这就是使事情变得棘手的地方。基于矩阵的如何被描述并贯穿在整个安全领域中使用,被测量的事物应该是任何系统或者组织的风险评估目标。因此,测量标准将会结合风险评估,来确定在风险矩阵中的定位,不管是非常高,非常低,或是介于两者之间。但是这不是很准确的,因为已经进入矩阵结构的数据没有直接的涉及到系统本身或系统威胁(其中可能只是推测的威胁),或是实施可能的损失(可能直到发生安全事故的时候才会被发现)。相反,被用来构建矩阵的数据是了解该系统并且拥有足够的专业知识和评估系统风险经验的人的陈述。这些陈述并不能测量实际风险,而是人们认为可能会是何种风险(或者至少他们愿意说出他们认为的事情)。

问题并不在于风险评估是不好的测量,而是许多安全工作人员使用矩阵的方式已经对它下了定义,保证其不会被有效的使用。当你使用工具不当的时候,也容易给你带来不好的结果。我们知道风险评估涉及人的主观判断,但它并不完全准确,对于结果不确定性的正确方法是定义、理解,并减少这种不确定性。

提高判断中的准确率和在不确定性条件下的预测的公认方法是存在的,包括专家校准和通过训练来做出更准确的判断以及基于大量以往事件的数据来对未来进行推断,这些技术需要专业知识和在相关机构测量风险的工作。

IT 安全性能通常不够成熟以至于不能有效地处理所有的变量。相反,风险评估导致了一个把意见转化为数字的不好的组合(因为 1～100 比高/中/低看起来更可靠),将评估结果当成事实(因为你不能告诉你的老板你虚构的数字可能也是错误的),然后说评估是定性的所以没有人能一开始就预测准确,并以此来将失败合理化。不好的结果并不意味着风险矩阵是有缺陷的,就像将火腿当做开瓶器而失败后就认为火腿不好。对问题不正确的理解会大大提升你选择错误工具的可能性。

当选择度量标准时,确保你充分考虑过你要试图完成什么,并且这涵盖的不仅仅是眼前你要测量的事物,你应该要考虑一些注意事项:

- 测量的根本原因。为了理解安全性而设计的度量指标和为了设计而设计的度量指标是不同的。
- 度量标准结果的受众。不要想当然的认为每个人考虑安全指标或者安全本身等内容的方式是和你一样的。
- 你正尝试判断的安全项目的品质或特征。在给定的一段时间内测量受到内部攻击增加的可能性是更容易的,但是这些度量标准将可能无法解释增加的原因。
- 数据。你应该能够清楚地看到哪些观察是作为你度量标准的一部分,并是如何使用它们的。你实际上是在观察你要测量事物的品质或特征吗?如果不是,那么你在观察什么,这些会影响你基于该度量标准的分析和决策吗?

你使用指标吗?

我参加为用户提供安全咨询报告的工作已经有十多年了,这些报告大多数是对客户的网络中存在的安全缺陷进行深度详细的描述。这些指标受到追捧,并且通常被希望对他们的系统安全状况有更多了解的客户很好地接受。大多数的客户至少在结果数据上做一些事情,但是经验告诉我几乎没有客户真正的使用他们的所有信息,这个原则同样适用于许多其他与安全相关的数据源。强大的日志、监听器和事件捕获都被安全产品供应商吹捧为重要特征,并且现在安全管理人员已经从许多系统中收集了度量指标的数据源,所有这些数据是如何使用的呢?

当然,我不是说在实际度量操作中要你使用所收集数据的每一个字节,度量需要分类和划分优先级,就像任何其他信息资产一样。但是从安全度量角度来看,捕获数据是为了减少你在安全活动中的不确定性。

没有任何关于安全要素的信息代表着一种不确定的状态,在这种状态下你并不了解这一要素。但是收集这一要素的度量数据意味着现在从技术上讲,你知道这个要素,因为你一直关注他。如果你使用数据,将会消除一些关于那些要素的不确定性。但是,当你不使用你收集的度量数据时,实际上是增加了不确定性和风险程度。在第一章中我描述了安全度量指标数据是如何在诉讼过程中潜在被发现的。当有漏洞造成了当前的破坏和损失,而结果是事实上你知道这一漏洞,因为在前两次网络扫描中已经发现这一漏洞但却从未被修复,这样该有多糟糕?

收集那些你可能不会立即使用的安全数据的原因有很多,取证居于首位。如果发生攻击时,你希望能够重构导致攻击的事件。大多数组织通过收集数据以便于对过去进行重构。许多组织也已经实现定义记录和文档保留政策来提供在未持有足够多信息和持有过多信息风险之间的平衡。在当前灵活的和电子化搜索的环境下,信息保存时间过久是十分不明智的,那么如果你不使用信息,为什么还要保留它呢?你的度量标准应该满足相同的逻辑,你应该明白你给安全工程定义的所有度量标准,为什么选择它们,以及如何使用它们。度量目录应该定期的审查,如果证明一些衡量标准既没有被利用也没有被执行操作,那么你应该考虑为什么测量你的安全项目的这些方面。

你能否从度量标准中获得见解或价值?

安全标准体系是局部的,然而跨行业采用全局安全度量指标将可以使得公司以一种类似于其他行业中标准化的方式与其他公司的性能比较,我们却还没有达到那个水平。今天的安全标准体系是用来帮助个体组织和企业发现他们自己所处的环境并对那些环境做相应的衡量,但是没有任何事物本来就是错误的,只是安全行业大体上还有一些不成熟而已。

今天局部的标准体系更有价值,但是,当有公司拥有足够强大的本地安全测量数据时,这个行业将为了共同利益而共享数据从而成熟并提升成为一个整体。从很多方面来看,现在整个度量标准体系都在暗示着它可能已经开始逐渐发展,你的组织很有可能已经有安全方面的担忧,你需要去更好地理解并且做一些改善,增加你操作的价值。当然,如果能知道你主要的竞争对手对安全上的担忧采取了什么措施,那就很好了,但是这在现在看来还只是一种奢望。即使你发现你的竞争对手的安全防护方面做得比你还差，你可能并不认为你有理由降低自己的安全措施，虽然你可能会对自己目前的措施感觉良好，直到出现一种公认的安全标准体系，你的同伴及对手的做法才会变得不重要。你需要去实施一些必要措施来保证公司利益和证明你的安全基础设施是符合你对风险和回报的容忍度的。

安全标准体系的局部性质正是这些标准体系总体分类不起作用的原因，假设你了解你所选择的标准体系，包括它的缺陷，并且你使用你选择的这一度量标准，那么唯一的问题就在于这些度量标准比你在开始用之前能够给予你更多的启发。你可能正在收集有关系统漏洞确切的定量数据，并一直用这些信息来进行修复工作。或者你可能正在用社会媒体来对工作场所用户的安全态度和行为进行非正式意见调查。说任何这些行为(或者其他任何可以获取信息的行为)比另一个好或坏并不合适。真正重要的是你能评定你从这个度量标准所获得的价值，而你获得的价值是与你从测量开始时所投入的努力是成比例的。

你想知道什么?

许多因素都会影响到度量标准对于特定组织或目标的有用性。基于这些因素有一些基础的问题：关于你的安全环境和安全运作你想了解什么？你的答案经常会取决于关于你的企业性质的其他相关问题。你们是什么样的组织？你们共同的目标是什么？你们的商业模式是什么？对你或多或少有价值的信息资源是什么？令人惊讶的是，在建立一个安全度量计划时，弄清楚组织想要或者需要什么这一步常常被忽略了。度量标准经常是被选中的，而不是被问题驱动的，因为他们是简单或容易完成的，或者是别人说他们很重要，结果是度量标准终结了对问题的定义和驱动。如果你没有明确的考虑和定义你想通过使用安全度量体系知道什么，那么一切将变得只是探究，你评估自己努力的有效性将会变得更加困难。

计数或不计数

我已经谈过了定量度量和定性度量的互补性，以及我对于那些认为不通过数字来表达的就是不好的度量体系观点的意见。安全性的某些方面能产生很好的定量的数据源，这些数据也通常是在相关安全环境中容易获得的，成本最低的和不模棱两可的数据。事实上，我们几乎可以确定在安全审查和评估中这些数据没有被充分利用，而这也许可以解释为什么安全度量体系的文章中已经倾向于过度强调定量度量是最佳方案。

在本章前面提到的各种度量益处的情况下，定量数据可以依靠更少的主观语言和对测量行为的解释，具有更高的准确性和标准化以及甚至更强的预测性。数字有着非常明白的诱惑力，这或许就是为什么我们要尝试将那么多的事情都转换成数字的原因吧。但是更为重要的是记住数字必须与其他数据同等看待，它们不为自己说话而是必须与它们相关联的度量标准一致。

拿气温做一个例子，假设你当地的天气预报告诉你明天会比今天暖和一倍，如果你在英国，而今天的温度是10摄氏度，这感觉有点冷，那么明天看起来会是相当美好的一天。但是如果你在美国，这种状况意味着今天的气温是舒适的50华氏度而明天将会是可怕的100华氏度的大热天。如果我们谈论的是开尔文温度，那么你应该享受今天283开尔文温度的天气，因为你明天会被烤焦。

对数字的断章取义往往会误导人们，并且同任何无知的观点一样让人迷惑，安全度量体系有时会受到这种情况的困扰。在第一章中提到的供应商赞助的互联网安全报告的例子中，将漏洞的增加与安全性的降低联系起来，表明了缺少明确的数据标准会让你的结果更加不可信。

仅仅是因为关于你的安全工程有一个不容置疑的定量度量，这些数据并不意味着什么。如果你上个月发生一次安全事故，或是发生100次安全事故，如果增加一倍的话意义完全不同。数字或许不会撒谎，但是使用它的人们却没有这样的限制。

同样的问题通常也出现在定义上，有的人会说定性度量是根本不可能的，因为定义度量是通过数字来表示的。这并不正确，但我理解这一说法。定义是标准化我们想要表达的方式和测量的方式，无论对其他人产生如何影响，如果你没考虑过它其他的意义，那么使用它将对你来说是毫无意义的，你可能只认识字而不知道上下文的意思。

如果你对度量的定义是容易获得的那些反应事物状态的数字，那么我的建议看上去不像是测量，但是如果你对度量的定义是对事物比较的标准化表达，那么我正在建议的或许看上去是完全合理的。现在的问题是你如何选取你自己的定义，我们面对的状况有时是被先入为主的前景困住了。

避免陷入这种困境的方法之一是将度量结合可靠的5W和1H规则：谁(Who)，什么(What)，什么时候(When)，哪里(Where)，为什么(Why)和如何(How)。如果你能够根据这些简单的问题去描述你想获得的安全信息，那么决定最好使用定量的还是定性的度量标准将容易得多。

谁，什么，何时，何地？

如果你认同大多数你想获知的安全信息会涉及弄清楚与安全工程和环境相关的5W问题，那么你很可能通过定量度量来解决你2/3的内容。身份、活动、事件和地点都是非常适用于数字和统计，并能够产生非常有用的数据：

(1) 谁(Who)：哪些用户可以访问敏感信息，谁在组织中始终选择弱密码？

(2) 什么(What)：根据公司的安全策略，公司系统有多少没有配置；安全培训和安全意识培训是否有效？

(3) 何时(When)：公司管理层审查公司安全策略的时间频率；安全事故更可能发生在工作时间还是之外。

(4) 何地(Where)：每月最少违反公司安全策略的组织单位是哪个；对企业网络边界的扫描最常见的来源是什么。

大多数关于安全的诊断和操作信息能够通过使用此类度量体系获得，对定量数据进行分析比较甚至在某些情况下进行概括。

这些度量体系是组成强大安全度量程序的骨干，假设你了解你所选择的度量体系，然后去使用它，那么它将提供给你有效的决策洞察力。度量往往是能够自动实现的，使得收集和分析更加容易。因为相对清楚表达的问题，答案同样是明确和客观的。我认为这一行业中的每一个安全管理员都设置了度量体系来回答 who/what/when/where 这些问题。但我们对安全的洞察力还有 1/3 没有计算在内。

怎么样和为什么？

如果掌握事实是我们做出决策所需要的一切，可能会降低生活中的复杂性。从犯罪调查到商学院的案例研究，再到历史文献，人们不会仅满足于事实。事实给我们创造了一个个的点，但是如果我们想要理解世界上的任何事情必须将这些点串联起来。

人类科学历史不是一个为了知道谁、什么、何时以及何地的收集数据的过程，而是因为我们最终真正感兴趣的是"怎样"和"为什么"。不是每个 IT 安全决定都取决于对这两个问题的理解，但是如果我们不尝试在某些情况下去理解它们，那么在默认的情况下，我们的安全将总是有许多盲点并在一些不可知的地方存在很多风险。

安全技术和控制是复杂的系统，并且了解他们是如何在系统级别影响安全性并不仅仅在于简单的度量，因此努力去将安全理解成为一种心理过程而不是一种技术过程，其中一点是出于人们感觉上的安全而做出的安全决定。这些特征变得更加具有解释性：

(1) 怎么样？目前补丁管理过程中最大的瓶颈是什么？哪个员工的工作流程同公司的电子化搜索(E-discovery)战略联系最为紧密？

(2) 为什么？在过去的 12 个月内增加病毒感染的根源是什么？经济衰退是否已经让组织更容易遭受内部威胁？

认识人们以及他们共同创造的组织，在社会上意味着探索如道德和行为规范、个人动机、甚至是个人经历(通常被称为"故事")这样的事情。这足够使那些热衷于客观分析的工程师起一身鸡皮疙瘩。但是定性度量技术是特别设计于用严格和可验证的方式来收集这些数据的。我将会在下面章节花更多的篇幅来讲述定性度量的方法和技术，但是现在我将偏离这个内容：定量度量能够为你的安全决定提供更多可使用的信息，但是直到你度量和探究出数字背后的怎样和为什么的时候，你才会完全了解你所处的安全环境和它的有效性。

观察！

一个关于定性度量的合理怀疑是以这种测量方式收集到的数据不能反映出事实上正在发生什么。举例来说，在一项调查中询问人们他们的系统中是否有最新的病毒特征，是不同于评估病毒特征来保证最新安全的。前者为我们在回答问题上留下了许多猜想、迷惑和失真的空间。当涉及定量测量时，同样的担心也是合理的，它也产生了或许无法反映正在发生的事实的数据。

定性数据可能是不准确的，定量数据通常被证明是不完整的，你可以在数据中心设置50种不同的定量安全度量，从通过统计标记阅读到登录信息，再到操作人员报告数据的时间，但是这些都不同于人们所知道的和所组成数据中心的环境。数据不会告诉你关于文化或人们之间交往的奇事，也许一些极具有安全悟性的工作人员承担了剩余的负担，或者业务单位基于社交网络处理不同的安全事故，而不是公司政策。这些观点可能是员工之间的常识，但是如果你不提出正确的问题，那么你可能永远不会知道这些。观察包括对人们的监听，安全性的优点有很多经验和见解可提供(大多数都只是等待有些人来问他们想的是什么)。度量是关于决策支持，任何为决策者提供帮助的信息都是有价值的——任何人都有可能盲目采用数字。

我这里的观点是度量最大的问题不是我们能不能尽可能经常的对它们进行定量，而是能不能尽可能地对它们进行经验化，简单地说，经验化的度量是基于直接的观察和经验。经验数据是通过依赖我们感官去度量时产生的数据，无论是作为被测量(例如，通过查看配置文件并统计测量配置错误)或是用来做实验(改变安全进程，并观察是否影响进程结果)的事物结果真正的来看或听或碰触。我最喜欢的一个经验安全度量的例子是在客户端的业务影响分析。当我们询问系统管理员他是如何知道他的哪些机器是业务关键，他解释说如果没有记录或了解一个特殊的服务器的工作目的，那么他将会停止他的工作，他测量主要是基于用户对机器的反应速度。我不建议这个作为最佳的安全度量实践，但是它的确有产生大量经验数据的潜能。

许多批评定性度量的人犯了这样一个错误，他们认为定量的意思就是“非主观的(非经验的)”，但事实上这是错误的，并表现出他们对真正定性研究方法缺乏一定的理解。经验定性测量同定量是完全一样的，都是基于观察和经验。如果说两者的差异，那么就是什么是真正被观察到的。

在归纳风险上，定量度量将那些可以被统计的数据收集起来，而定性度量则关注于度量的活动、行为和人们做出的反映。当然，人也可以被统计，但是定性测量是要弄清楚人们如何以及为什么去做一件事，而不只是那些活动的机制。定性安全度量关心的是组织行为、文化和政治，以及在一个社会环境中人们的相互交往。

再次回到定性风险评估的例子，你不能说这个活动根据经验评定了组织的风险,因为那些是不可被观察到的。但是这些评估每次收集经验数据他们都会让那些人对风险提出判断,这个秘诀就是始终记住你正在观察的是什么。

GQM——更好的安全度量

到目前为止,我强调的是在选择 IT 安全度量体系时,更重要的是你要知道你一直在想要完成的是什么,并让它驱使你主动去完成度量而不是让度量体系去替你决定。开始使用度量体系类似于在你成为建筑师之前去雇佣一个承包商帮你去盖房子一样。这通常是在安全领域(或 IT 领域)常见的普遍的抱怨,因为这似乎往往是我们的基础设施和系统赶不上我们更高级的业务战略。

当你考虑制订你的安全度量计划时,在前期建立一个标准将会更好,这样的话你就一直可以理直气壮地确信,你正在测量你应该测量的东西来实现你的特定目标。

幸运的是,有一个很好的方法来做这件事——一个来自于经验软件工程领域的叫做目标—问题—度量法(GQM)。

什么是 GQM?

GQM 将开发安全度量体系分为三个简单步骤。第一步包括确定组织希望达到的具体目标。这些目标不是度量目标,而是测量应该帮助实现的目标;然后这些目标转化为更多具体的问题,这些问题都是在评估组织是否已经完成或正在完成目标之前必须回答的;最后,这些问题通过制订并开发适当的度量体系和收集度量所需的经验数据来完成答案。这种方法是为了确保度量数据的结果同更高的目标相关联。如图 2-1 中所示的基本的 GQM 方法。

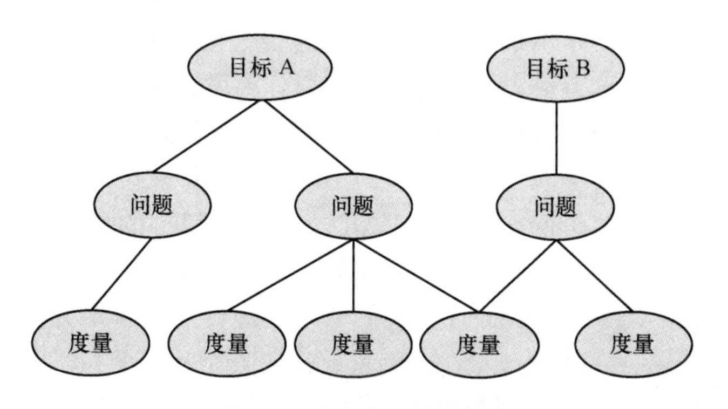

图 2-1　基本的 GQM 方法

图 2-1 GQM 方法给度量和目标之间提供了直接的联系,需要注意的是度量可以分属不同的目标和问题。

背景

GQM方法可以追溯到20世纪70年代的软件工程，主要由马里兰大学的Victor Basili进行研究。最初开发是用于美国国家航空航天局，GQM设计目标是用于克服软件测试定性的和它当时所处的主观状态这两种缺点，并建立一种模式，在这种模式下将会根据既定的目标和可能与结果相关的客观事实对缺点进行测量。

这在今天可能很难相信，软件设计和测试曾经都是非经验的，但是每一门科学技术都要经过一个复杂的成熟过程。IT安全没什么不同，这就是写这本书以及类似书本的原因。但我并不认同，在GQM开发过程中，Basili和他的接班人们为校准软件度量和软件目标建立了一个简单优雅的框架。自从它首次被提出以来，GQM就一直被研究，并用于改善多种环境下的软件测量和测试。然而，令人惊讶的是，GQM在近三十年内没有在方法上做出重大修改，并一直在被使用。部分原因可能是因为GQM产生并主要存在于一个学术环境中，无论出于何种原因，都没有被热衷于让事物简化和专利化的咨询顾问广泛使用，而另一个原因就是其本身的简单性。GQM是直观的和功能性的，任何企图提升他的商业价值都似乎是画蛇添足。

好处和需求

使用GQM来构建安全度量标准对安全测量程序至少有三个好处：

(1) 度量的设计是自上而下，从目标开始的，而不是从底层向上。

(2) 度量活动本身被工程所设定的目标限制，减少了项目丢失目标和规模泛化的可能性。

(3) 度量可以适应组织独特的需要和要求，这反映在组织为安全度量活动设置的目标上面。

然而，得到GQM带来的益处的方法确实对实施它的组织提出了一定要求。这些要求中首要的是要求组织努力制定出符合他们测量要求的目标，如果你正在探究IT安全度量体系，首先就要求你努力明白你要完成的是什么样的任务。你想使你的安全操作或态势的可见性更强吗？你正试图确保能通过下个月管理要求的审计吗？不同的目标将会涉及安全程序的不同方面。在某些情况下，会发生重叠，因为有些度量会回答多个问题，有些问题会支持一个以上的目标，如图2-1所示。但是如果目标没有说明，或是含糊不清，任何在度量上的尝试都将存在问题。

GQM也鼓励以项目为导向的度量活动结构。目标是特定并受限制的，而不是广义和开放的，还必须同一些系统、流程或你的安全程序的特性相关联，如果这些都是可测量且可验证的。测量项目让你对你所从事的测量工作保持专注和控制，但是这些小的零碎项目不必也不应该保持独立。通过GQM产生的度量指标创建了目录，这些可以通过度量项目一直被共享和重复利用，数据分析和个别测量项目的结果成为广泛和持续提升安全能力的阻碍。我将会在下面章节花更多篇幅来讨论 GQM 是如何支持安全改进工程，但现在让我们把注意力集中到使用方法来产生可靠的安全度量上。

设定目标

目标赋予 GQM 测量以力量，所以设置恰当的目标成为度量过程中最重要的部分，但是设定好的目标并不容易。有效的目标需要我们的思维从抽象的概念转移到特定的约定当中。“我要成为一个更好的人”是很好的目标，但是“我要使用我10％空闲时间和收入去帮助那些比我不幸的人”是一个完全不同的目标，后面的目标提供了一套可以被测量和验证的假设和约定，谁能说我是否实现了前者呢？

在我的安全工作中我所看到的许多目标都涉及关于“成为一个更好的人”的目标的变化。我看到有些客户设定的目标是“提升我们的安全性”，“更有效的保护敏感信息”或者“减少我们的漏洞”，然后他们就进行他们认为能实现这些目标的方法和活动，之后这些组织可能发现他们不能有效表达他们的成功或者他们努力的价值，或者说这一目标被证明过于宽泛，以至于它在几个阶段都有变化，而现在却与驱使这些努力的最初目标相去甚远。当我们朝着更好的度量努力并提升安全性的时候，我们无法逃避的事实是我们需要首先确定良好的安全目标，GQM 方法下的好目标具有一些共同点。

好目标是具体的

梦想和目标之间的差别在于梦想是无限的，目标是明确的具体细节，你对你目标定义的属性和时间表越详细，目标越容易实现。目标越具体，结果越容易被衡量，如果目标过于笼统或含糊不清则会有损你的成就，甚至导致失败。

笼统的成功很难使你真正做的和承诺去做的事情一致，或者指出你要克服什么样的困难才能达到目标。成功可能仅仅是运气带来的，或是其他的巧合，而这些都与你所做的没有任何关系。

失败也同样如此，没有具体的目标，随着环境的改变，你的目标被误解甚至被劫持的风险会很高。目标需要是灵活的，但是灵活性应该是自觉的改变已知量，而不是彻底改变主线，因为你的目标可能通过不同的方式来解释。

好的目标是有限度的

目标的明确程度可以告诉你一个简单的问题可以复杂到何种程度，限制你在单一工作中投入过多精力是值得的。我们经常能听到对同一问题的截然不同的建议。我们被告知我们不应该限制住自己。人为的限制你自己的话，你就永远无法知道你能做到什么程度。但同时很矛盾的是，我们同样被告知我们应该有自知之明。太过于拓展你的能力就是在冒失败的风险，甚至造成灾难。所以我们要如何调和这两点呢？这些说法实际上反映了同一个问题的两个方面。

好的目标在某种意义上来说是有限的，它们是在你的可实现范围之内的。限制目标并不代表要设定一个简单、容易达到的目标，这样就太没挑战性了。相反，好的目标划定了界限,包括一个业务单元,或者一个特定的系统,或者行业规定中的同一个概念,比如说蠕虫病毒防御或者遵守行业规则。你不需要知道所有的答案,但是一个好的目标至少清楚的定义了我们要研究的答案所在的领域。

限制你的目标并不意味着它们欠缺战略规模,反而战略是深深的扎根于清晰的边界内,这个边界可以使目标连接成一系列相互关联的有战术的行为,这样得到的效果远比简单加在一起更强大。如果一个目标战略性太明确,在大的框架中细节就会被忽略。但是,任何一个系统的创建者都可以告诉你,失去了对细节的控制,就失去了对全盘的控制。

好的目标是有意义的

你能想象的最糟糕的目标是没有任何意义的。事实上,绝对最差的目标不仅是毫无意义的,也会被大部分或全部的有关人员认为是毫无意义的。当一个目标没有意义,它会对涉及的一切产生负面影响。目标没有实现,有关目标的决定没有通知,会使参与者的士气受到影响。要保证你的目标有意义,有两种主要的方式来构建它们,那就是确保它们都是可以实现的、可检验的。

可达性 一个可达的目标,其实是可以得到实现的。可达的目标不是无限制的,而是在一个特定的有始有终的项目或活动背景下制定的。在活动结束时,无论根据时间来衡量其持续性或一些其他标准,如项目里程碑,你根据既定目标对活动进行评估。可实现的目标还包括决定你想尝试的有多少,你承诺的级别,和你对失败风险的容忍程度。可达性涉及在尝试过少和试图太多之间取得微妙的平衡。制定可实现的目标,往往需要你做一些调研,以发现目前存在的限制,然后将这些限制结合到制定目标的整体限制和界限。

可检验性 在检验我们的目标时,我们预先决定会根据什么准则,以表明我们这些目标的成功或失败。为了使我们的目标有意义,我们必须能够不仅要展示我们已经实现了一些,还包括事实上我们是否实现了这一目标。根据你的目标,可以通过积极的指标,证明实现的目标——例如,预先制定的已经正式阅读并认可公司安全策略的用户数增加。通过预定的目标没有实现,如对一个失败审核的标准进行驳斥,这样也可以完成检验。检验确保每个人都清楚地知道,他们所处的位置和既定目标间的距离,它让所有参与的个人对完成的程度有清醒的认识。

测量是隐含在验证的概念中的,虽然有些目标可能是简单的(要么通过审核,要么没通过),但是大部分的目标将涉及收集必要的数据,以帮助你了解目标实现的程度,或者它遗漏了多少。你将看到,GQM 正好解决了对既定目标的测量问题。

好的目标有一个环境

没有目标是在真空中制定的,即使我的新年计划减掉十磅也涉及多种情况,包括在节日的暴饮暴食后我感觉胖了多少,我妻子及时提醒我该检查身体了,以及我看到邻居开着他的新赛车跑了 50 英里(炫耀……)。

当我们在有组织性的环境(比如 IT 安全)中设定目标,也在反应周围的各种情况。也许我们遭受了最近一个安全漏洞,或内部审计的年度审查敲我们的门,我们的同行在网络上刚刚发表了她有关阻止病毒爆发的成功率的内部案例研究(炫耀……)。有效的目标能辨认出并重视他们所处的环境,这些环境从利益相关者和想要的结果,到独特的正在尝试目标的环境。这些通常都是我们几乎在不知不觉中考虑到的,知道我们经营上的位置,但至少一个很好的目标可以使这些因素中一些因素变得明确。

好的目标是记录在案的

当你努力设计出有效的目标,把它付诸行动就是合理的。一个很好的目标,需要高质量的文档来获取和组织所有重要的属性和参数。如果你的目标似乎不需要写下来(我们打算实行一项数据丢失防护的策略……),这或许不是一个良好的目标,记录你的目标,也可作为一个简单的方式来获取和巩固多方利益相关者的支持。记录目标,要求指定个人对其负责以及实现这一目标的审查,并在项目开始之前签署有关它细节的谈判和辩论,而不是结束后可能出现的相互指责和辩解。

GQM 方法包含了一个基本模板的概念来阐明快速、简洁地进行安全测量或改进方案的目标。根据目标来获取具体的信息,包括明确定义的基本属性和成功的标准。由此产生的信息纳入模板,用于创建目标的一个基本陈述。这些构成见表 2-1。

表 2-1 GQM 方法的目标模版

目标构成	描述	实例
结果	该项目的目的,要实现什么	改进,评估,理解
元素	对目标参与或影响的边界和对象(制度,流程,特点)	漏洞,网络组件,合规性,系统用户
视角	用于理解目标的角度	外部攻击者,审核员

定义了目标的构成后,模板提供了用于轻松创建一个简短的目标陈述,抓住了活动起步工作的相关信息。

让我们使用一个安全管理员思考一个项目的例子,来促进用户遵守组织未能有效宣传或实施的公司安全策略。活动的目标构成可以细分如下:

- **结果:** 增加;
- **元素:** 执行企业的安全策略;
- **元素:** 用户意识;
- **元素:** 用户认可安全策略文件;
- **视角:** 安全管理人员。

这些构成可以被组合成一个简单而全面的陈述:**这一项目的目标是从安全管**

理人员的角度，通过提高公司安全策略文件的用户认可度，来加强公司安全策略的实施以及意识。

以这种方式建设的目标陈述强制所涉及的利益相关者保持他们的目标有限、具体、有意义。短格式的语句，也使它更容易传达和评估目标，属性和目标的数量限制，降低了多目标混为一谈并产生混乱的可能性。多个目标，如复杂的项目，有效地解析为可以单独处理和评估的子部件。

提出问题

制定和记录好的目标总的来说对于有效的安全测量，尤其是 GQM 方法，是至关重要的，但这只是通往有效度量标准的第一步。虽然由 GQM 模板产生的目标陈述能让利益相关者很容易地共享和检查他们的目标，但这些记录的目标并没有包含足够的信息，来让利益相关者们评价目标是否成功实现了。

目标陈述本质上是概念性的，他们没有定义即将实施的目标的特性和目的，为了创造那些信息，单个的目标被转换成一系列问题，让目标的构成部分能够被实现或用来评估成功。根据必须要观察的目标或活动以及必须收集的数据，这些问题通过阐明目标和测量工程来强调目标陈述中单个构成部分。

用安全策略提高项目的例子来说，你将如何把目标陈述转换成操作问题？通过检测目标构成，已经暗含了几个问题：

- 当前公司安全策略的执行在什么水平？
- 当前公司安全策略的结构是什么？
- 员工是否阅读并理解公司安全策略？
- 安全策略的执行力在提升吗？

在操作问题提出过程中，安全提升项目的目标再吸纳可以根据明确的进程特征、系统，以及可被评估和测量的个体来表达。这些问题与项目的整体目标紧密保持一致，并确保任何所得数据和结论都与利益相关者的最初意图保持一致。GQM 衍生的问题也给资源规定了一个直观的二阶分析，这些资源需要通过列出充分回答问题所需的数据和资源的来源来满足要求。例子中的安全管理员应该立刻认识到，这些问题意味着他需要明白安全策略的明确细节，并能够识别任何他不能直接访问的数据源。

分配度量

问题被提出来，目标明确之后，目标可以在数据层开始进行分类，度量可以被分配，这将可以提供答案。GQM 的一个主要优势是，设计的度量指标变得更加直观，因为只有某些测量会产生回答由目标产生的具体问题所必需的数据。很多度量标准都具有回答这些问题的潜质，我们应该更加强调采用某些度量标准的灵活性，而这是根据将要收集的数据的难度和数据详细程度而定的。这些问题也有利于项目利益相关者选择合适的定量或定性的测量和分析技术，就是由目标驱动的方式，而不是受指标本身判断所局限。

我们勇敢的安全管理员知道自己的目标，知道一些他为了判断评估项目是否达到目标而必须问的问题。现在，他用这些问题制订一套可以衡量成就的度量指标。

当前公司安全策略的执行在什么水平？

支持这个问题的度量指标将包括关于在公司内部违反安全政策的频率和公司对这些违反行为采取行动的频率：

- 在过去的 12 个月内违反安全策略的数量；
- 在过去的 12 个月内对违反政策的行为采取行动的数量。

如果执法行动比违规行为次数少，那么政策没有在所有情况下都被执行。如果没有报告违规行为，这可能意味着没有人去违反政策，但它更可能表明，不仅是政策没有被执行，而且该公司看不到员工违反政策的行为。在这种情况下，为了加强执行力度，可能实际上是需要发展另一个目标——即增加违反安全政策的可见性，衍生了另一个测量项目。

当前公司安全策略的结构是什么？

这个问题涉及的数据，不同于测量事件的频率。了解安全策略的结构是指测量策略基础的方方面面：

- 组成企业安全策略的文件的数量；
- 安全策略文件的格式（硬拷贝，HTML，PDF）；
- 安全策略文件的位置（内容管理系统，静态网页，三孔活页夹）；
- 政策确认机制的类型（E-mail 通知用户，策略访问或审查的电子确认，硬拷贝签收表）；
- 自上次管理人员安全政策审查的时间长度。

公司的安全策略可能以单个的文件或一组文件存在，用以规定政策、准则、程序、甚至配置。了解安全策略的结构有助于决策者选定方法，使员工更高效地认识政策，使政策的执行更具强制性。

员工是否阅读并理解公司安全策略？

测量人的认知和行为很有趣，并涉及很多在本章中所提出的观点。理解力不能真正直接被观察到，除非你是一个研究大脑活动的神经科学家，即使这样对当时的结果也有很多理解，而对于我们的安全管理员不是特别有用。（要求所有员工进行大脑扫描所产生的费用可能不会给政策项目带来可接受的回报）相反，我们通过观察人如何表现和响应的数据，与我们认为适当的理解力的数据进行比较，测量理解为：

- 在员工工作描述中，遵守公司安全策略的具体责任所占的比重；
- 在过去的 12 个月内安全策略的认识或培训活动进行次数；

- 在过去的 12 个月内的员工正式承认了企业的安全政策的比例；
- 有关用户对政策的熟悉程度和对政策的合适性和可用性的一个调查结果。

这种度量也可以给探索另一种数据源提供很好的机会，并将活动和过程中的观察与人们对目的的相应反应结合起来。

安全策略的执行力在提升吗？

问题和度量迄今已通过描述目前的环境来提供支持提高安全策略执行的数据，没有提出良好的性能基线，就没有可以判断该项目是否满足或实现的目标的可靠或可核查的方法。目前的性能基线建立后，就可以考虑用以确定改进或发展度量标准：

- 提高在基线上安全策略的执行力（无论是作为原始的数量或百分比表示，视情况而定）；
- 增加企业安全策略的意识（意识活动的数量，用户对政策认可的数量）；
- 提高安全策略过程中的效率（提高政策审查，减少政策性文件或位置的数量）；
- 从调查用户对政策的熟悉和易用性方面改进反馈。

安全管理员可以使用这些度量标准提供的数据，分析在项目过程中，进行决策或活动的影响，描述项目目标实现的程度，并产生可能会导致更多的测量的结论和见解，并在重复活动中持续改进。

把以上这些都放在一起

采集和记录安全测量和改进活动的 GQM 数据，可以通过扩展 GQM 用于目标创建的模板（表 2-1）来完成。完整的模板中，包括目标陈述和相关的目标构成组件，以及全面实施项目所需的问题和度量标准。此模板可以被用来作为基准的项目章程和文档。表 2-2 显示了安全策略实施项目全面完整的 GQM 模板。

度量目录

GQM 方法为一个特定的测量项目带来了一套明确的、书面化的度量标准。这些度量标准直接与被充分理解的目标绑定，这些目标涉及具体系统、进程以及 IT 安全环境的特征。GQM 的另一个优点是输出的方法天生适用于创造度量标准目录，这个度量目录可以随着时间的推移，被项目，以及安全性和业务组织和利益相关者重复使用和分享。

在图 2-1 中可以看出，不同的目标和问题都可以依靠所需数据的相同的度量。由于度量程序变得更大、更复杂，先前测量项目的结构和结果在产生新目标和项目的头脑风暴过程中变得非常宝贵。新的目标可能是前一个项目发现的直接结果。（例如，在安全策略的例子中，这是可能的：该项目揭示不仅政策没有强制执行，并且甚至违反行为没有被报道，这种情况需要探索。）

表 2-2　GQM 项目的定义模板(安全策略执行)

目标部件	结果—增加 元素—安全政策的执行 元素—用户意识 元素—安全策略文档的用户确认 角度—安全管理
目标陈述	该项目的目标是,通过从安全管理员的角度增加用户对该公司的安全策略文档的认可,来提高执法意识和企业的安全策略
问题	企业安全策略的执行目前所处的水平
度量	在过去的 12 个月内违反安全策略的数量 在过去的 12 个月内对违反政策的行为采取行动的数量
问题	公司安全策略的当前结构是什么
度量	组成企业安全策略的文件的数量 安全策略文件的格式 安全策略文件的位置 政策确认机制的类型 自上次管理人员安全政策审查的时间长度
问题	员工是否阅读并理解公司安全策略
度量	员工工作描述中明确公司安全策略详细责任的比例 在过去的 12 个月内安全政策的认识或培训活动进行数 在过去的 12 个月内的员工正式认可企业的安全政策的比例 有关用户对政策的熟悉程度和对政策的合适性和可用性的一个调查结果
问题	安全策略的执行能力在提升吗
度量	提高在基线上安全策略的执法行动 增加企业安全策略的意识 提高安全策略过程中的效率 从调查用户对政策的熟悉和易用性方面改进反馈

新的测量项目可能导致这样的结果：安保人员更舒适地使用 GQM 来发展度量指标,项目赞助商对结果印象更加深刻。在这种情况下,以前的项目目标和问题都可以作为新的度量指标的灵感或很容易地修改模板应用于其他场景。

管理度量目录不需要任何特殊的工具,虽然你可以得到你想要的复杂程度。在中央档案馆的安保人员对每个测量项目的 GQM 模板进行简单的捕获可以确保每个人的工作可重复使用和回收。更复杂的度量编目方法可能包括建设数据库,其允许更强的目标和指标之间的联系。如 Wikis 的协作技术对于度量目录也是一个不错的选择,因为它们可以设置为允许度量用户在测量项目的经验上添加内容和评论,并围绕一个安全性相关数据的中心存储库,动态增长指标计划。

GQM 更多安全性的用途

我已经概述了你可以如何使用 GQM,为一个涉及特定安全政策执行的项目,来开发以目标为导向的指标。GQM 几乎适用于任何情况,只要你针对一些设定的目标或宗旨测量其安全环境。唯一的限制是组织确定具体目标和向测量项目投入资源的能力,我将在后面的章节中详细讨论安全测量项目,包括在你已经收集的度量指标数据后做什么。现在,我们来看看 GQM 如何让你对一些安全测量问题建立明确的目标、问题和度量。

测量安全运营

测量弥补我们的安全性和数据保护方案的日常系统和活动,也许是安全专家最普遍的活动。我们测量的东西,让我们知道是怎么回事,以确定是否立即灭火,并表明我们以此来维持生计。GQM 提供了一种结构和规范运作的安全措施,在许多情况下,这种数据已经被收集,但将 GQM 应用到问题中,确保指标不会孤立地(与特定的安全目标无关)或与目标完全一致。

如果你有关于收集数据的度量标准,但它们不依赖于具体的目标,如果你问自己,数据真正支持的是什么,GQM 可以给"纯粹的"思考实践提供基础,如果你不能回答这个问题,那么就算是最"常识"的数据都开始变得可疑。

例子:安全相关的故障时间

了解你的系统给用户提供服务的时间是一种常见的 IT 度量。了解安全如何影响可用性情况也很重要,尤其是当你需要对安全和其他的 IT 挑战比较时。表 2-3 举例说明了项目的测量与安全相关的故障时间。

表 2-3　GQM 项目:与安全事件相关的故障时间

目标陈述	这个项目的目标是从安全团队的角度来看,通过比较与安全相关的一般可用性的故障时间,了解安全性对系统的可用性的影响
问题	系统由于故障崩溃的频率是多少
度量	故障的间隔时间 故障的持续时间 平均系统可用性
问题	由于维护关闭系统的频率
度量	维护的间隔时间 维护的持续时间 平均系统可用性
问题	由于安全事件停机的频率
度量	在时间周期的安全事件数量 事件整治持续时间

此方案显示了 GQM 模板观点角度的重要性。对于安全团队，了解安全相关的问题对一般可用性的影响有多少是非常重要的。但是，从系统用户的角度来看，停机时间就是停机时间。用户通常不关心停机是由于一个安全问题，或配置不当，或者事实上是鲍勃意外拔出了错误的接口，他们只是想恢复系统。

数据丢失防护的一般风险评估

我在本章最后在批判一般的风险评估作为测量工具上花了一点时间。但是，我并不认为像一些批评家主张的，这些评估是完全无用的。我们面临的挑战是使它们变得更好，所以使 GQM 适应挑战是有意义的，这是我令自己停止争论的一种方式。表 2-4 所示的是一个简单的涉及一般风险评估的数据丢失防护(DLP)的 GQM 项目例子。

表 2-4　针对一般数据丢失防护的风险评估的 GQM 项目

目标陈述	这个项目的目标是，从公司人力资源、法律和 IT 专家的角度，通过分析标准置信区间(CCIs)来看损失的可能性和严重程度，最终了解公司敏感数据丢失的风险
问题	风险评估标准化程度
度量	参与进行标准化培训的专家人数
问题	在公司网络上存在多少敏感数据
度量	敏感数据类型的标准置信区间 敏感数据位置的标准置信区间
问题	企业控制敏感数据的价值是多少
度量	类型数据价值的标准置信区间 由于数据丢失产生的外部成本(法律等)的标准置信区间
问题	什么载体最有可能造成数据丢失(如电子邮件、网络渗透、恶意的内部人员等)
度量	造成丢失的载体的标准置信区间

专家判断的置信区间和校准使用的分析技术，让你远离在安全风险评估中通常采用不太精确的评级标准(从低到高，1～10)。在以后的章节中将详细说明如何将这些技术运用到安全性测量项目中。

测量符合法规或标准

日常运作的度量指标是比较容易掌握的，通常是由知识直接支持，这些知识通过管理系统产生或通过易于理解的指标如正常运行时间或吞吐量产生。测量其他环境因素，如执行标准，安全管理人员创建概念事物的度量的挑战，这些概念上的东西不能通过曾经用来寻找答案的识别经验测量直接观察到(“合规”)。在监管控制的情况下，可以通过了解一个特定的监管框架下颁布的规定和推断如何满足规定，来完成测量。

遵守使用 NIST SP800-66 指导的健康保险流通与责任法案

健康保险流通与责任法案(HIPAA)是一条美国法律，其中规定了除其他事项外，个人如何识别医疗信息必须受到在法律范围内医疗机构的保护。通过一系列强制规定，包括对 IT 安全具体的监管要求，HIPAA 要求所包括的企业，承接多项活动来实现合规性。美国国家标准与技术研究院(NIST)发表的一种特殊刊物，SP800-66，在语言上为满足这些符合要求提供指导，使其比在法律法规中正式的法律术语更容易理解。表 2-5 展示了一个应用于符合 HIPAA 的 GQM 项目。

表 2-5 针对使用 NIST SP800-66 指导的 HIPAA 的 GQM 项目

目标陈述	这个项目的目标是从监管审计机构的角度，通过比较公司的知识、活动与针对 IT 系统由 NIST SP800-66 提供的 HIPAA 法规指导，来评估该公司的符合 HIPAA 安全法规
问题	该公司是否有安全管理进程
度量	创建、接收、传输或存储个人健康电子信息的资产和信息系统的数量(EHPI) 没有对个人健康信息评估的资产和信息系统的数量(或百分比)
问题	在该公司的保管工作中，电子个人健康信息(EHPI)的风险是什么
度量	由该公司在过去 12 个月进行的风险评估的数量 风险评估之间的平均时间
问题	公司如何对 EHPI 进行风险管理
度量	在公司的安全控制基线内批准的控制数量 可访问的或追加的需要安全控制和执行规范的比率

HIPAA 和 NIST SP800-66 要完成表 2-5 中的整个模板有太多的要求，但 GQM 结构将允许你为整个 SP800-66 的指导创建一个完整的模板。或者，你可以根据不同方面的法规(例如，政策要求与技术要求)，把 HIPAA 要求选择分成更小的子项目。GQM 的灵活性使其适用于任何一种可以得出以一种正式文件的方式与总体目标紧密结合的度量目录的方法。

测量人文

抛开这些介绍性的例子，让我们来看看如何使用 GQM 为安全环境的元素来创建度量指标，这些元素是你可能认为是相对不可测的人、行为或动机。

测量尾随进门的行为和动机

我的安全经验，包括物理的 IT 安全评估，在这些情况下，我观察了很多尾随进门的人(未经授权的人通过尾随一个被授权进入的人进入被保护的入口)。如果弱密码是安全管理人员最常见的逻辑漏洞，人跟设备太近就会成为物理上的对应物。当通过阅读大的标语“禁止尾随进入!”时，我已经接近敏感的建筑物，正如我适应新的朋友，跨过了门槛。但我一直觉得很好奇，当问到为什么出现这种情况，组织往往只是摊开双手回答“这是你不得不面对的事情”。“谁知道人们为什么做这些呢?”是另一回事。所以，这个问题被描述成即使不是无解，那么至少也是无法衡量的，而努力要找到更好的技术解决方案，或者做一个我进去时读过的更大的标志(也许霓虹灯)。作为一名社会科学家，意识到我有意忽略了很多现有的经验数据。

表 2-6 提供了一个可行的 GQM 项目用于恢复一些未知信息。

表 2-6　分析尾随进入者行为的 GQM 项目

目标陈述	这个项目的目标就是通过从员工的角度分析尾随进入的个体的观念和行为，了解在公司设施中尾随进入的原因。
问题	一般员工对公司中尾随进入的观点是什么
度量	对公司在相关动机观点和尾随进入对公司 IT 安全性的影响方面，广泛调查的结果
问题	公司中尾随进入的一般特点是什么
度量	在一两个星期内被动观察公司一些设备的尾随进入行为的结果
问题	为什么个人会参与尾随进入，只是自己尾随进入还是帮助尾随进入者进入
度量	对观察到的尾随进入者进行简要后续访谈(非专业)的结果作为一个实验性的 IT 安全评估

这个项目，当然，需要一点非正统思想。我的一些客户在犯规的时候，不愿面对尾随进入者，因为这可以被看做是一个纪律处分或审讯。然而同时组织认识到，如果他们无法控制自己的物理界限，他们不能指望实现有效的信息安全。

部分问题是大多数组织没有测量与 IT 安全物理缺口相关的损失，这个问题在这个项目中并未被提出。(另一个产生完美指标的机会!)因此，问题的严重程度目前还不清楚。如果组织知道是由于物理缺陷损失成百上千美元，可能会决定面对几个人是值得的，质问他们为什么有这样的行为。这种类型的实验并不需要怀有敌意。通常情况下，在学术研究中，可以给予调查或实验的参与者一点小小的奖励，在这个项目中尾随进入者就可以放心，面谈实际上并不是纪律处分，然后给予其价值 10 美元的礼品卡证明他们的付出是有回报的，尽管他们的侵害并没有带来价值。

我的物理安全客户认识到，他们的宣传运动，通常是无效的(而且通常很昂贵——毕竟霓虹灯不长在树上)。了解了一个人的行为的真实动机，就可以提供如何更成功地管理这种行为，并有可能提高效率和在投资安全程序的过程中的利润率。

将 GQM 应用到你自己的安全测量中

GQM 模型并没有减轻安全专业人士的负担，他们还是有责任了解需要完成什么。这不是一个神奇的黑盒子,投入垃圾就会吐出良好的度量指标。相反,GQM 提供了一个有逻辑的结构化过程来考虑安全性,把这些想法转化成需求,然后开发所需的用于记录和符合要求的数据。GQM 是一个概念性的工具,它让我想起了思维导图软件。它不会给你想法,但可以帮助你组织想法,让它们更有价值和富有成效。

你可以尝试应用 GQM 到你当前的安全项目,以确定它是否在你想完成的方面增强了你的观点。至少,GQM 帮助你把目标系统地转化为了测量活动和数据,并记录该过程,使你的项目更精确并使成果更容易评估。你使用 GQM 创建度量是第一步,引擎驱使其向前运动,是为 IT 安全改进的一个更大框架,使用 GQM 创建的度量是驱动一个 IT 安全进步的更大框架的第一步和引擎并在接下来的两章讨论。

总　结

有关什么是"好"的度量的辩论一直存在于 IT 安全度量指标界,许多测量的支持者相信,只有定量的度量对于测量安全是合适的或充分的。但测量有许多定义,而不是所有的人都依赖数字。测量提供社会以及科学的好处,并可以被定义为根据现有的定量或不定量的标准对事物的质量进行判断。

更重要的不是决定度量标准是好还是坏,定量或定性。安全专业人员应该更加关注其指标是否满足以下目标:

- 都被很好地理解了。
- 被使用了。
- 能提供价值及洞察力。

定量和定性度量之间的争辩往往忽略了一个事实,数字也需要解释和标准,以及当数字没有被适当的呈现或理解时,就可能对任何主观意见的陈述产生误导。这些不同类型的测量解决不同的问题。谁、什么、何时、何地等问题,定量可以更容易地回答,不像如何和为什么等问题。

在评估你的安全指标计划时,首先看你要回答的问题,然后选择最好的指标(在你的资源限制范围内)提供数据和洞察力。这些度量指标,无论是定性或定量的,都应当根据直接观察的现象由经验数据支持,这可能需要你重新考虑你起初认为自己在观察什么。

在经验软件测试领域可以发现一种构建安全度量指标的有价值的方法。GQM 方法提供了一种美观并且直观的过程,首先要求组织制定明确的目标,并跟随着定义了目标该如何实现和评估的操作性问题,再来创造度量标准。这些问题允许度量标准和数据的自然发展,这些度量和数据与初始目标紧密一致,并用易于理解和交流的模板记录下来，这些模板抓住了一个测量项目合适的 GQM 构成。GQM 适用于整个各种各样的安全测量项目，包括政策审查、安全运营、合规性，甚至测量组织内的人的动机和文化方面的安全。

扩展阅读

Boehm, B., et al. Foundations of Empirical Software Engineering: The Legacy of Victor R. Basili. Springer, 2005.

Bradley, W. James, K. Schaefer. The Uses and Misuses of Data and Models: The Mathematization of the Human Sciences. SAGE Publications, 1998.

Campbell, S. Flaws and Fallacies in Statistical Thinking. Dover, 2004.

Kaplan, A., C. Wolf Jr. The Conduct of Inquiry: Methodology for Behavioral Science. Transaction Publishers, 1998.

VanderStoep, S., D. Johnston. Research Methods for Everyday Life: Blending Qualitative and Quantitative Approaches. Jossey-Bass, 2009.

第三章 了解数据

先建立你的目标，然后提出一些帮助你理解如何达到那些目标的问题，再次明确一些能够确定的回答你上述所有问题的度量标准，以上这些步骤就构成了你的度量计划的核心部分：数据。像任何测量一样，信息安全度量也是切实地收集和分析你所观察到的数据。度量标准仅仅是组织和定义数据的一种方式。所以，所有优秀的度量规则需要：

- 理解你的数据；
- 使用你的数据；
- 从你的数据中获取价值和洞察力。

你将在后面的章节中了解到详细的数据分析方法，但是现在先让我们来回顾一下数据的类型，你也许会遇到或者考虑数据可能的来源，以及为了支持你的安全度量标准所采取的收集和标准化数据的方式。你需要了解不同类型的数据，包括定量数据和定性数据，以及那些甚至是存在于每一种数据内部的差异。现今的信息安全有一种趋势，那就是混合和匹配不同类型的数据，然后应用于完全不适合实际观察所得数据的分析技术，例如对定性数据进行统计分析。

数据是什么？

首先，在我们探讨任何其他特征或含义之前，“数据”这个词在技术上被认为是复数名词。所以这一节的标题在语法上使用复数是正确的。当然，你的数据不支持那些安全建议这种说法也是正确的。但是对于许多人来说，尤其是那些不在科学界的人来说，将数据这个词用复数形式使用看起来很荒谬无知，所以，那些人更愿意将“数据”这个词当做单数名词来使用，比如“数据取决于你是如何看待它，或者你的数据不支持这些安全建议”。甚至是一些学术界的专家也愿意将“数据”作为单数使用，并且对这种用法深信不疑，物理学家诺曼·格雷就是其中之一，他曾于 2005 年在 http://nxg. me. uk/note 2005/singular-data/这个网址上发布了关于将“数据”用作单数的观点。

在现实生活中（相对于学术界而言），将“数据”用作单数抑或是复数并没有多大关系——人们接受并使用这两种方式，但这还取决于你谈话的对象。如果在科学家面前将“数据”作为单数使用（the data is…），那么你会显得非常无知并且会很没有面子。同样，如果在你生意伙伴面前将“数据”作为复数名词使用，这或许会让你看起来不太会说话，而这同样也会使你丢失一些面子。在这个前提下，我将首先尝试将“数据”用作单数，因为我发现工业生产中的人们对此可能更加适应。当然，在我想表达不止一个的含义时我会使用复数，以避免例如“数据点”或是“数据观察”的赘述。对于“数据”的使用形式我不能保证会一成不变，我会根据不同的情境随机应变。

数据的定义

数据是信息的一种形式，并且由事实、数量、特征、报表、符号和我们用来查询、参考或分析所使用的观察来表示。随着我们生活条件的不断改善每天都会产生大量的数据。我们随大脑一起工作的眼睛从周围的可见光获取基本的可视化数据，当我们与配偶和孩子们在餐桌上聊一天的生活时，语言提供了更多交际类的复杂数据，并且在我们配置我们的系统或报告我们的管理状态的工作期间，我们处理着多维数据。大部分的数据收集活动都是无意识的和透明的，大部分都源于我们平时所做的事情。当获得更多结构化的数据并且更加留心注意那些收集到的对我们有用的数据时，我们称这些行为为测量或研究。并且这些活动通常分为两大类：定量和定性，这两个概念在前面的章节中已经有所提及了。

根据你所问的问题和提出的不同意见，数据(点)是各不相同，千变万化的。所以你经常可以看到数据的概念中掺杂着不同的想法和可以改变的事情，如一个人的性别，在某个特定机器上运行的操作系统或者是一个系统的反病毒软件。数据度量计划的原材料，是你收集、检查、分析和完善关于你的安全性能所做出的有效的决定性的材料。我们甚至可以使用原始数据这个术语来表明尚未组织或处理的数据，尽管这一概念是相对的。防火墙的日志数据加工成一个季度的业绩报告可能被认为是防火墙的管理员完成的，但它似乎是首席信息安全官为董事会准备的年度安全行为报告中的原始数据。

数据也被概念化为层次结构的一部分，其中包括信息、知识，甚至是智慧。基本的想法是：由于数据是通过各种不同的分析过程中给出的，所以它由不同的状态或者阶段转变。对于这个增加的复杂过程同样也是处理数据及其更高形式的经验，直到最终，智慧似乎在理解一些情况方面有着“过人的天赋”，这些情况不仅由手边的数据产生同样也由先前的数据信息和知识的领悟产生。

DIKW(数据—信息—知识—智慧)为人熟知，经常在信息科学与其他学科中使用，这种层次结构如图 3-1 所示。对世界不同认识的方式之间的关系来说，DIKW 层次结构模型是一个简单的、泛化的模型。因为 DIKW 提醒我们，数据对于我们所要达到的目标来说并不是唯一或最重要的方面，所以它对于信息安全度量的发展也是同样的。度量标准和数据代表着一个核心，而这个核心是属于随着时间的推移不断学习和提高的这个更大的认识过程的。公司的“智慧”看起来不像一个适当的描述，但是有时在不伤害其他公司的情况下，即使所有的参与者都拥有类似的数据,也很难找到关于那些公司的合理解释。将度量数据转换为安全性智慧将是下一章要提出的安全进程管理框架的目标之一。

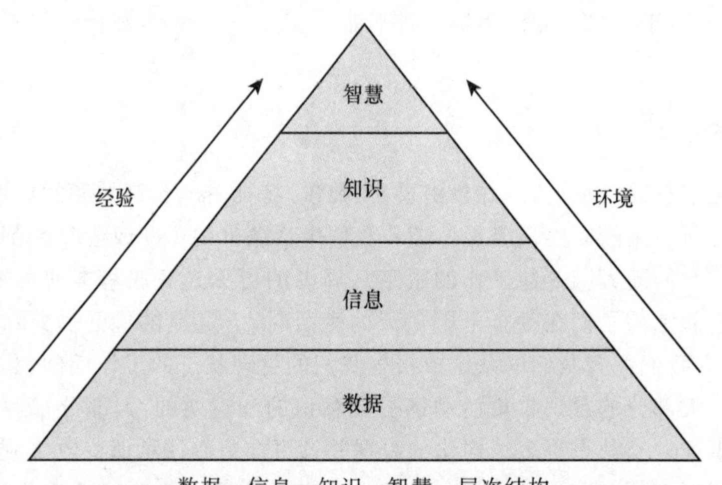

图 3-1　DIKW 层次结构表明背景和经验是如何使数据连续转化为更为复杂的构成要素

数据类型

我们已经谈到了定量和定性的测量,而这两种安全度量的方法产生了不同类型数据源自于不同的观察角度,而这并没有什么好奇怪的。如同产生数据的研究方法,没有任何一种数据类型在本质上是更好的或者是优于其他类型的数据的。哪些数据是最棒的,这取决于你认为这些数据对你的问题提供了答案。对这些数据类型理解的深刻一些可以帮助你做出决定哪些数据对于你的安全度量最有用。

定量数据

定量数据使用数字表达,并且进行统计学分析。数值数据可以反映你能通过数字计算的事情,例如在你的网络环境中安装某一个操作系统的数量,或者是在过去的一个月中对于你的网络数据进行扫描的数量。数字同样可以沿着一定的规模反映状态的改变,像数据中心的温度或者某已知漏洞易遭受攻击程度的等级划分。科学的测量确定了四种主要的数据类型或计量尺度:定类型、定序型、定距型和定比型。

定类数据　定类计量是最简单的,当然有时也是对定量数据的规模最具误导性的。定类数据并不是完全关乎数字而是与类别有关。数字通常用作涉及的类别的标签,但这也不是必需的。举个例子,假如你为了安全审查而正在判别你运行环境中的操作系统的类型。你可以根据表 3-1 中的定类计量来归类操作系统的类型。

代表操作系统类型的数字的选择是随意的，你可以简单地使用字母（如 A、B、C…）或者是操作系统名字的缩写来作为你的数据，但是数字通常是定类数据集的第一选择。在定类数据集中，用数字表示数据这个事实不代表任何关于观察目标的意义但是数据所分配的类别除外。定类数据并不反映内在的本质，但是你可以对分类数据的情况进行计数，如观察了多少类型 1、类型 2 等等。为了便于分析，你可以使用定类数据来建立频率分布并且当你有多个定类数据集时进行交叉制表。对定类数据直接使用诸如平均数（俗称平均水平，但两者有些许不同）或者中位数（中间值）是不恰当的（你怎么平均三个不同的类别?），尽管这种模式（最常见的值）还算有用。在后面的章节中，我会详细介绍这些分析技术。请先记住，你可以使用与定类数据相关的数字将你所观察到的数据分隔成不同的“水桶”——这些数字并不会对归进桶里的事情进行定量。

表 3-1　操作系统类型的标称分类

类别值	操作系统
1	Windows XP
2	Windows Vista
3	HP-UX
4	Solaris
5	Linux
6	Mac OS X

定序数据　比起定类数据所发现的关系，定序数据使用数字来描述一个在观察的目标之间的更为复杂的关系。定类度量说明某物是否与其他事物属于同一类，定序数据则涉及那些观察到的排名顺序，举个简单的例子，竞赛者在一场比赛后的次序就是定序数据（第一、第二、第三，以此类推）。一个关于安全方面的例子就是：从一个风险矩阵分析中获得的风险等级（举例来说，一个 1～3 的危险等级以及类似的分数反映了低、中和高三个危险性等级）。定序数据不会提供任何排名间的差异信息，如一场赛跑中的冠军比亚军速度快多少。同样的，安全风险等级为 10 并不意味着是等级为 5 的两倍。某种程度上来说，定序数据处于一种关系范畴内，以流水号的方式计划安排，例如文章中的上下文关系。

对定序数据的分析类似于对定类数据，涉及对数据等级和分配观察结果的统计，尽管经常这样做了，定序数据依然不是恰当的应用手段或平均水平，因为定序量表无法反映序列间的区别。（想想一场比赛，结果先是第一和第二，其次是一个遥远的第三），这样的模式（经常被关注的值）仍然能与定序数据正常工作，平均（中间的值被观察）且可应用得当。定序数据也可以比较其他名义或有序的数据在表格上的应用，例如表 3-2 中的风险计分总结，这个表表明 10 个安全管理员调查的受到关注的评估。分析表明，最常见的风险评分是关于每个数据的类型。

表 3-2　定类数据和定序数据的交叉表格

数据丢失或损坏的风险(分数摘要)				
数据类型	1 - 低	2 - 中	3 - 高	模式
用户数据	3	5	2	2 - 中
财务数据	1	4	5	3 - 高
客户数据	2	7	1	2 - 中
知识产权	5	3	2	1 - 低

定距数据　定序数据描述了排名的关系,但没有真正的测量个人排名之间的距离,定距数据引入了排名中的增量,并使用某种标准化的单位来衡量此种距离,因此,排名中差异化的程度就有了意义。在摄氏和华氏尺度上测量温度就是展现定距数据很好的例子,因为在每一种计量尺度下,10 度和 20 度之间的距离和 0 度到 10 度之间的距离都是一样的(但在两种计量尺度之间却不一定)。

另一个例子是用来测量安全漏洞严重性的通用漏洞评分系统(CVSS)分数。与定序的严重性得分:低/中/高不同,CVSS 分数范围从 0 到 10,并基于如下假设:3 和 4 之间的区别在评分量表中相当于 5 和 6 之间的区别。这个原因是很简单的。如果标准间隔不是这种情况,CVSS 分数中 9 和 10 之间的差异和分数 1 和 2 之间差异是不同的(又或假如,在谈论气温时,30℃与 35℃之间的差值不同于 15℃与 20℃之间的差值),那么数据就失去其比较的意义。

在定序数据和定距数据之间有个很好的界限划分,你可以从如风险举证和 CVSS 评估中推断出结论。你必须仔细考虑采用什么样的数据进行处理,否则就可能导致测量方面出现错误。以学位分数为例,除了 A 在排名上比 B 高以外,A 和 B 之间的区别是不明显的。A 和 B 的平均值是无法找到的(也不能说 A 和 C 的平均值是 B),数据并不能反映该标准化的级别。通过指定固定等级之间的差异,就可以将定序数据转化为定距数据。现在 A 被定义为一个 4.0 的规模,B 为 3.0,C 为 2.0,等等。2.5 和 3.0 之间的差异被认为是相当于 3.5 和 4.0 之间的差异,因为我们在度量中增加了一个标准化的层级。

相比于定类数据和定序数据,定距数据有可能更适合分析,因为它涉及真正的数字。我们可以使用加、减和乘等测量方法。尽管我们不能除或进行数据之间的比例计算,但是,由于定距计量中零点是任意的并且可以使用负数(如温度),尽管这并不总能够实现(如与学术等级),但对于定距数据而言,很多最常用的统计技术,包括平均值、中位数、众数、标准差等都可以使用。定距数据能使我们分析分散性,或如何使我们的数据有这么"分散",而这反过来又带来了一些有趣的概率分析方法和统计推断的可能性(即那些概括和预测),而不是简单的描述性统计(那些只表达来自直接数据的信息)。

定比数据　定比数据与定距数据差不多相同，只是加上了无法进行任何测量的绝对零点。在比例尺度上，不仅是 0 和 1 之间的差异与 1 和 2 之间的差异相同（作为定距数据），而且在 0 和 1 之间的差异是 0 和 2 之间差异的一半，如重量和长度的测量中使用的比例尺度。开尔文温标也是如此，因为与摄氏或华氏尺度不同，它定义了一个绝对零度的点。

通过分析，定比数据和定距数据是非常相似的，因为该数据是真正定量的并且可以使用各种统计技术进行测量。通过数据显示，凭借自身的可分割性，具有零点性，定比数据在工具箱中提供了一些更多的统计技术，但很可能是从 IT 安全度量的角度，在分析的时候，定距和定比数据看起来非常相同。

如图 3-2 所示的是四个数据类型的基本视觉展示，了解不同的数据和测量尺度之间的不同是很重要也是很值得的。尺度定义了我们分析数据的层面以及根据数据推断或假设的极限。了解在每个类型的数据之内如何使用数字可以使我们避免一些类似“定量数据和数字是一样的”的错误想法。一些安全专家所指的定量数据，更精确地来说应该是指特定尺度上的定量数据，这是一种值得思考的区别，因为专家们通过定性研究方法，认为定性数据是某种完全不同的东西。

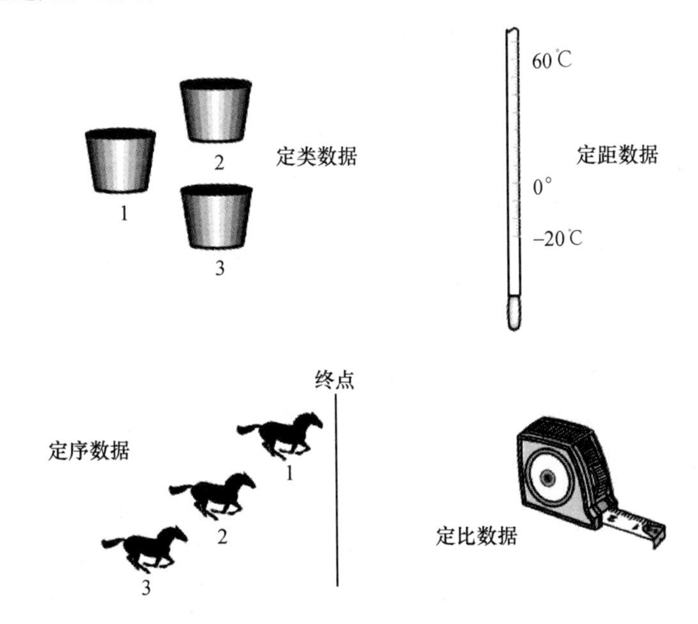

图 3-2　四种常用的定量数据类型或计量尺度

定性数据

在安全性方面，定性和定量数据的混乱通常发生于测量活动涉及从人们那里收集数据的情况，然后将那些数据准备好以便进行分析的时候。例如，你可能会访问一些管理人员和分析师的安全风险评估，要求给他们的评估打分，并解释其理由。受访者的估值范围，从 1 到 10，你记录了他们的评判理由。从研究的角度来看，你现在有两套相关的数据。一方面，你的定量的、定序数据代表各权益相关人关于风险评估的价值；你可以对这个数据进行一定的分析。同时也有反映人们是如何提出他们的数字的想法和感觉的记录，这是定性数据。如果你记录了你的采访，那么视频、音频和副本也将是定性的数据。相比定量分析，定性数据分析是非常不同的，因为数据是更混乱、更复杂，需要更多的解释。

信息安全通常把以文档和记录形式出现的定性数据与代表人们观点、陈述和行为的数据弄混。在之前的风险测量案例中，从定性的角度来看，受访者给出的得分远不如他们如何给出得分的讨论有意义。定性测量是关于分析人们如何思考，感觉以及做出行动，而不仅仅是记录他们说什么。

通过会议、洽谈、辩论甚至人们改变主意等形式可能会使风险安全评估产生大量的数据，但所有的这些定性数据都会被忽略，只有风险评估的最终结果会被当做数据。而这会引起困惑，因为大多数定性风险评估是先给分数进行编号，然后尝试在风险评分过程中使用计数、取平均值、乘法等统计计算方法。其结果，正如我所说，对于分析技术会产生一种具有误导性且不精确的误解。只有一小部分数据，甚至没有令人感兴趣的数据，被分析了出来。当结果被证明是不精确的时候，我们通过给它们打上"定性"的标签来使自己与结果保持距离，然后开脱我们最大的责任，因为这些数据从一开始就不是基于"真实"的。所有原本可以帮我们理解为什么我们的逻辑出现了错误的数据，所有的讨论和辩论以及丰富的互动，都在我们分析开始之前就已经被扔在了垃圾堆里。

定性数据是更难以说清楚和评估的。定量数据则相当简单：它涉及事物的数量，自然是指测量的单位和单位的数量。在另一方面，定性数据，涉及人类行为，活动和心理，这包含了大量的可能性。难怪很多"困难"的学科，诸如物理学、化学和计算机科学（或信息技术工程）都很难使用定性的方法。如果一切（包括人们所感觉和所相信的）都是等式（也许更糟，万一没有等式怎么办?）的一部分，那你怎么可能严谨地解构这个世界?

好的方面是定性数据类型可以被定义，尽管无法做到和定量数据一样的完全合适。定性数据的一个重要方面是，它涉及人，不管是个体还是团体。活动、行为、规范和社会交往的人是定性研究的基础，定性数据包括这些特性的观察和探索，并且随着安全性在组织中的其他地方显得愈加重要，为了影响非技术的结果，人类心理的问题和"复杂"的人际关系将在信息安全操作中起到更为重要的作用。将错误的数学规则应用于数据并且试图将复杂的系统用狭隘的、定量绩效指标来简化对于度量和操作来说是弊大于利的。此外，随着越来越多的安全专家与权益相关人从幕后转到台前，定性分析的各种措施会变得越来越普遍与准确。

观测数据 注意那些实证数据都是建立在直接观测的基础之上的，定性数据有时非常经验化。举个例子，在人类学研究领域中，科研人员需要研究整个文化系统才能理解一个文明。人种学研究其实就是一个依靠直接观察与研究的技术，要完成这样的研究，就要派出经过专门培训的专家融入到被研究的群里观察、记录（或在某些情况下，从远处观察）。通过对被研究文化各个方面的精心观察与记录，才能得到有价值的资料。这些定性数据可能包括纸质的研究笔记、照片、图画、视频、录音，还有这些数据的副本。

反馈数据　源自个人与群体之间，采访者与被采访者之间交互的数据叫做反馈数据。这种定性数据是一种一问一答式的互动的记录。虽然这些基于对被访者反应的直接观察的资料仍然是经验性的，但往往作为人种学观察中的一部分的反馈数据却具有更加的结构性和具体性。访谈资料往往反映了一种对怎样量化被访者探索未知兴趣的尝试，包括那些被访者提供的想法、疑问与故事。我们鼓励这些想法，它能指引我们的会谈进入一个新的感兴趣的领域。

反馈数据，就像观测数据一样，可以以录像、录音、访谈记录或是其副本的形式储存。在一些学术调研、市场调研等定性分析实例中，它更容易被接受，更容易记录整个的互动过程。在其他的一些如信息安全的商业实例中，被访者在被记录时可能会感到不适，特别是在他们并非自愿，而是因为评估或审计而不得不参与采访时。在这些情况下，采访者的笔录可能会是互动过程的唯一记录。至关重要的是采访者必须是训练有素的有能力有技巧的并且配备了相应的采访模版的人，如此才能方便采集数据。选择合适的受访者来采访和记录也至关重要，要问正确的人正确的问题才能得到正确的结果。

史料数据　第三类的定性数据包括由人们活动所产生的信息。从书籍到期刊，从白皮书到公司报告，从 HTML 页面到程序源代码，书面的文件和文本是常见的定性数据的例子。这类数据反映的恰恰是你所测量或观察的。例如如果你正在观察一个在僵尸网络上的网民活动，那么即使这些活动的记录是文字的，也会被认为是直接观测数据。这种情况同样适用于你与在网上认识的僵尸网络控制者的访谈记录。但是又不得不说稍后在几个研究项目中你决定去分析那些最有效的僵尸网络研究技术。现在这些访谈记录自身也变成了一种新的数据和要去分析的目标。

文物也可以提供定性数据。当我进行物理安全评估时，其中一项数据收集活动需要进行实地调查；我从周边看了一圈，注意到出入口、门禁卡识别器、监控摄像头等设施，并去寻找可能的会被用来潜入的监控盲区与漏洞。这些我收集的数据本质上是定性的测量工作。我观察到的那些外围情况、结构情况以及反制措施是人类计划和活动的直接结果，所有的这样的数据都能帮我去分析和重建这些个人和组织的行为。像其他的实证数据一样，这些数据也可以以记录、图片、录音或录像的形式储存。

分析定性数据 定性数据所需要的分析方法完全不同于定量分析。定序、定距、定比数据等我在上一节描述的统计方法对此并不是十分适用。它们之间的区分恰恰是它们自身数据类型的区分。定量数据一般是比较狭义、具体、明确的，需要去明确数量与计量单位。分析的也是这些如同多少美元、几小时、多少吨、同不同意等明确的数据，至于分配的含义是后话了。广泛而笼统的数据只有在经过定性分析后才具有了意义，而得知了其他的潜在的信息之后才能进行定量分析。为了读取电影数据去数一张 DVD 盘片上存有多少比特和去判断一部电影是否好看是完全不同的。读取 DVD 数据的工具可能是非常复杂的，但是这个工具从来不关心电影的导演是谁，主角几岁等信息。判断一部电影好不好看，一方面，这与你对哪方面有兴趣有关，比如电影剪辑的太跳跃了或是台词太没新意了；另一方面这与你比较的标准有关，《卡萨布兰卡》与《外星第九号计划》不可比。阐释就是定性数据的一切，而这使得定性分析对某些人来说几乎不可能完成。

定性数据分析的核心就是分类的概念，俗称数据的编码。文件、文字段落、被访者的反馈、活动记录或者其他无数的数据元素都可分类，分配的编码都反映了共性、主题或其他的特征。随着越来越多的代码被分配到该数据，跨越所有集合的观测数据的一个图形才可以出现。

定性编码的复杂程度可以与定量的数理统计分析比肩，同样，学术调研、市场调研、软件工程等先进的自动化工具也已经开发出来了。这些工具被称为计算机辅助定性数据分析软件系统(CAQDAS)，包括如 ATLAS. ti 和 NVivo 等商业化产品，它们都是允许复杂编码、注释、建模和大型数据搜索的软件系统。

很多大型公司和研究机构使用这些软件包来研究那些不能通过定量方式来分析的复杂问题，同时这些软件包也有各种可选的价格。有很多开源的软件系统工具可供使用，比如说我在下个例子中谈到的 TAMS 分析器。很多行业的市场调研、产品设计和技术咨询设置都有使用定性分析工具，在这些行业中人的活动和行为都必须考虑到评估和性能的提高。

解释定性数据分析的最简单的方法是使用一个非常基本的定性度量项目的例子。信息安全商店经常进行安全策略的审核，以评估他们的策略多么有效以及多么流行。安全策略文件是一个典型的定性数据的例子，尤其是对人类活动(至少包括策略的规划、开发和出版)的记录。当一个机构开始评估一项安全策略时，它也就开始了定性测量和分析。通常，评估过程中最费劲的事情就是读文件(或是聘请一位顾问来读)，以及确认哪些内容过时了或者哪些内容写得不好(在读者看来)。这些评估通常不严格，也不是使用定量评估可能采取的结构化方法，很遗憾这样也降低了评估的价值，定性分析本应该提供比这个评估更有价值的见解。

看看这个更深入的分析公司安全策略的抽样案例，在这个例子中，公司很担心，因为一些用户认为安全策略存在敌意、居高临下，安全策略仅仅是用于管理的借口。但是，也不是每个人都有这样的感觉，公司很好奇这是否真的是一个问题。在这种情况下，定性分析非常的绝妙，因为它可以从可能被忽视或未经分析的数据中提取主题。

就策略评估来说，开发的编码系统可以确定策略的声明，分为以下几种：

- **受益**　策略的声明描述了策略对于用户或读者多么有用；
- **处罚**　策略的声明描述了违反策略时面临的纪律处分情况或标准；
- **要求**　策略的声明描述了一项必须执行或存在的指令、活动或配置；
- **禁止**　策略的声明描述了一项可能不应执行或存在的指令、活动或配置。

图 3-3 显示了这项分析是交叉引用的结果，它显示了在三个样本策略文件中确定了多少个编码语句的例子，策略文件包括可接受的使用、终端系统和网络设备。编码和分析的完成需要使用 TAMS 分析仪，它是一个有许多复杂特征的用来分析定性数据的开源应用程序。看看结果窗口，你可以看到三个策略文件的主题差异。可接受使用策略(AUP)文件更可能包含对涉及违反策略后的处罚的声明，但却不提及对用户的好处。相反，网络策略文件更侧重于需求，特别是配置，却更少让策略的使用者细究不遵守声明的负面影响。分析的结果表明那些认为可接受苛刻使用策略(AUP)的人可能的确有道理。

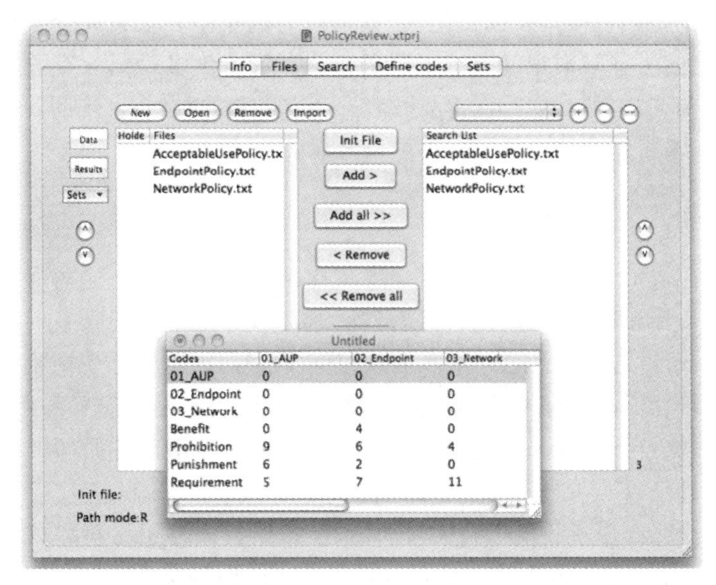

图 3-3　使用 TAMS 分析仪的一些安全策略评估的编码概括结果，它是一个开源的 CAQDAS 工具

这个策略例子只是一个简单的说明，告诉你如何使用定性数据和分析来回答定量工作不能解决的问题。这也表明，定性数据不只是意见或“怎么都行”的分析技术。对于某些安全问题,特别是调查人们做了什么、为什么做,定性分析是唯一有价值的方法。当正确执行时,定性测量项目和那些定量项目一样会提供价值、有条不紊。在后面的章节中,我会更深入的讲解信息安全的定性测量项目。

安全度量的数据源

在详细叙述了如何定义数据后,我们可以把注意力转向如何获取数据。同样在这里,我并不同意我的一些从事安全同事的意见,特别是那些在什么是好数据和什么是差数据之间人为设置限制的人。我不相信数据生来就具有好或坏的属性,数据只有在度量的环境下才分好坏。我会用这样一个比喻:用油或水这样的天然材料来创造能源。油和水都不是天生的好或差的能量来源,但在如何获取、加工,受益于这些资源的背景下,好坏两方面都必须要考虑到。你可以在沙特阿拉伯半岛的中间建立一个水力发电厂,但相比于从发电厂获利,你会花更多资源向发电厂运输水,直接开发你脚下的石油还更容易些。

数据的运作方式也有点像这样,因为有些数据的采集、处理和从中受益会更容易也更经济。如果你有及时可用的数据能回答你的问题,那么去其他地方寻找数据将会是既愚蠢又适得其反的。但是,如果因为数据不易收集或分析而忽略或贬低数据,也会是一种既短视又不战而降的行为。安全度量是回答有关问题和了解的数据流程的方法,但当你每次都只盯着一个方向看的时候,发现问题就变得困难了,其实有大量可能的安全数据源都可以考虑。

系统数据

IT 系统,尤其是安全设备,是安全度量数据天生的选择。这些系统大多数都已预先设定收集和报告各种有关他们行动的数据,不论是直接收集到的或是通过工具的接口获得,这些工具诸如安全信息和事件管理(SIEM)系统或配置和应用程序生命周期管理工具通过接口的数据。除了易于使用和越来越容易收集,系统数据本身通常就适合于定量分析技术和纵向度量(用于了解随着时间的推移事件如何进行的度量)。

对于早期度量创新和概念验证活动,系统数据会让你用更新和更严格的方式描述安全操作的价值。这些描述性的度量可能不能回答安全策略的某些方面的工作原理,但它们往往能提出这些问题,让你去更深入地了解并找出答案。当你需要清晰地阐明安全过程的要素,或证明你在过去做了什么或将来你可能想做什么时,系统数据同样支持即时决策。一些常见的和系统相关的数据的例子包括:

- 系统日志和事件日志;
- 系统配置;

- 源代码；
- 如弱点评估或补丁测试的测试结果。

过程数据

系统数据展示了机器和应用程序能胜任的工作，并且说明了这些系统的用户和运营商可能（或不可能）做的事情。但安全不仅仅是技术流程，它还管理和指导日常活动以及有特殊情况的组织和业务流程。过程数据通常包含比系统数据更多的工作内容以及更多的参与人员，这往往并不能比监视器（或许是自动回应的）预定义的行为多做多少。

过程数据比系统数据更难以收集和分析，尽管许多自动化的流程有嵌入式数据，藉此它们可以更容易的接入其他的IT系统。但是以我之见，过程数据的安全性并不像系统数据那样被人熟知；相比系统数据，它也没有得到更充分利用。分析安全过程数据需要你知晓自己的分析初衷，和对数据完全的运用，这可能需要与其他数据结合起来才能提供正确的情报和协议。在实际的过程映射或工作流分析的工作中，数据可能甚至不存在于IT安全程序中，因为许多程序不提供基于过程的安全性数据。在这种情况下，可能要在合适的地方，从头开始借助文件编制和分析IT安全过程创建数据。此外有利的一面是，过程数据未开发的安全度量程序具有非常大的潜力。下面是一些源于过程数据的例子：

- 活动报告（预算、时间追踪、培训记录、会议纪要）；
- 过程跟踪（故障报告表、技术支持通话记录、特定监察）；
- 工作流故障；
- 业务流程图。

文件数据

如果系统和过程生成的数据是最好的、最易于处理的技术和组织的运作细节的衡量标准，那被生成的有组织的文件和记录提供了重点活动的最好对策。

我们生活在一个官僚化的社会，官僚机构的命脉是文件。我们可能会抱怨这样的官僚机构给我们的公共和个人生活带来的压力，但是很少有人可以想象我们生活在没有文字资料、没有关于我们的记录、不知道我们到底如何存在的世界里。前文中提到的系统和流程数据也是以文件的形式保存的，但是我这里所指的文件，是为我们的IT安全程序和活动提供结构和环境的文件。

有点讽刺的是，就我有关安全系统客户端的经验来看，许多安全程序就像一个没有记录的世界，许多系统和流程是没有正式记录的。然而，在几乎每一种安全工作中都把确定文档保存方式作为第一步，所以如果你的程序确实没有文档数据，那你的第一项关键补救措施就显而易见了。文件数据并不一定必须是安全特定的或直接由安全权益相关人建立，但是它能够提供包括对安全程序有影响、冲击或有洞察力的所有信息。

收集和分析文件数据比系统数据或过程数据更复杂，原因有二：第一，文件数据通常是定性的并且由电子文本及打印文本组成，几乎无法集中查找。你必须亲自去查找文件数据，这意味着你必须清晰地知道你要找什么，这样的数据没有“生成报告”按钮，也许只有一个搜索引擎的确认按钮能提供类似功能。第二，文件数据通常是特定的，所以即使你知道你正在寻找什么，你也不得不分析大量数据来提取你感兴趣的内容，然后对这些数据进行下一步分析，所以涉及文件数据的测量项目往往更加复杂，需要更多不同资源的保证。这是在安全标准工作中，宽松标准带来勉强的结果和更严格标准带来更充分的见解的自然平衡。下面是一些有关文件数据的实例：

- 安全政策和规程；
- 其他政策（可能会影响安全运作的）；
- 审计和检查报告；
- 项目计划和股东文件；
- 公司记录（财务报表、客户名单、合同、电子邮件）；
- 企业文件（年度报告、股东的简报、SEC 备案文件）；
- 行业报告（分析师研究、政府报告、市场调研）。

人群数据

直接在人群中收集数据（而不是处理在严格定义的结构内人们的行为表现所得出的数据）是最具挑战性的测量活动，这也是使测量质量大打折扣的原因之一。这不是因为这个时代的在线调查工具和网络会议的数据收集有多困难或多昂贵。在现有调查手段的支持下，困难也并非来自于缺乏技巧或经验。我们大多数人即使不直接进行调查活动，也以各种形式参与到了每天的与人相关的调查中，例如员工会议、客户简报、设计要求、白板会话，甚至于周末形形色色的人们和家人一起欣赏公园的风景。

收集并分析人群数据的挑战在于如何做到科学而有条不紊，从而让得出的结果尽可能的可信和可靠。你必须同时理解数据和所采用的方法，这样当你认识并解释问题时才具有可靠性。我们都有过这样的经历，当我们参加完一个员工会议或其他团体活动时，告诉我们的同事刚才的经历有多棒或有多糟。我们共用着饮水机，却和同事们戏谑着“每一个人”如何知道公司的安全遭受了危害，或者“没有人”及时针对公司互联网的私人滥用问题采取措施。收集人群数据的挑战（和花费）在于我们如何转变这种一般性，模糊的数据为有用并且可以说明的东西。这种类型的数据不会永远是正确的，可能当你已经收集到了足够的其他类型的数据并且意识到存在某些问题却不能解答时，这些数据才会有意义。

根据经验，人群数据可以来自许多途径：

- 调查和问卷调查（内部和外部）；
- 访谈和聚焦群体；
- 案例研究；
- 直接观察。

当公司发展得更加全球化，成长为员工多元化的企业，业务外包的资源化跨越了不同文化和组织的界限，数据收集的范围就会变得复杂。在这些情况下，考虑你研究的范围和目标就显得尤为重要，因为要确保你的关于社会和心理层面的安全研究不会被你所未被考虑的不同价值观和标准所阻碍。

我们有度量和数据——然后呢？

对于一个成功的安全项目而言度量至关重要，我们需要确保程序被开发出来时支持既定的目标，需要鉴别和收集合理的数据使得度量有意义。他们是有效安全的引擎，那么如果标准是引擎，那么驾驶的是什么？一切又将驶向何方？即使是定义明确的目标和最佳的度量，如果它们保持针对性同样也会受限，我们必须把引擎应用到更大的目标上。

这本书是关于IT安全度量的，但更重要的是，这本书是关于将IT安全作为一个业务流程来对待。如果标准是引擎，那么安全业务流程就是这个引擎所支持的车辆。也许我还沉迷在另一个延伸的隐喻中（我的博士工作就是关于隐喻是如何被应用到技术的，现在我发现我很爱用它们），即，不时地改善和管理安全过程是道路、是旅程、是目的地。当我们讨论安全度量，我们并不是指像物理上测量力一样度量安全，安全不是重力。当我们说要测量安全时，我们是指将度量和指标应用到安全过程中，应用到安全管理系统中（包括技术和业务两方面意义的管理），应用到对安全策略、安全活动和安全基础设施的理解和完善上。为了达到这些目标，我们必须超越标准，超越GQM方法，以求探索出一个更全面的框架来实施我们的战略，这个框架及其内容将会是下一章的内容。

总　　结

安全度量依赖收集的数据支持测量活动，而数据可以用多种方式进行描述和定义。最普遍的定义是，数据是信息的一种形式，能够被描述成事实、数量、数字、语句、符号，并被用以咨询、查阅和分析的观察值。数据也可以被描述为存在于区间的一端，通过不断添加背景和经验，逐步形成日益复杂的理解形式，包括数据、信息、知识和智慧。随着数据不断被分析、使用、吸收到个人和组织的知识中,数据也变得更加强大,更加适用于普遍情况。

数据也可以被描述为依赖于数字和统计分析的定量数据,以及非数字化并且需要更多解释性(但是在正确进行时同样严谨)分析技巧的定性数据。定量数据通常与代表标准化单位和数据内包含信息的计量尺度相关联,比如定类数据、定序数据、定距数据和定比数据。随着计量的复杂度提升,数据就可以进行更为复杂的数学和统计学操作。定性数据指的是类似于文件和其他人类活动的文档,人们对于采访问题和调查的直接回应,以及对于(通常是)人类活动和行为的观察。定量和定性的区别没有基于观察的实证数据和不基于观察的非实证数据的区别那么重要。因此,知道你实际上在观察对于定量度量和定性度量都至关重要。

支持标准项目和计划的 IT 安全数据的来源无处不在,你应当认识到什么数据和哪种分析方法在某种特定测量活动的资源限制内是最有效的。数据来源可以包括系统、流程、文档和人等。一些数据来源比其他数据更容易被理解和分析,但是在数据的方便易用性和对结果的要求上总要进行相应的权衡。度量和数据是安全的核心,但只有当它们处在一个更大的安全业务流程管理和完善的框架中时,才能够最有效地发挥作用。

扩展阅读

Adams, J., et al. Research Methods for Graduate Business and Social Science Students. Response Books, 2007.

Babbie, E. The Practice of Social Research, 12th Ed. Wadsworth Publishing, 2009.

Denzin, N., Y. Lincoln, eds. The SAGE Handbook of Qualitative Research, 3rd Ed. SAGE Publications, 2005.

Knoke, D., et al. Statistics for Social Data Analysis, 4th Ed. Wadsworth Publishing, 2002.

案例研究1　探究企业度量

Doug Dexter的案例研究是一个好的起点，同时也是说明信息安全度量是一个过程而不只是结果的一个好例子。Dexter在思科工作过的经历使他处于了一个世界上最具有活力和复杂的IT安全环境的核心位置。当Dexter和他的团队试图衡量自己的风险、威胁和业务活动时这种复杂性就变得愈发明显。也可以说Dexter像剥洋葱似的一层层的演示着组织层面的度量为什么不能靠心血来潮。度量需要努力，需要对目标和问题进行细致入微地理解，甚至要定义并且详细阐述要测量的对象。

Dexter提供了一些在IT安全测量方面实践者们所做的一些好的和有缺陷的经验，而这些经验将会在这本书中以建议和例子的形式出现。我找到的Dexter最具价值的一个案例研究是一个关于外卖餐馆的案例，其价值在于质疑数值和不断定位你的安全度量标准的必要性，这些工作不仅为你自己同时也为了那些你可能能影响或是改变的权益相关人。关于安全度量的一个仔细的并且自我批评的方法是需要你持续地判断你收集到的数据并且对这些数据进行分析，而这个方法是保证你的安全度量计划为你的公司提供长期价值的最好方法。

案例研究1　探究企业度量(作者：Doug Dexter)

我是思科公司安全审计组团队的领导，我的团队负责为公司安全项目办公室(CSPO)进行评估、审计和采集整合。由于团队的任务是预先识别、划分优先级并且找出对思科公司信息和计算资产机密性、完整性和可用性的威胁、漏洞和其他风险，所以我们负责公司的漏洞扫描、网站应用扫描和渗透攻击测试计划的制订。通过清晰地揭示这些计划的结果，我们寻找到了一套最佳的安全度量标准并且将其递交给了负责解决我们发现问题的相关人员。

我们在五年前开始探寻如何制订企业安全度量标准，并且在这个计划完成之时几乎实现并且应用了一个漏洞扫描系统，该系统可以扫描思科公司的所有软件。没有错，我说的是“几乎”，因为在我们进行内部测试得到这个扫描产品之前就已经理解到了我们将要处理的度量标准的繁琐和困难。

在此之前，我们没有企业级的安全漏洞扫描的能力，一些工程师已经将Nessus漏洞扫描软件安装在他们的笔记本电脑上，并且将其使用在了基于点对点模式的网络上，但是对于我们这样一个超大规模的公司来讲，需要一个“真正”(可以解决大规模公司问题的)的系统。有一件事令我们始终记挂,那就是我们不得不做出报告,并且使用这些报告来提醒系统管理员需要为这台或那台计算机打补丁。我们当然知道需要某种类型的度量标准,但是对于正在做的事我们真的感到毫无头绪。

为了直观的展示一些我们在思科公司内部所做的工作相关的背景知识,我列举了几幅图,图 1 展示了一个企业网络的标准拓扑结构。这张图包括内部网络和外部网络还有其他的一些网络,而这些网络之间的关系在图中都用线清晰地连接了起来。这是思科网络的一个高级的、概念性的结构图。这张图并没有给出这些不同网络连接的细节,也没有给出每一部分和另一部分是怎样互相工作的,但是它确实展示了 20000 英尺的网络规模和复杂性。

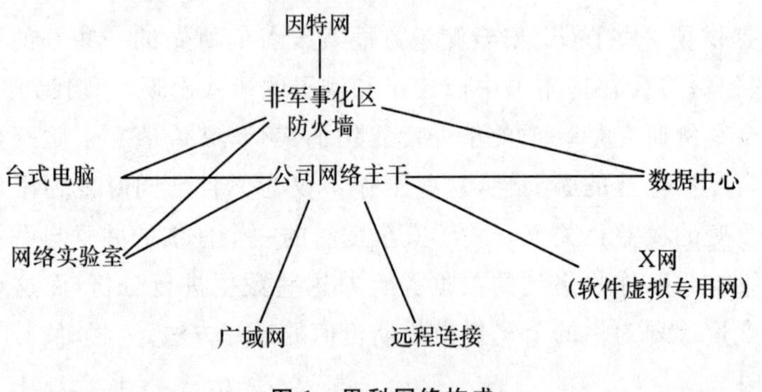

图 1　思科网络构成

图 2 显示了更现实的思科网络工作图。尽管这张图看起来和图 1 展示的内容大同小异,但是这张图却是由网络建模软件生成的,这张图清楚地表明了错综复杂的现代网络是如何形成的。这个模型图包括多达 27000 个路由器和交换机的配置,虽然图 2 提供了一个广泛的视角,但是可以缩放到一个特定的区域,甚至深入到一个特定的路由器,甚至是路由器中访问控制列表的某一行,这张图的原始文件超过 4GB 大。我们当然都清楚网络是复杂的,但是你永远都无法理解你真实的网络环境是有多么的复杂直到你创建了一个复杂的模型,这个模型包括设备的每一部分以及网络的不同区域是如何相互通信的。

思科有超过三千万的可供使用的 IP 地址,并且细分到了大约 56000 个每天都在变化的网络中。由于思科公司的规模和复杂性,审计团队意识到我们要创建的任何系统和进程都必须是自动操作的。

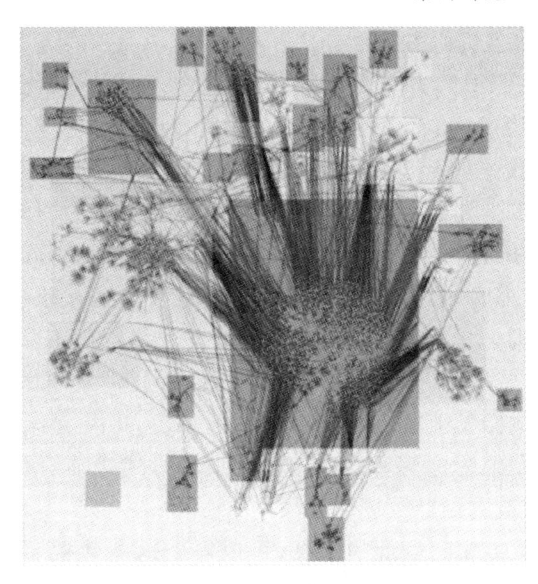

图2 真实的思科是什么样的

我们手动更新如此巨量的信息显然是不明智的，更不用说从头开始理解那些信息。通过这种自动操作，我们需要得到一系列的度量标准，这些度量标准不仅可以帮助我们描述网络中活跃着的设备所遭受的威胁和存在的漏洞，而且还应该帮助我们确定最容易遭受攻击的漏洞和主机，以便我们进行预先的修复。

这个案例研究描述了五个我们在真实世界情况下所遇到的情景，我的团队从这些经历中汲取了大量的经验教训，并且我们很乐意与读者一起分享。

回顾过去的几年，审计团队已经出色地完成了一些任务，但也犯了一些错误，这个案例研究并不旨在告诉你创建度量标准所需要知道的所有相关内容。恰恰相反，它包括了我们所犯过的一些令人难忘的错误，包括我们在寻找可信来源的一套真实的、可靠的和可重现的度量标准的“旅程”中所得到的教训。团队还没有到达“旅程”的终点，但是我们离那儿越来越近了。

场景1：我们的新漏洞管理计划

我们使用新的漏洞管理系统（扫描仪）的第一天，进行了一系列的扫描并且热切地期盼着结果。我们已经决定关注基于非军事化区域的主机，因为它们最容易受到攻击。我们通过阅读报告发现在非军事化区域内有大量的主机存在容易被攻击的漏洞，我们得到最初的度量如下所示：

- 所扫描过的主机的总数；
- 对易受攻击的主机的总数进行严重性等级的划分（低级、中级、高级）；

■ 易受攻击的主机所占的百分比。

我们将其做成了PPT，并且用PPT向我们的CSO(首席安全官)做基本的解释，CSO边看PPT边发问："这些主机有多少是在生产非军事化区域，又有多少是在实验非军事化区域?"对于这些问题我们无能为力。没有线索，就连头绪都没有。当我们还不知道有多少漏洞是严重的又有多少是不严重的时候，我们就拿着度量标准去找老板说："我们非军事化区域中的主机有许多漏洞。"

提一下背景，在那时，思科在非军事化区域网络已经有超过5000个实验室网络和超过600台主机。我们的确有一个非常好的网络管理工具，然而，没有人曾经在"生产非军事化区域网络"和"实验非军事化区域网络"之间做过区分。在网络管理工具中都只是给他们贴上"非军事化区域"的标签，即使是维护所有网络储存空间的底层系统也没有区分这两者的能力。在那种方式之前，没有人曾经想过它们的区别，它们都只是被看做非军事化区域网络。

第一课：通过证实准确呈现的数据，可以得到这些数据反映出来的结论。我们混淆了这两种数据(生产非军事化区的和实验非军事化区的)，我们真的分辨不出它们的区别。任何在我们生产非军事化区的问题都会得到即刻的解决，但是由于实验非军事化区的问题并不会影响到收益所以它们往往并不会即刻得到解决。更糟糕的是，我们没有一个简洁的方法来界定生产网络和实验网络。我们又花了三个月的时间来回顾所有主机的情况和它们的应用程序，标记了它们的网络，将新的数据域添加到数据库中，还包括更新相关的表。在这段时间里，我们的CSO(首席安全官)一直寻求从我们这里得到更多关于生产非军事化区的信息，而那些恰恰是我们不能从其他非军事化网络中分离出来的信息，那三个月真是度日如年。

第二课：把握可以执行的预期，尤其在初试度量标准的准确性方面，并且在度量标准创建方面参考它们。每个公司的高管可能都期待着一个全能系统，这个系统一经购买就可以立刻给企业提供非常精确的信息，并且在高管们希望得到更多信息的区域表现得更加灵光。然而，该工具只会准确的接收数据(见第一课)。

你必须向高管解释，这个工具需要检修和调整，这是系统根据提交的信息做出重大决定的前提。要征求高管的意见，在哪些领域他们想得到更多信息，又或者是他们希望获得哪些问题的答案。考虑到要认真思考度量标准，你很有可能需要提供信息或者回答那些问题，然后想清楚什么附加信息对于你刚得出的结果是必要的。如果那些附加信息不可用或者不准确，那么将会影响你遵循最初结果的能力。

场景2：首当其冲是谁?

一旦将网络分成两部分，就又一次运行了我们的扫描，并且制作了新的PPT。大多数的主机都在良好的状态运行，但是需要核实一下个别主机是否存在确实可

以被攻击的漏洞,而或仅仅是误报。此时,我们又发现了另外一些问题:

- 有些主机并没有用户登记;
- 有一些主机的所有者已经离开了公司;
- 有些主机的所有者已经调动到了公司里的其他岗位(让我们去跟进那些可能是目前的所有者的人)。

总体而言,"僵尸"主机(其意思为所有者已经不在公司了)和根本就没有所有者的主机构成了我们主机的重要组成部分。令我们懊恼的是,最初的一套度量标准也不再能反映真实的问题。新的漏洞扫描工具非常有效,可以很容易的扫描出具有漏洞的主机。那恰恰是我们的内部进程和盘存控制系统所缺乏的,并且它们并不能指出谁该为存在漏洞的主机负责。由于无法联系到主机的所有者以获得权限进行漏洞修复,所以扫描工具的效率大大降低了。

第三课:了解谁是主机的主人比了解这台主机上有哪些漏洞更具有价值。正是基于这一点,我们意识到需要创建一套新的基于所有权的度量标准。我们根据之前所犯错误得到的教训,分了两个子集:非军事化区和数据中心:

- 拥有有效所有者的主机(分为非军事化区和数据中心);
- "僵尸"主机(分为非军事化区和数据中心);
- 没有所有者的主机(分为非军事化区和数据中心)。

这一套新的度量标准帮助我们定义了主机所有权的新的问题(或者是主机所有者缺乏的问题)。为了帮助测量这一情况新的方面,我们向最初的一套度量标准添加了注册类,并且想出了一个更加准确的漏洞管理列表:

- 被扫描的主机的总数量;
- 已注册主机的总数量;
- 未注册主机的总数量;
- 易受攻击的主机的总数量(低级、中级、高级);
- 易受攻击的注册主机的总数量(低级、中级、高级);
- 易受攻击的未注册主机的总数量(低级、中级、高级);
- 易受攻击主机所占的百分比;
- 易受攻击的注册主机所占的百分比(低级、中级、高级);
- 易受攻击的未注册主机所占的百分比(低级、中级、高级)。

在我们研究这些类别时,发现公司中最危险的主机就是那些未注册的并且存在着高危漏洞的主机。拥有有效所有人的易受攻击的主机是很容易修复漏洞的。如果不是到了不得不修补漏洞的地步,没有所有人的易受攻击的主机是很难打上补丁的。我们是不可以让这些主机处于"黑洞"中的(即断开它们与网络的连接),因为我们不知道它们是否仍在提供特别重要的服务,这些主机成了我们最棘手的问题,我们必须开始找出它们的所有人。

场景 3：幻灯片的价值

随着我们以自己的方式处理问题,我们开始从扫描系统中发掘出更多准确的信息。这有助于我们与我们的高管建立关系,包括与负责修复主机中发现问题的管理人员建立关系,但是这有一个副作用,那就是显示太多没有什么价值或是根本没有价值的信息。

当考虑简要介绍哪个度量标准的时候,我们制作了大量的幻灯片,但这些幻灯片大部分最终被弃用了,因为尽管它们看起来非常炫,但是真的并没有任何实质性的内容。

图 3 展示的是漏洞管理工具自动生成的一个图像,这张图显示了与去年同期相比,每个月非军事化区漏洞的总数量。

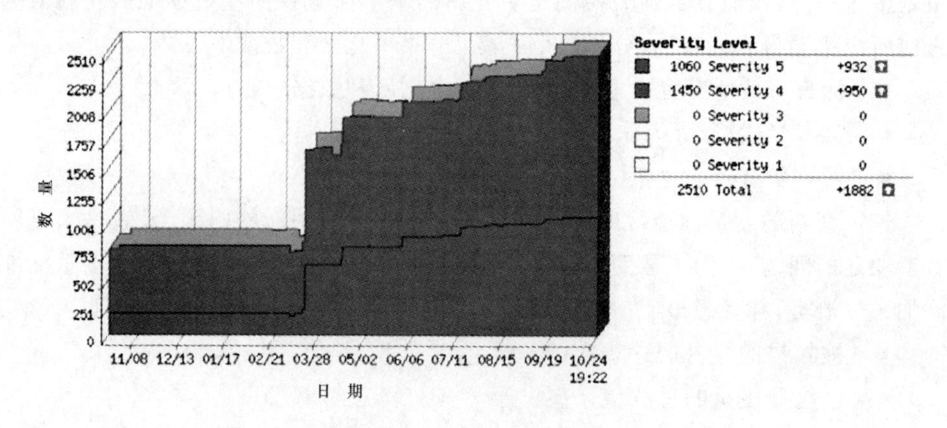

图 3　随着时间的推移非军事化区的漏洞数量的变化

乍一看,这是一张相当翔实的图表,随着时间的推移,漏洞似乎有增加的趋势。这是一个相对简单的信息,但是这个图表没有反映出过多的信息以至于其几乎毫无意义,而且其隐蔽了一些更重要的问题：

- 它需要一个说明严重性等级的关键点(仅供参考,如 1 表示低级,5 表示高级);
- 它需要说明为什么不会有任何严重级别为 1、2 或者 3 的漏洞;(为了表达的简明清楚,它们都被省略掉了。)
- 它需要说明这些漏洞是确实可以被利用还是被证明具有潜在的被利用的风险。(此图包括了确实可以利用的和可能可以利用的漏洞。)

一个非常重要的问题是,为什么漏洞的数量在三月份激增了三倍,因为从三月份开始,我们的漏洞扫描工具已经从开发阶段进入到了生产阶段,并且开始为我们的非军事化区域进行全盘扫描而不再是局部扫描。

另外一个还不太显而易见的重要问题是，为什么我们的漏洞数量只有增长？事实上，许多不再使用的主机的漏洞正在被修复，并且将它们的服务合并到其他的系统中，但是使用漏洞管理工具来移除漏洞，工具需要重新扫描主机并且要保证刚才存在的漏洞已经得到解决。如果有些主机无需扫描（也就是，那些主机已经不再使用了），那么漏洞将会保留在数据库中直至手动删除。

第四课：有些事会吸引你制作和介绍令人兴奋的PPT。但是请不要那样做。度量标准并不是要漂亮，而是要鼓励矫正措施。度量标准的存在是为了保证过程的掌控者可以得到一个正常运行的过程，如果一个度量过程运行不正常，过程掌控者需要确定什么影响着进程以及什么能解决根本问题，那是足够简单的，但是如果度量标准造成这样的想法：即，没有问题，那么这不是一个好的度量标准。在这种情况下，给人留下的印象就是漏洞数量全年都在增长，即便是漏洞数量已经减少，但是我们还没有从不再使用的主机中证明出这个结果。在图3中，我们得到了一个可喜的，易于产生的并且看起来很有趣的图表，但同时这张图表也恰是可怕的误导。

第五课：在有一个可靠的基准数据之前不要使数据偏向某个方向。图3主要显示了上一年度4级和5级漏洞数量的变化趋势，但这一趋势实际上呈现了一些数据，这些数据是从最初产品测试，初始调度，以及对于所有接受扫描的主机后续增加的数据中得出的。其结果是，反映总体漏洞数量的曲线曲折上升，没有任何迹象显示出在减少前一年度出现过的漏洞数量上做出过努力。

更重要的一个问题是："我们到底有多少漏洞？"数量很少吗？是否可以真实反映我们在修复主机的漏洞方面做出的努力？当然，我们可以比较我们每个月有多少漏洞，正如图3所展示的。一旦漏洞数量呈下降趋势，我们就必须要妥善处理我们主机上的问题，难道不是吗？但是，说实话，那个问题仅仅描述了一个时间点，这相当于公司总体漏洞这个液化气罐中的一张试纸。像这样的测量仅仅是描述了问题的一个方面（液化气罐里有多少气），而且其往往没有回答核心的问题（我的液化气罐里是否拥有足够的气坚持到下一个加气站）。在这种情况下，我们的度量标准并没有考虑到修复一个漏洞需要多长时间，哪一个类别的主机需要修复，以及谁来完成修复这件事。当我们意识到这一点时，我们将问题从"我们有多少漏洞？"转到了一系列更加精确的问题：

- 在生产非军事化区内的主机上的漏洞寿命是多少？
- 生产数据中心的主机的漏洞寿命是多少？

这两个问题很可能是，当它们由负责任的支持团队来回答的时候，这两个问题的答案有可能变得更加精确。所以，这里有哪些相同的问题，确定由谁来做修复会提升那些问题的准确度。

- 由电子邮件团队所维护的生产非军事化区上的漏洞的寿命是多少？
- 由 Windows 系统管理员团队所维护的生产非军事化区上的漏洞的寿命是多少？
- 由 Unix 系统管理员团队所维护的生产非军事化区上的漏洞的寿命是多少？
- 当我们告知某一个团队他们系统上存在的漏洞，以及修复漏洞所需多少时间时，我们发现了一个有趣的副作用：度量标准刺激着各个团队勇于尝试并且超越彼此。这会在案例分析这部分的最后再进行细致的讨论。

场景 4：监控程序

思科安全事件响应小组(CSIRT)是审核小组的"妹妹"，正如它的名字所表示的，这个团队是负责处理偏响应的安全任务，如事件响应，而审计小组处理更加积极主动的安全任务，如常规性审计。当然，这有点过于简单化，因为两队进行主动和被动的安全任务，并且有的重合了。

CSIRT 团队的主要任务是通过网络监测工具 NetFlow 来监视内部网络上的僵尸网络活动，数据通过每个数据中心交换机上 SPAN 端口被送到这个工具。SPAN 端口的目的是控制镜像的数据流跨越所有的其他端口(SPAN 代表交换端口分析器，这是思科公司给这个功能的特定名字。其他供应商提供此相同的端口镜像能力，用自己的名字显示其特征)。因此，概括地说，每一个数据中心交换机上的所有流量映射到该交换机上的端口，并通过一系列的 NetFlow 过滤器，识别和确定所有被发送僵尸网络活动的流量。

随着时间的推移，CSIRT 已经发现了在内部网络上多种恶意软件，其中包括僵尸网络。这些恶意软件感染的主机被识别后，我们可以通过在网络上被称做 BGP 黑洞路由流量的技术使这些被感染主机不能访问网络。CSIRT 与网络团队合作，创建一个应用程序，可以很容易地部署指令到路由器从而忽略来自这些主机的流量。(更多信息，请前往网址：www.cisco.com/web/about/security/intelligence/worm-mitigation-whitepaper.html。)

在这些工具准备就绪之后，CSIRT 团队开始仔细跟踪恶意软件和僵尸网络活动，使受到感染的主机被网络屏蔽，被再次感染的主机将被反复拒绝访问。直到系统管理员宣布，感染已从主机被删除并对感染的主机修补。

图 4 显示了这个程序运行超过两年的时间，你会发现在最初的一年半里活动平缓的减少，在 2009 年 4 月份增加了一些，接着是另一个减少。

这个项目开始于 2008 年 2 月，同时伴随着大量的信息意识活动。该活动的目的是要告诉实验室管理员，思科也有恶意软件和僵尸网络，并且整个实验室网络已被从思科网络中移除，直到他们完全修补结束。项目获得了极大的成功，恶意软件活动在八个月里从超过1000个僵尸网络感染的主机的高点下降到50个僵尸网络感染的主机，在那之后，意识活动结束，后四个月里几乎没有问题，但2009年2月的数量又开始增加。看来，某些事情的发生使的僵尸网络感染的主机总数减少（也许是第二个意识活动?），但是这并没有真正清除受感染的主机。

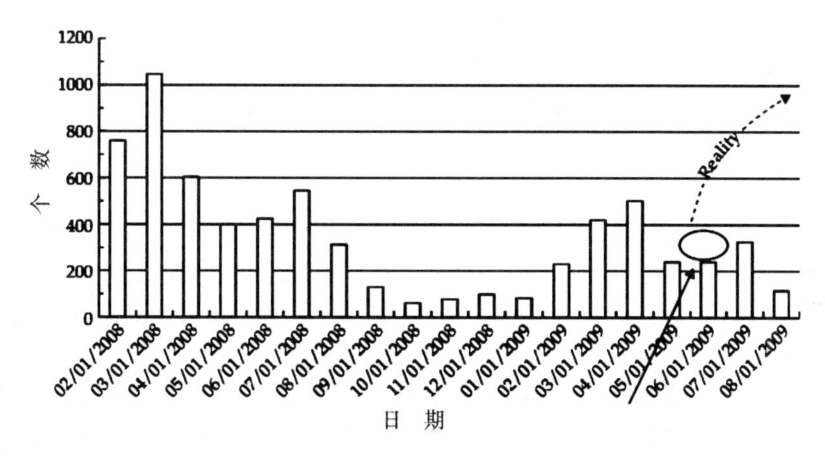

图4 不断减少的接口

思科，像大多数大型企业一样，有一个非常庞大而分散的劳动力群体。CSIRT团队所不知道的是，网络运营的团队（NDCS）已提升许多企业从1GB到10GB的交换链路。一个增长到10倍的带宽通常是一件好事情，但进行升级的同时，忽略了NDCS团队重新连接的SPAN端口的链接。实际上，这使我们盲目处理这些链接的流量监控系统的指标，使得它看起来像CSIRT团队是非常有效的定位恶意软件和僵尸网络。CSIRT团队发现，这四个月他们看到僵尸网络流量过滤器在不同网段的流量比流量源更缓慢，该网段上的通信量应被通过网段上的过滤器检查，之后重新连接SPAN端口，因为过滤器审查了遗失的通信量，我们看到了恶意软件活跃度的一次大增。

第六课：创建自动度量的生成过程进行仔细的检查。管理和维护企业网络，自动化是绝对必要的，并且自动化数据收集和分析是同样重要的。在这种情况下，一个已运行了一年多的自动化流程，淘汰了总的流程即CSIRT测量。虽然有一些机制用来确定NetFlow收集器是否正常工作，但没有任何机制来确定NetFlow采集器是否在做任何事情，当我们所有的NetFlow收集器不工作时，会被立即发现，但如果我们失去的只有几台，虽然系统被攻破，它似乎仍然能够正常运行，这是一个简单解决的问题，但它使我们重新审视所有的自动化流程，寻找差距，它们有什么功能，可能会导致错误地生成度量标准。

场景 5：代价是什么，真相是什么？

这个方案看起来与包含在幻灯片中数据通信信息更加贴切，我们运行漏洞扫描程序已一年多，吸取了很多经验并在捕捉到的度量数据上提供更准确的信息。图 5 显示了我们的数据中心之中漏洞的一些细节，它列出了操作系统的数量，5 级严重性漏洞的数量，以及具有 5 级漏洞的主机数量及其百分比。

图 5 列出了 Windows 操作系统和 Solaris 操作系统，因为我们认为，托管主机有 8.2%和 5.2%(分别)表现出严重的漏洞已经太多，为此开了一个常务会议来讨论这些研究结果。

有趣的是这些信息如何被高管们吸收、评价并改变用途的。大家一致认为，太多的漏洞出现在 Windows 和 Solaris 主机上，我们花了很少的时间来讨论会议要旨。基本上，高管们知道，修复和整治这些主机将花费大量时间和资源，所以会议是快速和简单的，耗费时间的部分是讨论围绕有多少或多大比例的高严重性漏洞是可以接受的，一位高管提出了 Linux 操作系统和思科操作系统，因为两者有不到 1%的主机的严重漏洞，这些团队一定花费了很多的时间、精力和资源来修缮他们的主机。现在这是一个有趣的想法，高管并没有意识到这一点，但他所描述的收益递减的规律，并把它应用到漏洞修复。

	主机数	5 级漏洞数	有 5 级漏洞的主机数	具有 5 级漏洞主机所占比例
Windows	4212	593	347	8.2
Linux	8026	62	41	<1
Solaris	2733	216	143	5.2
Cisco	4626	6	6	<1
HP-UX	468	7	7	1.5
HP ILO/RILO	3113	1	1	<1
NetApp	311	0	0	0
其他	3008	44	39	1.3
总计	26497	929	584	2.2

* 5 级是最严重的漏洞和远程攻击。

图 5　操作系统数目及紧急漏洞图

第七课：在修补漏洞的资金支出和安全态势的增加之间的权衡。资金的花费和安全性增加之间的平衡，在信息安全是最重要的原则。当然，如果一个组织有无限的资金，可以用这些资金建立一个“不可破解”的环境。但我们都认为，所花费的资金在实际的作用上要提高组织的整体安全状况。事实上我们并没有无限资金，没有公司可以这样。(也许除了政府、金融机构，如银行。)即使我们耗费更多的资金(时间、精力、资源)来补救每个漏洞,它并非一定能增加公司的整体安全性。对每一个漏洞的修补,很可能是一个关键的供应商所提供的应用程序的失败,因为它无法与最新的操作系统兼容。在这一点上,你不得不考虑减轻战略,维护和捍卫弱势群体的关键系统,直到供应商想出了一个修补程序,或者你必须将应用程序迁移到一个更安全的系统里。面临任何复杂情况时,需要一个重大的承诺,用时间,精力和资源来解决,当然修补一些漏洞比其他要容易得多。我们也知道修补漏洞所花费的时间和资金与它带来的损失成正比。

因此你想要为安全性支付多少?多少漏洞缺陷是很多?或者说多少漏洞算少?没有漏洞是不是最好的?如果没有漏洞为最好的,那高管们是否愿意投入资金来以确保他们的系统上的漏洞个数为零。诚然,有些机构愿意花更多资金来解决漏洞(如银行、医院、政府)。不过,其他许多组织都愿意接受漏洞的风险与成本节约之间的平衡。

对于思科来说,我们的决定是选择没有漏洞,这将耗费一个非常高昂的金钱以维持这种状态,从那里,我们决定使用不同的度量标准。听了高管们描述资金和安全性之间的平衡姿势,我们意识到希望回答的问题不是"通过 OS 支持团队排序,有多少主机高严重性这个数据中心中的漏洞?"而是"我们处理这个数据中心主机上漏洞需要多长时间",你也许还记得之前章节的一些问题:

- 通过电子邮件团队来维护数据中心主机上的漏洞其生命周期是什么?
- 通过 Windows 系统管理员团队来维护数据中心主机上的漏洞其生命周期是什么?
- 通过 UNIX 系统管理员团队来维护数据中心主机上漏洞其生命周期是什么?

这些问题在高管会议后被设立,这些问题反映了我们的认识,在大型企业中,许多不同的小组由不同的主管领导负责整治问题,这些高管都非常注重他们可以控制的事情,和他们直接关系的问题,他们对那些超出他们控制的地区的指标不感兴趣。例如,描述了所有基于 UNIX 的安全漏洞的幻灯片是有点兴趣的,但它总是伴随着问题"有多少这些主机的问题是我的?"或者"从这数据中,我应该采取什么样的行动?"或"为什么你要告诉我呢?这不关我的事。"

第八课:对每个高管及你招集来修补的团队定制你的度量指标。为了完全支持整治工作,你必须确保你的分析系统不仅可以缩小负责的雇主或支持团队,也能集合到一个更大、更全面的视图使管理人员了解哪些支持团队负责修复问题。大量的意见,可以被更多的高级管理人员提出。

例如,从 Windows 调用管理器的支持团队中划分出一个 Windows 活动目录支持团队,为个人团队解决问题,提供更详细的修复数据。个人的团队来解决问题,但基于"每个人有一个老板"的原则。将相同的团队聚集起来可以产生便于更高级别的主管使用的视图用以比较 Windows 团队和 Linux 团队以及评价这些团队是如何工作的。这些比较(在高管和更高级的高管级别)是什么驱动团队来解决问题，有一个老审计是这样说的："这是被忽略不检查的。"在这种情况下，通过直接归属于一个团队创建指标，并提供这些度量标准由这些团队的高管来负责。我们已经创建了一个检查过程来帮助修复公司主机的漏洞。

总　结

在这个案例中，我试图说明，我们遇到了一系列的问题而试图找出一套企业度量指标，也许你已经知道这些缺陷——如果是这样，我们很嫉妒，因为我们曾经一头扎进了它们中的每一个，虽然在这个过程中，学到了很多东西。如果这些陷阱对你来说是新的，我们慷慨地分享它们，希望你和你的组织吸取同样的教训，不要和我们一样。

第二部分

安全度量的实施

第四章　安全过程管理框架

在前面的三章中，我们探讨了 IT 安全度量，选择和设计有效的测量战略和提供意见解决这些策略的数据要求。在这一点上，你应该有自己的想法如何有条不紊地选择感兴趣的安全度量。但我还没有讨论过在这些度量标准的方法下，衡量安全性问题的重要性。正如在第二章中所描述的 GQM 方法。

在脱离上下文，进行零敲碎打的分析或是单独实践的时候，度量标准几乎是失效的。度量指标真正的力量和价值在于它们被作为一个更大的和持续的纲领性的一部分的方法来看待，当 IT 安全被真正当做一个业务流程，而不是简单的控制或技术的训练体现出来时，我在这一章提出的安全流程管理（SPM）的设计框架是为了帮助读者用以上方式看待他们的安全度量项目。

安全管理业务流程

在某些方面，今天的 IT 安全挑战就像十年前或更早期所面临的 IT 挑战，安全技能和技术已变得更加突出，但它们仍然是相当深奥的。安全专家往往被视为偏心和偏执，具有被主流 IT 专业人士不怎么理解的特殊能力。在过去，古怪的技术人员在公司的密室中，不为大众视野所关注。今天的安全专家们看似神秘，其实是依靠 IT 的基础设施。

和过去的 IT 人员一样，今天的安全专业人士也很难证明他们做了什么，你不能忽视他们的价值，但很难清楚的表达他们带来什么样的可以摆得上桌面的有形事物。安全更多地被视为保护或保险，被用来防止不好的事情发生。衡量成功牵涉到反面举例：是不是没有什么坏事发生？安全团队的努力成果避免了哪些可能发生的事故？

尽管首席信息安全官开始享受比同等级的高管们更多的知名度和参与度，我仍然能听到很多抱怨，说安全团队被当做给他人做嫁衣裳的角色，并且还在事情出错的时候充当了替罪羊，有关 IT 安全活动对企业价值和组织底线的贡献较少被提及，人们更多地关注安全部门如何保护其他人的贡献而不是创造其自己的价值。

我与因无法实现价值而沮丧的安全管理人员有所交流，也同那些抱怨自己不被重视的安全管理人员交谈过。他们认为自己在积极的方面是被当做一种虽然不好但却必不可少的存在，然而最糟的是被当做了人们的恐惧、不确定性和怀疑使工作变得困难和复杂的来源。这个问题之所以存在，一部分是因为 IT 的安全性尚未能够将其自身的行为转化成其他商业活动中常用的价值语言，就像其他 IT 功能必须随着它们的成熟在不同的方面表现出来一样。尽管如今首席信息官这一角色仍在政治性和组织性这两个层面参与争夺，然而大部分的冲突都在首席信息官相比其他首席某某官级别的选手如何保持竞争力，而不是首席信息官是否有权坐上头把交椅。

一些因为安全性缺乏影响力带来的沮丧感源自这个职业关于例外主义的隐性宣言——安全与其他的业务活动有所不同。我从安全专家那里听到过很多次——我们所做的与其说是科学不如说是艺术。毫不奇怪，这也是对测量安全普遍的说法，因为我们在某种程度上的确蔑视描述、观察或解构。这种对于我们职业活动的理解的确有它的好处，但是，让人为的某些本来就没有可以判断成功或失败的硬性指标的东西真正负责是很难的。对于安全管理来说，应付预算战争、政治战争并且赢得用户全心全意的支持而不用自我评估和自我批评来关心自己是很难的。我相信这可能是测量我们活动的一个动机，很不幸，这却难以抗拒。不利的一面在于没有足够的能力向其他人充分解释自己，没有被承认是我们各自组织真正的贡献者。

但是，正如 IT 渐渐被当做是自身的一个独立的业务流程，而不单单是其他业务流程的业务实现者，安全性不仅仅是简单地保护组织中其他的生产性部门。安全是一个消耗资源并生产输出的活动，而这些输出被企业的其他部门所消费，这是业务流程上的定义，在业务流程之外，在有形方面富有成效地支持生产性组织的机会也是一样，但想要把安全当成业务流程来管理，安全管理人员和首席信息安全官们就必须将自己延伸至安全的技术层面之外，并且对于界定和衡量安全在人、组织和安全的经济特征方面是如何起作用投入一定的精力，此外还要把这些活动给组织带来的成本和收益当做一个整体来看待。

定义业务流程

业务流程的第一个特点是它牵涉到活动，这意味着它牵涉从事情发生到结束过程中人和技术的互动，这看起来很明显，但它是一个重要的概念。活动是动态的，这意味着行动、互动和变化，活动不是静态的东西。好好考虑安全在你的组织中是如何被描述的，你可能会听到诸如“我们的安全是不错的”，“安全需要改善”或“网络安全状态是弱的”的话。这些话不能用来描述活动，然而，我们很少能听到将组织安全当做整体的说法：“按计划行事”，甚至是“正常工作”，尽管后者在指定一个特定的 IT 系统时可能会听到。在非必要的情况下我们是不会将安全当做一系列活动的，我们更倾向于将安全抽象为某种难以把握的普遍的东西或者力量。

然而，业务流程专家知道每一个进程，包括 IT 安全，其实是一系列结构化的，由个人、组织和机器联合工作所产生的活动。你不能将业务流程描述为一个单一的东西或一个抽象的概念，因为这个过程直到完成始终是在不断变化的。相反，这个过程应该从这些活动在支持组织完成目标的时候起到了什么作用的角度来描述。

将人力资源当做业务流程的另一个例子。人力资源通常并不被当做一个孤立的事件，而是被当做组织中的一组活动和人的集合。类似"我们的人力资源很好"这种话很少出现，除非这种评论针对人力资源部门而不是某种大体上人力资源的好坏状况。如果你想测试安全自身并不是一个典型的业务流程的理论，只需要上网搜索"人力资源业务流程"和"安全业务流程"。在人力资源的前列点击中，你将会发现人力资源自身被描述为了一个流程，而有关安全靠前列的点击大部分是以如何将安全集成到其他业务流程中的建议的形式出现的。

安全流程

将安全当做一系列的活动，有助于IT安全机构更好地了解安全发挥功能所必须的底层互动，从防火墙管理员的活动、用户的上网习惯到执行理事会公司战略的发展。任何活动，无论是直接或间接影响组织整体的安全性时，就成为了安全业务流程的一部分，因此，要被分析。

从IT安全的角度看，阻碍任务的协调与合作问题一直存在。在十多年与客户交往的安全工作中，我见过很多几乎是故意不联合想要做成安全项目必要的不同权益相关人的例子。业务和支持企业安全的技术活动之间的分歧，即使在一个IT安全组织中都很大。想要让安全部门与组织中诸如法律、人力资源等的其他部门合作就变得更难。考虑到物理和逻辑安全融合的领域，如果说在一家公司中，共同的活动之间可以形成紧密的联系，人们也许会认为这种联系存在于企业和IT安全项目的交叉部分。但是我发现，IT安全团队与设施和物理安全部门的联系比其他组织性的实体更紧密，这种谷仓效应创造了一个没有人真正理解的IT安全，同时IT安全也并不能真正理解人的环境，从而削弱了安全操作整体上的效益。

IT安全度量要求该组织收集的测量数据是从各种来源获取的，保护数据和资源不被伤害和滥用不应该局限于单一的组织单元，不论该单元是否有责任要保护。区分一家公司是否被保护的活动无处不在，它们必须被妥善对待。一种业务流程管理办法要求所有能够影响企业安全的活动受到合适的测量和分析，为此，如果安全人员想要继续展示其独特的活动价值，他们必然会涉及整体项目中的很多其他的权益相关人和流程参与者。

过程管理的历史

好消息是，业务流程管理有着悠久的历史，有大量记载它的书籍。因此信息安全研究就可以利用这些历史经验和专业，来更加清晰的描述和增加安全过程研究的价值。

早期研究

过程管理实践可以追溯到几百年前的工业革命，为了向工厂的工作中引入标准化和新的效率公式，过程管理还涉及详细的分析和产业结构调整。例如，1776年在一家针厂中经济学家亚当·斯密写下了《国富论》的一部分：分工。史密斯描述的是工人团队的每个人在生产过程中都被分配了个人独自的任务，而不是一位工人负责针的整个生产过程。史密斯计算出来，分配流水线能使一个工人平均生产上百根针，而一位工人甚至可能很难生产出一根完整的针。

科学管理和生产

十九世纪末期，美国工程师弗雷德里克温斯洛·泰勒开始在商店和工厂中应用相当严谨科学的原则对工作流程进行研究。泰勒的科学管理原则细化了高度集中的类似机器组装的生产线工人的分工。之后泰勒对这些工人的活动和工作流程做了详细的观察和研究，以明确工作是如何完成的，以及可能存在的被忽视的低效率和低效能。随着工厂的流程越来越清晰可控，之后的工作也随之得到优化，以达到管理者和所有者的最大生产力，包括亨利·福特这样的工业巨头也追求这一目标。科学管理原则也被称做泰勒学说，由于过分机械的把人类视为工厂"机器"的消耗性部件，泰勒学说也备受争议。但泰勒的影响力是毫无争议的，它仍然是当今世界大多数工作环境的核心。

过程分析与控制

二十世纪中叶，工业过程中开始使用一种新的业务流程管理方法，诸如W·爱德华兹·戴明、沃尔特·休哈特和约瑟夫·朱兰等业务流程研究人员的著作中也提到了这种新的方法，他们根据泰勒科学管理原理的经验观察和系统测试，增加了例如质量控制的概念，应用创新统计方法来理解和促进业务流程研究。最终他们开发了一种在工业上和学术界都成立的新方法来进行过程分析和管理。他们意识到业务流程中社会和人际关系非常重要，因此他们摒弃了泰勒理论中非人性化的元素。泰勒的理论被用来分开经理与工人，并将权力聚集到经理手中以更好地控制和操纵工人的行为，但业务流程的新观点则更加全面，它肯定了一次成功的流程改进离不开所有人的努力。

过程控制的另一个重要的观点是持续改进管理过程。尤其是戴明通过他创造的计划—执行—检查—行动（PDCA）循环对促进持续的过程改进做出了重大贡献，而这一循环结构也一直沿用至今。在安全行业，PDCA甚至被用做ISO 27001国际安全标准的官方依据。在创建PDCA时，戴明的灵感来自一系列的科学方法，包括假设的形成、测试和分析。戴明强调：PDCA循环大体上和科学进步类似，随着时间的推移它会不间断的持续发生。如图4-1所示，戴明创建的PDCA循环是一个圆形的模型，开始和结束是在同一个地方，即一次循环过程的结尾是另一次循环过程的开始。PDCA也叫戴明循环，它是今天包括安全行业的各行各业中许多业务流程循环改进的源头。安德鲁·雅奎斯写了第一本有关安全度量的书，他描述了一个有趣却有悖常理的变异循环，在这个循环中，各个循环阶段不变，但忽略了不断改进流程的原意。因此，各组织只是一轮又一轮的运行，重复着各个阶段，却根本不理解他们努力要完成的是什么，这也加速了它们的灭亡。

质量控制

戴明在美国开始了他的工作，但却在日本获得成功。在第二次世界大战后的几年里，戴明努力帮助日本政府恢复和重建被摧毁的工业能力。20 世纪 50 年代，基于流程改进观点，戴明对日本商人和工程师进行了详尽的培训，这些技术主要包括如何使用统计方法来分析和控制业务流程。同时戴明还引进了质量的概念，将产品质量的提高与成本的降低、生产效率的提高和经济的成功挂钩。如果不断监测和提高产品质量，日本企业将在市场上更具竞争力更成功。

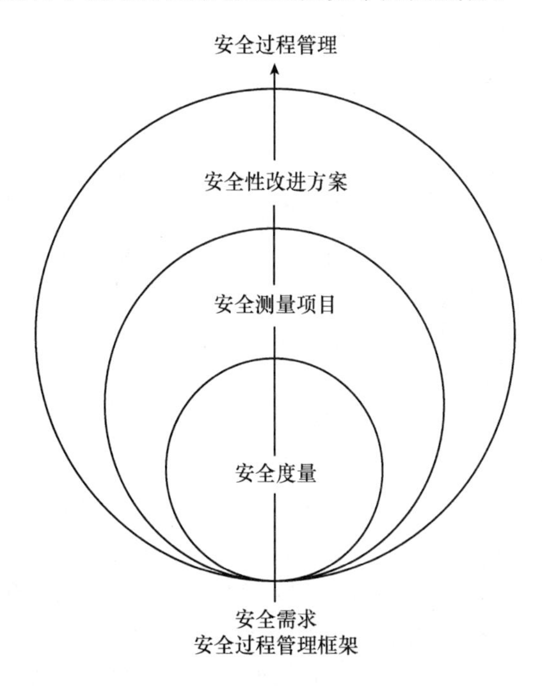

图 4-1　SPM 框架包括安全度量、安全测量项目和安全性改进方案

日本热情地接受了戴明的理论和建议，并在接下来的三十年间成长为了一个经济超级大国，能抗衡甚至超过包括美国在内的其他国家。20 世纪 80 年代，受日本成功的影响，美国企业开始寻求更有效的与日本企业竞争的方法，戴明的理论也在美国开始被接纳和流传开来。在日企改进结果的驱动下，诸如质量管理和过程改进的概念在那十年间变成了热点，由于“全面的质量管理”和“准时生产”等概念的产生，ISO 9001 质量标准和其他框架开始在日本模式的基础上实施和采纳。

业务流程再造

在这里你会看到一个新模式，由于业务分析和改进是在过去提出来的，因此研究人员仍继续开发和发展那些之前提出来的观点和技术。20 世纪 90 年代没有大的变化，因为业务改进的阶段才刚刚成型。业务流程再造的想法是诸如全面质量管理和过程控制等不太激进的流程改进框架的产物。迈克尔·哈默和詹姆斯·钱皮等流程改进专家担心提高流程效率的尝试会导致效率低下。他们更关注于通过简化技术和工作流程来完成自动化，他们认为应该彻底重新设计业务流程，抛弃那些毫无价值的业务流程，托马斯·达文波特等其他业务流程再造的支持者也有类似的观点。托马斯·达文波特认为，只有完全重新思考业务流程（而不是简单地提高一个地方），一个组织才能达到目标，而这正是一个组织在技术和全球市场竞争中的目的。

在业务流程再造的情况下，技术开始发挥着越来越重要的作用，它既是一场变革的推动者，也是领导者。新的信息技术已经开始取代传统的手工流程，工程师们也在寻找方法将这些技术运用于重塑工作场所，而不是像以往一样用于满足于渐进式改进的需求。同样的，新技术的使用需要对业务流程本身做出更复杂的分析。通过对陈旧的手动的操作技术的改进，我们可以对企业的活动进行跟踪、绘制、分析和监控。因此，企业也就有能力自己进行业务流程改进，而不是依靠外面的专家对流程进行各种破坏性的审查。这也使得企业有能力去收集更多关于业务流程的“实时”的连续的反馈和工人每天的信息，虽然不是每个工人都有同样的或等量的改进。

业务流程管理

20 世纪 90 年代后期，业务流程再造也遭受了打击，因为公司用它作为削减成本和裁员的借口，然后从效率和生产力中获利。业务流程再造遭受的许多批评和泰勒的科学管理原则一样，因为它们都忽略了企业的人性化特点，都是一种机械的观点。

业务流程改进的历史仍在继续。正如我在书中写的，当前代表业务流程分析和改进的术语就是“业务流程管理”。在其最基本的层面上，业务流程管理包括对流程的主动测量和分析，以理解和改进这些业务。一些流程改进技术是关于如何识别多余的流程，然后通过自动化消除或组合这些流程，有些流程改进技术是关于哪些流程还有可能加快或存在额外价值的机会。

业务流程管理存在很多框架，但它们都基于我在这里所描述的历史发展过程，也可以追溯到史密斯对针厂的描述。有些框架通过咨询公司推动而成为了专有框架，而其他框架则是跟踪流程的一般准则。本章中列出的框架是一个 IT 安全行业应用业务流程管理的实例，这个框架既可用又实际。在本书后面的例子中，我会专门讲解安全性业务流程的改进。我的改进建议并不是对如何完成安全性工作的创新理论，它们只代表你可以用来进行安全性策略和改进安全性的一种方法。

SPM 框架

SPM 框架允许为了提高安全性，在一项系统而全面的项目中自己构建安全测量活动。该框架是迭代的，建立在几部分之上，这几部分之后又被整合到一个连续的项目中，以管理整个业务流程的安全，SPM 框架的说明如图 4-1 所示。在框架的最底层是安全度量，你需要用它来进行安全业务流程的测量、分析和评估。但是，正如我讨论过的，当安全度量是临时或非结构化时，度量就变得尤其失效。第二章中描述的 GQM 方法是一个简洁而易于理解的方式，该方法用于限制并调整具体的目标，但就算是由派生的度量方法都仍然欠缺战略性，也更适合于具体项目而不是战略活动。

GQM 项目的特点可以运用的更深入些，策略都不是一次完成的，但策略却是项目各部分因为相互关联的目标和行动而完美配合的结果。SPM 框架的安全战略方针包括许多不同的项目活动的协调，活动也被称为安全测量项目(SMPs)，在这些活动中会记录跟踪安全测量行为，然后将这些记录整合到一个大的系统中，这些项目能让你在增量文件中进行安全性地改进，然后记录和调整项目具体的小目标，使其与整个项目的大目标保持一致，这样也就达到了提高系统安全性的目的。

这种模块化测量安全性的方法支持一项更大更系统的安全改进计划(SIP)，它用于结合、协调和调整所有测量项目的活动，然后将这些活动整合到一个对企业 IT 安全不断进行测量分析和改进的系统中。在 SIP 中，安全度量和项目结果被分类保存，以备将来使用。项目可以交叉引用，也能够被整合到结构化的学习系统中，以创建安全知识的管理和经验供整个组织共享。最终的成果就是能像技术一样被理解、测量和不断改进的 SPM——一个可进行安全度量的成品。它具有所有的 IT 安全特征，包括人员、组织过程和技术。

安全度量

我花了几个章节深入讲解 IT 安全度量的话题，所以为了不要老调重弹，你只要理解度量是 SPM 框架创新的动力。事实上，SPM 的存在主要是为了组织、整理和跟踪各种你需要测量安全性的活动。框架确保度量方法随着时间的推移是可控可管理的，确保度量活动的结果能在项目完成以后的很长时间还能被该组织记录、学习和使用。

想想人类知识的增长，都是在一系列观察、实验和分析的基础上慢慢增长。观察和实验可能是该过程的核心，但科学方法里的基础概念是在 17 世纪开始建立，变得规范，其结果也能被其他想在前人的理论基础上有所建树的人使用。如果度量结果不能长期供测量使用，你的努力将付诸东流。

GQM 方法能使你的数据仅用于特定的目的,GQM 本身是一项非常优秀的组织原则,是一种围绕特定目的进行项目安全度量的方式。GQM 也是一项非常棒的可为将来进行分类整理所使用的机制。为交叉引用而建立的度量目录能使你构建历史内存,避免不必要的重复步骤。度量目录一点都不用华丽,它只记录你开发使用的度量结果,然后整理出来供你的团队(或者别人)轻松使用,还应具备审计功能,这样可以对度量结果进行评估、更新或删除。可以开发一个像维基百科那样容易使用,在合作的环境中共享和更新数据的度量目录。如图 4-2 所示的一个简单文件也可以被发至内部服务器,用于读取和下载,这样最低成本也能运作良好。

目标和项目	#	相关度量标准
周边安全	1	周边安全评估间隔时长(月)
	2	脆弱主机计数
	3	平均 CVSS 得分和标准差
	...	其他度量标准
终端安全	1	没有必需的安全补丁的主机计数
	2	没有目前 AV 签名的主机计数
	3	运行未经检验的用户程序的主机计数
	...	其他度量标准
安全策略	1	安全策略检测间隔时长(月)
	2	过去 6 个月,违反安全策略的记录数
	3	安全策略文件的可读性(词汇密度)
	...	其他度量标准
PCI DSS 合规性	1	经检验不合格问题计数
	2	安全策略文件的可读性(词汇密度)
	3	没有分配的唯一系统 ID 的用户计数
	...	其他度量标准

图 4-2　安全度量目录

这是一个由之前的项目整理出的简化的安全度量目录,它列出了这些项目的度量值,你可以在你工作的基础上跟踪和再利用这些数据。

安全度量项目

SMPs 系统是安全流程管理的基石,我将在本书后面的章节中详细介绍度量项目建立的过程。现在,你应该明白一点:通过使用 SMPs,你可以将复杂庞大的 IT 安全问题细化为一系列可供查询的小块,这样你就可以更加实际的定义和观察 IT 安全问题。如果你明确知道你想要什么,SMPs 系统也可以应用于任何你想探索或了解的问题。你可以建立一个度量项目来钻研它,然后使用 GQM 方法来弄清楚你要达成的目标以及开发什么样的度量系统来完成任务。在这种方式中,由于需要为组织定制独一无二的需求和目标，SMP 概念中也加入了度量的实际性概念。从本质上来说，测量项目仍然是颇具逻辑性的组织结构，你可以通过它从全局的观点来实现安全目标和解决问题。

SMPs 会为你的度量结果创建环境和文档，这样也就将你的度量数据紧密地联系在了一起。对于大多数组织而言，这并不是为了实际的项目，而是为了士气。每个组织都有安全项目，就像每个组织都会收集和度量相关的数据。但问题是如何以一个项目为线索找到其他项目、线索和发现。这也是我在客户咨询行业中遇到的最常见的问题，尤其是需要你在评估和审计过程中解决问题。评估和审计通常被认为是两种不同的活动，而不是同一个活动的两个组成部分，所以最终当度量结果呈现出时，咨询人员却已经走了，这时就需要成立另一个项目来解决问题。在 SPM 框架下，所有的项目都是这项集成活动不可分割的一部分，可能数据的输入来自某一些项目，但结果又被送至另一些项目。小目标滚雪球成为更大的目标，我们对度量结果最终也有了更广泛的理解，而安全性能也随着时间日趋成熟。

安全改进计划

每一个安全团队的战略目标都包括：减少安全风险所带来的威胁，提高安全运营的有效性并增加其对企业的价值，这些目标也使得安全度量人员不断的评估和改善他们的行为。但只有日复一日的管理这些系统和安全度量项目，最终才能达到改善安全性的效果。如果企业目前的状况是不断有人呼叫前台，或者总有人出现在你办公室门前询问你是否预算投入比后期审查更重要，那么你将很难关注到未来。如果没有足够的人手或资金，情况也会适得其反。结果是，许多安全方案将仍然立足于眼前日常安全操作的策略要求。

包括 IT 安全性在内的任何方面如果想要不断得到改进，企业的改进措施就需要协调各方，而不是让理应投入下一阶段使用的努力成果像零碎练习那样过后就忘了。训练马拉松比赛不是等你有时间了才练习长跑，考取高级学位或证书也不是等你方便了再参加考试，所有真正想要改善质量的努力都需要自始自终地追求改进。

SIP 在 SPM 框架内也通用，它为我们的努力提供了结构支持，就像 GQM 方法是设计安全度量的结构支持，也正如安全度量项目是制定度量方法的结构支持。如图 4-3 所示，SIP 的目标是随着时间的推移阐明各个测量项目的联系和协作，SIP 通过平衡文件、活动和反馈工具来达到协作的目的，最终促进企业的学习能力和成熟，和这个框架的其余部分一样，我将在本书后面的章节中讨论 SIP 发展的技术支持。目前关键是企业应作为一个度量项目和数据集的整体来达到项目改进的目的。在 SIP 中，一些项目是在团队的协调下与其他项目合作完成的，然后通过类似于前一部分谈到过的度量目录进行测量项目分类记录，随着时间的推移，数据会变成信息,信息会变成知识,(但愿)我们最终会变得更加明智。

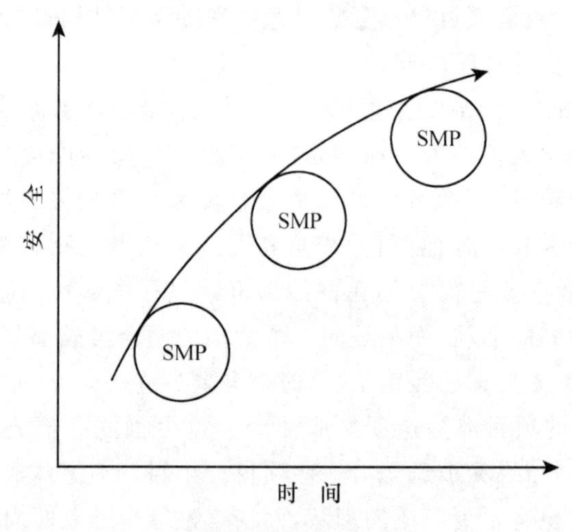

图 4-3 安全改进计划

SIP 随时间连接协调单个测量活动而呈现连续的安全改进。

安全过程管理

在 SPM 框架的顶端最终实现持续的安全过程管理和操作方案优化,需要所有管理过程和活动中的工作共同来支持。测量和协调安全过程以及对成果的共享和重用所产生的意义是深远的。从操作的角度来看,SPM 让人们更加了解到安全的机制,以及用能够支持预算、资源请求、审计和报告需求的实证数据来支持这些机制。更好地了解安全过程也有助于降低由安全漏洞和安全事件引发的风险和损失。更进一步地说,SPM 采用安全管理来表述他们努力和行动的价值,这在语言上,让安全组之外的权益相关人士更容易理解和接受。

安全有助于业务,而不仅仅是一个保险政策。因为度量标准能让你更好地量化计划中不应出现的损失,或通过分析和加强安全过程的效率来帮助你削减成本以及提高现有业务的生产力。

研究还表明,对组织机构来说,有效的管理过程比仅仅防止安全问题的发生更有效。一份出自 IT 政策组(可以在 www.itpolicycompliance.com/research_reports 上找到)2008 年的研究报告发现,有效地管理 IT 过程(包括安全过程)能够为企业收入、利润、客户满意度和保持力方面带来两位数的增长,而当你意识到这种增长源于对 IT 过程的完善和成熟的投入,而不是新产品的开发实现,或者公司每年审计的完成,这样的增长才有意义。

持续的过程管理以及通过 SPM 框架和 SIP 结构可以实现的过程完善是一系列面向过程的概念框架的目标,这些框架也越来越受到安全管理者和安全顾问们的重视。例如 COBIT、ITIL、六西格玛以及(美国)国家标准和技术研究院(NIST)公布的几个特殊框架都强调更加成熟、日趋完善的安全过程的重要性,这些框架标准为组织机构实现可持续的改进提供了途径,所有框架标准都有各自的适用范围,SPM 框架并不试图取代或与其他的框架竞争,但就我长期以来对框架的认识看,我认为实用和易于掌握是很有必要的。其潜在的安全过程框架往往是专有的(且昂贵),日益复杂和理论化(因而对安全顾问比对操作安全管理者更有用),或太专注于清单和标准性技术,而无法支持现成的实验。

扼要重述一下 SPM 框架,大致内容如下:

(1) 发展度量标准,使用精心设计的 GQM 方法或类似方法确保测量的正确性。

(2) 通过一定的、准确定义的安全测量计划收集并分析度量标准数据。只要满足要求,计划可以围绕任何你想要测量的事物,可以包括量化指标、定性研究、试验或文档练习、共享并保存结果。

(3) 确保将测量计划看作是一个更大的安全改进方案的组成部分,而不仅仅是单独的或独立的活动。用文档记录,以使测量结果方便查询使用,以及在此基础上根据已有知识建立新的测量计划。

(4) 当你了解到你的安全程序是如何工作之后,利用过程思想来分析和改善测量方式和测量对象,就像企业的其他业务过程一样,实现不断的、可持续的安全管理。

就像我喜欢往自己脸上贴金,自称发现了 IT 安全管理的新的真相一样,SPM 框架和实现框架的技术其实并非革命性的。你们中的许多人已经在自己的程序里应用了这些技术。我不认为 SPM 框架是唯一测量和提高安全性的方式,如果你已经采用某种方法进行实践,而这些实践提供了一些和我本章讨论相同的结果,你不应该改变这种方法仅是因为我阐述了实现目标活动的不同方法。但我认为,任何不包括良好设计的度量标准,不包括对安全性的不同方面进行测量,或者不在一个更大的持续改进的范围内进行测量的安全程序是十分低效的。我同时认为,如果不能精确的理解安全性管理的含义,不能像对待人力资源、制造业或有着相关输入源、产品和客户的销售业这些业务过程一样对待安全性管理,你就会失去被重视,以及明确表达你在安全上所做努力的真实价值的机会。SPM 是一个相当简单实用的方法,用于构建安全来实现这两个目的,只需采用它,调整它,或者抛弃它,这样一些其他的方法来满足你独特的需求,但如果并没有这样的方法,你最好采用 SPM。

开始使用 SPM 之前

安全过程管理和 SPM 框架背后的一个理念是——你可以从任何地方着手。实施 SPM 并不意味着你必须大张旗鼓的发动一个正式的、全公司范围内的倡议。

事实上，对于大多数安全组织机构而言，除非你具有来自公司高层管理者的支持和资源（或者你就是一位高层管理者），并且有能力独自推动计划的进行，否则我不建议采用这种方式。

一个成功的 SPM 程序能够尽可能地立刻对程序的权益相关人产生影响，你不能指望别人根据目前的情形就直接相信你所描述的前景——大多数人都想先看到一些成果。当然，一旦你获得了一些成果，你可能想要开始让内部审计人员等权益相关人加入到你的计划中来，因为这些团队可能更理解你所做的，并且能够充当扩大你所传递的安全消息的影响力的角色。

通过将最初的 SPM 活动控制在局部范围——也许限制到一到两个安全性测量计划中，你可以建立一个试点，所产生的效果将为把 SPM 过程推广到一个更大范围做出证明，这种方式类似于开发一种新技术或者开启一项新的科学研究的分支，直到你在开发的初始阶段建立起了良好的可信度，否则就不能企图改变固有模式。安全度量也不例外。

获得支持：森林在哪儿？

在形形色色的过程改进和项目管理中，一个标准的口头禅是：要想成功，必须要有一定程度的赞助和支持，拿起任何一本关于这个问题的书，你都会很快读到必须让管理者支持你的工作这种说法。当你的工作就是提高整个组织的安全性时这无疑是正确的，考虑安全度量或 SPM 时，你首先应该问自己的问题是：我应当试图解决多大范围的问题？而度量标准通常是局部适用的。它们往往是特定的数据源，并且倾向于最接近它们的兴趣。但是，为了使度量标准程序超越安全操作的即时性而工作，比如，争取更多的预算或寻求在决策部门的更多的影响力，安全度量必须对它的用户们有意义。了解你能够用安全度量和过程改进所产生影响的界限，我们才可以定义过程管理程序的使用范围。

在对安全性的各个方面进行测量时，我们很容易就会陷入大量的数据中。你开始了解从未实践过的操作。但是由于度量标准的存在，即使是更加详细的安全操作知识，也无法保证每一个人都会关注。在计划你的安全度量程序之前确定其适用的范围能防止一些错误的开始并减少失败的发生概率。如果你想让这些人重视安全性，你必须知道他们重视什么然后找出安全性是如何对他们重视的事物产生影响的。换句话说，安全性常常是关于其在怎样的情形下对业务无益的理解，或许是因为对业务缺乏直接的支持，或许是益处未得到有效而明确的表达。告诉权益相关人安全性是如何改善他们个人的、政治上的和经济上的处境，这样你就会发现你瞬间获得了他们更多的支持。

最初，你可能无法看见所有的树，更不用说森林了。有时提高安全性也会面临挑战——很难去描述你的尝试如何才能满足其他人的需求，如果你自己都无法理解这些尝试,怎么能在一些你也无法完全解释的事情上获得支持呢?

在实施 SPM 时从小处着手的好处之一是不需要太多的支持,即使只是进行日常活动,框架所描述的度量标准项目和过程改进也能够得到实现。举个例子,我的一个朋友,在咨询行业找到了一份进行安全性评估的新工作。当他结束了培训计划,开始准备大干一场时,他发现过程中有几个地方效率低下,对生产力造成了负面影响。作为一个精益求精的工程师,他悄悄地开始分析原因并改变自己的工作流程,他没有抱怨旧的做事方式或者提出进行研究,他想出了一个更好的方式来完成,然后让别人知道自己所做的工作。在短短两个月的时间内,管理层也介入了,整个工作流程都采纳了他的改进方式,他被要求去分析工作流程的其他部分。这样看来,取得的成果自然能赢得支持。

需求分析

明确你想要达成的目的,并且与别人的需求有机地结合是 SPM 计划十分重要的第一项工作。分析工作不必正式或特别地有条理,然而随着你的程序的不断开发你获得了更多的经验,你会发现通过正式的过程捕获数据和筛选数据是很有价值的。但首先,你的目标应当简单,以至于你能够明确自己想要达成的目的,以及为了达成目标你应当寻求谁的支持。

动机　就像目标常常隐藏在度量标准之下,我们很少去认真思考做某些事的目的。风险评估就是一个经典的例子,我们常常谈论提高安全性的主要动因,事实上,评估的主要动因就是某个权威(法律或者标准,审计员或者老板)告诉我们必须这样做。理解安全性活动背后的动机和理由可以让安全性更易分析和提高,但是理解本身可能是困难的。

有时候,我们所声称的做某件事的原因并非认真的动机。公司可能只会保证满足最低监管需求的安全性,但是对于管理层而言,只关心是否通过审计而忽略安全性在政策上的错误,对外他们却宣称保护公司的信息是最重要的。这不是一本关于企业道德的书,所以我不打算在这儿讨论这个哲学性问题。我认为在目的和动机上误导自己和他人只会导致低效、工作量的增大和资金浪费,对安全过程和安全测量背后的目标进行实事求是地分析能让你发现确切需要被改进之处,有一些高风险的安全性漏洞,公司声称会严肃对待,甚至确实做到了,但还是成为了受害者,原因就是他们口中的安全性大多是纸上谈兵。公司在安全性上做的好不好并不重要,重要的是任何通过在安全性的一些方面大打折扣而节省下来的成本都会因为一旦安全性受损而得不偿失。

什么才是你真正想要实现的呢?如果你想要以某种形式提高安全性,那么就让某种需求来驱动你的 SPM 的实施。如果你想要更多的预算,一个成功的审计或是某个特殊的认证,这些需求能帮你更好的定义你需要做的事。实事求是地分析你的动机和目的还能让你思考其他的问题和你的程序所造成的影响,例如关于从业务的其他部分获取资源的策略，或者在你已经做了大量审计工作却没能解决发现的问题时，安全漏洞所产生的后果。

权益相关人 权益相关人就是从你的程序工作中获益或受损的人。他们为你提供资源和数据，会因为你的工作进展赚钱或提高效率，也可能会因为安全程序引发的改变受到威胁或感到不便。如果你是一个安全管理者，正在实施过程管理的安全度量标准，你主要的权益相关人可能就是你的团队成员。但总是需要考虑大局，调整你的SPM程序以寻求在业务的非传统领域赢得支持能够帮助你在构建目标、问题和度量标准上产生新的想法。同样的，认识到与其他小组之间存在的潜在冲突能够在他们成为你的安全程序活动的风险之前解决该问题。

在某些领域，公司内的安全工作人员能够通过开发安全性测量的新方法以及满足其他人需求的过程改进来完善自己的工作，权益相关人分析就是其中之一。和你的同行，例如人力资源、财务或销售进行交流，询问他们对于安全方面的需求，为他们提供有价值的利益。当然，不要奢望权益相关人会主动联系你，你必须解释你具体做了什么工作，同时还要倾听关于安全性工作是如何给他们带来麻烦的抱怨。但如果你能让其他人向你倾诉，并做到倾听他们的意见，你也许会得到一些新的想法，以使程序满足自身需求时，和公司的其他部门联系得更加紧密。

资源 资源从来不会如我们希望的那样充足，而且在当今的经济形势下，它是极其缺乏的。进行SPM计划的其中一个理由是证明花费在安全上的资源都是合理的(并且值得花费更多的资源)。不过，俗话说，你必须让钱生钱，在计划中加入新的度量标准和数据分析都将需要资源投入。

根据你的安全测量计划种类的不同，你可能需要利用团队以外的资源。理解所有度量标准的资源需求或者你所承担的数据收集工作和正在实施的安全测量计划的需求是非常重要的。当你的程序需要持续的改进时，你会发现你需要额外的资源来保证程序可以运行(尽管在这一点上，目标彻底的证明了持续提高安全性的价值以至于无须为争取资源而大费周章)。需要考虑的问题如下：

- 你需要什么样的数据源？你会控制数据源吗？对你或其他所有者而言，访问这些数据的成本是什么？
- 你将如何从测量活动或安全过程中分析数据？你有进行统计分析或其他类型分析的经验和技巧吗？
- 你考虑过处理程序运行中任何发现的相关资源吗？如果发现过程改进的重大风险和机会，你有能力迅速做出反应吗？
- 你会如何提出你的发现和建议？你将如何利用测量结果说服权益相关人，尤其是那些最初提供数据支持的人，改变安全行为和活动是对他们有益的？

设定期望 SPM框架的最终目标是实现从安全操作到一个更好的管理和更

成熟的业务过程的转变。这个转变可能是巨大的或者只是针对某些特定领域，这取决于安全程序被管理的好坏程度。但是，无论在何种情况下，转变都应当是循序渐进的。公司如果操之过急只会对业务过程改进造成潜在的危害。无法想象一个人刚参加完会议，结束了培训课程，或者读了关于实施过程改进框架的文章或书籍，第二天走进办公室就试图改变一切。正如企图迅速改变一个已经确立的过程在现实生活中是不适用的，这也不适用于你的安全程序。从油轮到我们的个人生活习惯，你不用立刻决定“现在我要走哪个方向”以及立刻改变你的生活环境。我甚至已经预见到了这样的事情的发生——当公司里一个或多个人认定度量标准就是提高 IT 安全性的答案，便开始着手进行测量，甚至不考虑真正想要实现的目标。通常这些努力都会半途而废，就像散发的光大于热量，热度很快就退却了。虽然在问题面前立刻付诸行动会令人感到满意，但更重要的是用清晰的定义和完美制定的计划持续地驱动安全过程管理的进行。

因此期望设定是成功实施度量标准和 SPM 的关键，你必须为他人和自己设定期望值，两者同样重要。一方面，测量和提高安全性需要耗费资源，无论你从多小的事情开始做，你也可能必须学习新的技能做新的工作。当你解决了需要更多(不同种类的)数据才能解决的问题，或当你采用了安全性提高和持续过程管理的结构，这些资源的消耗可能会增加。设定期望帮助你为此做好准备，同时你也要让其他人对你接下来的工作有所准备，这就是大规模的转变和提效不会在一夜之间发生的原因。和权益相关人协同工作提出一个明确的、一旦计划进行可以实现的测量目标，是开始一个计划的最佳策略。

我认为，IT 技术人员普遍喜欢大规模转变计划的原因之一是递增的改变不能体现我们有多聪明以及我们的技术有多厉害。似乎每个人都想要开始一场革命，但是革命可能是暴力的、混乱的(只需要问任何一个处在大型的，正在走向失败的 ERP 执行中的人)。我宁愿我的每一天都过得比我的昨天好一点，这样我每天都会期待明天会更好，并且会一直保持这种心态。

成果展示

设置现实期望很重要，实现期望同样重要。在本章前面我探讨了安全负责人在难以互相交流对安全价值的理解和侧重程度的情况下，经常纠结于与股东缺乏信赖感的问题。面对上述挑战，稍好的情况是，当没有安全事件发生的时候，安全团队还可以解释他们已经达到了预期的安全目标。但是这种缺乏说服力的解释并不是最佳的甚至有些不可接受，在一次账目不对的审计或是一场剑拔弩张的争执后，安全部门很可能就无法继续生存了。较坏的情况当然就是安全负责人很难让真正的成果公之于众，最坏情况是，安全负责人变成一个官僚式的人物，只会作报告、记录数据，而这仅仅是为了证明他的安全部门每天都在进行一些“富有成效”的工作。

IT 安全度量和过程管理的结果可以有多种表现形式，其中包括：

- 让保护系统和数据的成本透明可见，并降低直接支持最关键部分的成本。
- 向其他的单位和权益相关人展示信息价值和保护企业资产的真实。
- 通过成本改善 IT 管理和其纪律性，对企业诸如生产力、收入和利润等目标产生积极影响。
- 在了解改善安全状况的市场前景、企业对保护其财产的态度和人们养成(或不养成)好的安全习惯的动机的基础上，建立内部和外部客户的满意度。

安全研究项目

在我提出要像探索一样研究安全项目的时候，与我探讨过安全度量和过程的许多安全人员变得有些犹豫。之前就有这种情况，就像获得博士学位反而让你想得更多一样：大家开始觉得我的意思是进行复杂的，繁重的理论性工作，不能提供他们需要的现实利益的学术活动，仅仅因为我用了“研究”这个词。在安全领域，“研究”更倾向于指区别于日常安全活动的开发活动，除非你是一个专攻特殊领域的安全研究者，例如漏洞挖掘或是僵尸网络跟踪。这种通过“研究”的发现会对日常安全操作有帮助，但是很可能没有立竿见影的效果。

我提倡的安全研究项目更加具有实用性和延展性，这包括进一步的实际研究(关于解决实际问题而不是仅仅为了增长知识的研究)而不仅仅是基础研究。在这种方式中，它更像营销、广告，或制造领域的研究方案。一个安全研究项目的目标是了解安全环境和影响安全环境的因素，通过这种手段会使安全环境变得可影响和可控。在你的安全项目中，探索发现应该有一席之地。当你开始管理和衡量你系统的安全性的时候，你会发现通过创造力的研究改进，会有许多触手可及的成果出现。你应该考虑到你的研究有助于了解和提高你的公司，就像你是一个想要吸引风投的企业家，或是想要占领市场的消费品公司一样。

把你的活动看做一种研究项目而不仅仅是一个安全度量项目。其意义在于，关注安全度量的项目，简单地只关注了数据层面。对于度量，你能做的只不过是衡量数据。把你做的当做研究会使你高度关注研究的成果，例如可以运用更长远目标的新信息和新知识。SPM 框架提供了一个构建研究计划的良好框架，用于记录和支持你的安全管理的日程，并使你从安全研究计划中直接受益。

我喜欢用比喻的方式来进行研究，因为我热爱学术并且享受研究的过程。如果你觉得研究计划不适合你或者得不到你想要的东西，那么请从另一个角度来看待研究计划。如果你有一个积极进取的精神，像对待一个新的冒险事业一样来看待安全进程管理，并且为计划绘制了一张安全流程管理——均衡的商业计划而不是研究议程。如果你更具艺术感或者文学性的话，可以借鉴小说中的暗喻或是一些剧本来说明公司关于安全方面需要注意的事项，包括字符、动机，以及公司运营中的注意事项。问题的关键是得到一种整体上考虑安全性的方式，而这种方式用文字表达是"开箱即用"并且可以得到你公司用来将业务灌输到人们的观念中的过程，在这些例子中，你会发现仍然需要了解资源需求、驱动程序和股东，并且仍需组织度量标准、项目以及改善计划，以促成新的公司的成功。无论采取哪种方式，都需要运用大局观整体上来理解安全性，并根据开发度量标准确保有一个结构性和协调的方式来使用它们。

总　　结

有效的度量标准是提高安全性的一个引擎，但就其本身而言，它们可能会导致对于测量和数据收集的过分强调而忽视一个更大的背景框架来指导和协调工作。在挑战日益加剧的适者生存和强调企业责任的环境中取得成功，你应该将安全性看作并且处理为一个业务流程而不是简单地一个技术问题。今天，安全管理人员和首席安全官们常常困惑于不能正确表达他们所做工作的价值并且要自己负责对同一个度量标准进行解释并且还要优先为其他企业主解释。将安全性作为业务流程来理解和管理可以有助于你的公司安全运营和组织取得成功。

包括安全流程在内的业务流程其实是一些活动，这些活动将人们的努力和为了公司的目标而协调工作的技术连结到了一起。了解这些流程，包括测量和分析商业环境中的社会性和组织性除了这些流程的技术组件，分析和改进业务流程的历史可以追溯到几个世纪前的工业革命的开端。纵观整个历史，业务流程分析已经包括了日渐复杂的观察工厂工作方法、科学管理理论、统计流程分析、质量改进，以及最现代化的业务流程再造和管理以达到持续改善的目的。

安全流程管理框架提供了一个实用、灵活的结构，你可以在其中进行更多有效的安全操作。该框架包括精心设计的指标，通过独立的有针对性的 SMPs 对这些指标进行分析，提供了一个在标准项目管理计划内协调度量标准的媒介。测量项目不是在真空中进行，但是框架包括了信令控制协议(SIP)，该协议建立组织学习和知识管理以便能够使度量标准和项目随着时间的推移可以充分利用和重复利用。随着流程的改进，你的安全方案实现了更大的软件能力成熟度以及持续的改进能力，同时要满足对于数据的管理要求和对贯穿于企业经营过程中证明价值和责任所必需的洞察力的要求。

在安全流程管理(SPM)框架最初开始之前，非常重要的一点就是需要考虑支持的问题，包括了解驱动项，其他权益相关人的安全需求和超出直接安全利益相关人的安全知识。设置适当的期许并且交付结果可以帮助你从一些业务领域获得支持与合作，而这些业务领域以前也许没有支持过你或者是在安全方面没有被给予信任。

扩展阅读

1. 2008 Annual Report：IT Governance，Risk，and Compliance—Improving Business Results and Mitigating Financial Risk. IT Policy Compliance Group，2008. Available from www. itpolicycompliance. com/research_reports.

2. Jaquith，A. Security Metrics：Replacing Fear，Uncertainty，and Doubt. Addison-Wesley，2007.

第五章　分析安全度量数据

当实施安全流程管理(SPM)框架,同时选择度量标准并且开始安全测量项目时,会积累到数据——框架的原材料。数据可能会来自熟悉的渠道和存储常规安全数据的信息库,或者来自新的渠道;因为需要不同的数据来解决为支持目标而制定的突发问题。在许多情况下,当以新的方式来使用现有的数据时,框架将变为一个组合的数据源,将它映射到新的数据来源并且将其与新的数据来源联系,这会使你以一种更加注重细节的方式或者以不同的方向来探索安全计划。无论通过何种方式收集,数据都需要分析。本章介绍了一些分析数据的技巧和注意事项。

最重要的一步

我与许多安全从业人员交流过,他们平时的工作主要负责收集度量标准的数据。现代的安全系统提供了各式各样的生成数据的方式,这些数据以日志、报告以及系统活动摘要的形式呈现。数据通常会在一段时间内被保存或者存档在某个地方,有时还会加入常规的报告、介绍或其他一些东西,以使安全团队能够还原在前一段时间中发生的事情。尽管我看到无数的安全公司收集和存储操作数据,但是他们中的大部分都没有彻底地分析他们的数据或通过一个正式的流程来分析数据。分析通常包括了一般图表的发展趋势,这些图表显示了近期某个度量标准的值但却几乎没有额外的信息。这个月的安全事故是增加了还是减少了?在上一个季度中通过改变管理系统又发现了多少安全策略的意外情况?今年,我们的渗透测试顾问是否比去年他们评估的时候检测到了更少的问题?在一个特定的范围内,这个数据可能被证明是有价值的,但是它只能使你描述一些具体的事件。如果没有更多的复杂的分析,你不大可能得出各种见解,这些见解能允许你将安全性转换至更加有效的业务流程,并且建立一个持续增长和改进该流程的计划。当开始开发更加成熟和面向流程的安全功能时,你会发现有效的分析将是不断取得成功和管理安全计划的关键。

分析同样很重要,原因在于收集安全性数据这个看似简单的行为也存在着风险。从公司层面来讲,在收集数据之前你肯定已经了解了一些事情。即使不知道你了解了什么,数据成为了所发生过的事件的记录和监视那些事件所采取的行动,如果那些事件是负面的,例如安全漏洞、丢失个人资料,或者是欺骗和侵扰的证据,那么公司也许会从道义或者法律的责任方面考虑而采取行动。如果不采取行动,那么公司将面临受到法律指控或者监管审查的风险。

关键点不仅仅是简单的收集数据，还要保证数据的收集包含分析数据的计划和对可能由数据造成的任何问题和风险的承诺。在两个糟糕的选择中，我宁愿选择因为我没有收集到显示安全问题的数据而被视作傻瓜；也不愿选择因为我收集到了数据并且证明了我的安全问题，但由于我没有做分析而没有采取任何行动而被视作粗心大意的和应负责任的。当然最好的选择是避免上述两种情况中的任何一种，这需要你收集数据，分析数据，并且基于分析结果做出明智的决策。

进行分析的理由

多种方式可用来分析与安全度量有关的数据，但是在我们探讨具体的技术之前，我需要先说明对于分析数据来讲你要考虑的两个基本的原因。

应用分析

当你的安全度量数据分析是用来回答一个安全计划方面的已知和具体的问题时，这种分析就称作应用分析。例如包括分析前面部分提到的那些数据，这些例子中，事件或安全操作的统计数据是用于报告或遵从目的。在应用分析中，你常常已经知道你想知道的事情甚至可能对答案已经有了一些想法。

现在考虑这样一种情况，防火墙管理员必须每个月都报告通过公司网络边界接受和拒绝的连接数。表 5-1 展示了从防火墙日志中收集到此类数据的一个简略报告。

表 5-1　防火墙日志数据

日期	时间	行为	进入/出去	源 IP 地址	目的 IP 地址	协议
10 月 28 日	09：34：20	接受	出去	xxx. xxx. 110. 25	xxx. xxx. 200. 33	HTTP
10 月 28 日	09：34：50	拒绝	进入	xxx. xxx. 66. 78	xxx. xxx. 110. 119	ICMP
10 月 28 日	09：35：01	接受	出去	xxx. xxx. 110. 25	xxx. xxx. 200. 33	HTTP
10 月 28 日	09：35：15	丢弃	出去	xxx. xxx. 66. 92	xxx. xxx. 125. 10	FTP

在这种情况下，分析可能仅仅是简单的对于接受和拒绝的连接计数，最常见的 IP 地址或者服务，以及一个给定周期内的平均值。其他分析也许是更加复杂的。举个例子，追踪安全人员每周用于特定项目的时间，这些项目是为了给出各部门的内部账单以及基本的资源分配，正如表 5-2 所示。在这种情况下，数据也许会被用来计算后续的度量标准，如员工的工作效率，对于特定项目的时间分配，抑或是对于雇佣的合同或是监管规定方面的合规性。

表 5-2 雇员时间追踪

名字	计划时间(人力资源)	计划时间(财务总监)	管理员任务	训练	PTO	一周总和
简	8	12	30	0	0	50
鲍勃	16	102	40	0	8	68
吉姆	20	0	10	16	0	46

应用分析意味着分析的最终结果已经被理解了,而且所有那些被要求的分析是“填补空白”的分析,它包含完成任务所必需的信息。

探索性分析

当你为了解决新出现的问题而分析数据时,甚至是在现有信息或知识的基础上处理新问题时,你的分析就已经不再是应用分析而是探索性分析了,探索性分析并不意味着你的研究和分析行为已经没有了实际的应用分析。应用分析和探索性分析之间的不同在于,在前者的情况下,你通常处理已知的和便于理解的问题和答案,然而后者主要关注增加或扩展现有的知识。

重温前一节中防火墙的例子,也许首席信息官(CIO)想要审查和更新在工作时间内关于互联网可用性的公司策略。首席信息官要求安全人员完成一份关于工作日中员工们最常访问的网站的报告,并且得到了如图 5-1 所示的信息。分析的结果使得首席信息官可以在如何更新使用数据方面做出更明智的决策。在这种情况下,即使允许个人使用互联网,首席信息官也很有可能改变策略,并且对使用公司资源获得有成人倾向信息的员工施以严厉的惩罚,而这居然达到员工使用网络总量的 5%。

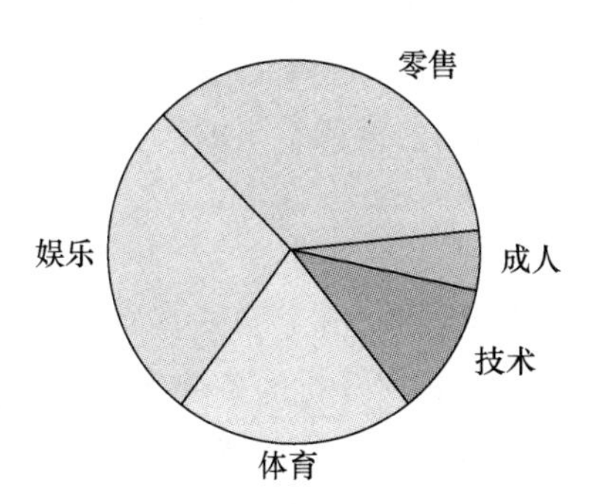

娱乐113 (27%) 零售153 (36%) 成人21 (5%) 技术46 (11%) 体育88 (21%)

图 5-1 最常访问的网站类型分布

在追踪安全人员时间的情况下,数据可以用来产生报告,该报告总体上反映了分配到项目上的雇员的使用率,以及项目与时间如何搭配更完美和工作努力程度的一般水平。对于拥有正式项目管理计划的公司而言,这些度量标准也许代表了应用分析的一些情况,因为公司已经追踪了这些数据。对于那些没有这样计划的公司而言，分析可以用于在时间管理和效率方面获得更深入的洞察，对于各种类型的公司来讲，探索性分析将会发展为做出的努力，这种努力用于确定为什么计划未在规定范围内完成或者用于找出为什么一些人员以较高的效率完成了他们的项目。

大多数对定性度量标准数据的分析实际上也属于探索性分析，因为这些技术往往会探索更为复杂的安全特性，这些安全特性常常需要解释并且其目的是揭示人们和公司之间的关系和特点。

定性指标通常被用来探索安全项目中的一些特点，而这些特点是不能简单地通过给问题提供一个"答案"就能解决的。相反，它们不仅是模式识别的演练，而且也是发展模式的演练，包括建立新的可支持看待安全性不同方式的观念。许多富有经验的安全专家已经做了这种归纳分析，尽管他们并不将这种分析称作定性甚至是测量，安全威胁和安全漏洞的性质不断改变，包括公司和政治的优先权的不断变化，都意味着成功取决于在它们成为问题前阅读它们的模式。探索性和定性的技术都仅仅是正式的结构化的方法，这些方法是为了解决我们在环境改造中所自然承受的东西。

应用分析和探索性分析之间的不同取决于各种各样的职工和公司所使用的需求分析和常规度量标准。当数据分析用于支持已经非常成熟的要求或者决定时，并且几乎不需要任何意料之外的新的信息时，那么你正在处理的是应用分析，然而当数据分析用来开拓新的见解、向已有的流程或者决定中增加信息，或者有助于发现新的问题和需求分析时，那么实际上是在对数据进行探索性分析。能够理解和表达应用分析和探索性分析之间的不同是非常有用的，以便你能够更好的向各种权益相关人推销和促进特定的测量项目和度量成就，因为权益相关人需要理解其中的原因和每一个特定度量标准的成就带来的潜在好处。

你要完成的任务是什么?

我在书中已经多次证明了度量计划是最有效的，尤其是将其放在开发利用那些度量标准的目标背景中时，在数据分析的条件下这一点也成立，当你准备为你的度量数据开发分析策略时，你需要考虑希望在分析过程结束时完成什么，你的分析支持一项具体的决定或者要求吗？又或者你在寻找新的知识和观点吗？你的目标仅仅是理解和描述所收集的数据，还是想利用数据来预测一些关于你安全计划的事情?

在开始分析数据之前，你需要重新审视如何开发正在使用的度量标准和数据，以及一旦分析完成时，你打算如何将这些与行为相适应。对于第一个任务而言，重新审视用于排列有具体目标和问题的度量标准的GQM过程可以确保你的分析有助于原始意图和目标。同样，也应该在安全度量项目的背景下重新审视将要采取的安全策略，所进行的分析有足够的资源吗？在分析中是否存在着一些风险？全面阐述了分析吗？还有是否从将会成为结果受益者的各种权益相关人手中获得了支持呢？

在繁重的分析开始之前花一些时间来重新审视之前的步骤和策略是值得的。这样做可以使你灵活地重新审视度量标准的目标和设计，从而包含任何新的问题和注意事项，并且确保当开始分析数据时可以继续舒服的得到预期结果。这是一个重要的中间步骤，因为你会发现需要对数据下一些功夫以便使数据成为分析前的状态。

准备数据分析

大多数人首次进行数据分析都低估了所要花费的时间和努力，这些时间和努力是在开始分析数据前准备数据过程所必需的。准备和清除数据以便分析可靠且用途广泛，这可以为哪怕是一个简单的分析增加许多时间，这一过程不应该被低估和轻视。从安全度量数据中得到无知的见解是毫无价值的，尤其是如果那些见解是错误的，这是由于数据对于分析而言是混乱的或者不完整的。当从你收集的度量标准中将数据汇集到一起时，应该好好考虑几个问题。

数据的来源是什么？

即使在包括非常基本的分析的情况下，了解并且追踪数据来源是非常重要的。有许多与安全相关的潜在的数据来源，下面列出了一些：

- 系统日志；
- 安全事件和突发事件管理(SEIM)系统；
- 扫描仪和分析工具；
- 审计报告；
- 用户调查；
- 公司的数据库(正在运行的以及历史的)；
- 策略及其他记录和文件。

在某些情况下，你也许会从一个来源提取数据，这个来源是收集到的或者是由其他来源汇集而成的。当开始准备项目的分析阶段时，应该保留将要使用的每一种原始数据类型出处的日志或者其他记录。如果来源与提取数据的来源不同(举个例子，如果从一个安全事件和突发事件管理系统(SEIM)中提取汇合的数据)，应该记下这些二级和初级来源数据之间的不同。一些汇总或者分析安全信息的工具，包括确定的报告和已经包含一定程度的分析的历史记录，也许会将数据改变或者转换为统一的表现形式，并且想弄清楚这种数据的统一化是如何影响原始数据来源的，如果这种影响真的存在的话。

由于分析师负责将度量数据转换为支持决策的安全知识，那么获得数据的关键一点是，必须能够追踪任何发现或者基于原始来源和观察所得的数据所作出的结论。最有效的度量标准是凭经验的，从一些行为或能够被解释、清楚地表达和重复的特性中直接观察得出的。当要证明一个特别的建议时(特别是当建议可能需要花更多的钱或改变事情执行的方式时)，应该做好准备并且按照原始观察的基于结论的数据“展示工作”。如果不把提供的以经验为主的建议作为基础的话，分析将面临严重的信誉损失。在许多情况下，分析师并不会掌握或者控制数据源，这些来源会随着时间的推移改变甚至消失。因此，数据的文档包括分析都是非常重要的。复制分析过的每一比特数据，是徒劳的甚至可能违反备份和保留的策略，特别是当数据仓库非常大时，但是仅仅使用数据是不够的，应该记录数据的来源，访问的次数，数据的拥有者，以及作为该项目的一部分在分析中所使用的数据类型，这是数据获得行为一个非常重要的原理。

数据的尺度是什么？

在第三章中，我阐述了可应用于安全度量中的不同测量尺度：

- **定类**　仅限于名称或标签，即便使用的是数字也并未包含定量的意义，就是把数据分“桶”摆放。
- **定序**　表示排名的顺序，但是并没有注意到排名之间的不同，第一、第二和第三名的竞争结果。
- **定距**　测量值之间的距离代表一种定量的含义，但又没有零点去比较；像温度在华氏或摄氏尺度。
- **定比**　测量值之间的距离代表一种定量的含义，有零点，所以测量之间的距离可以比做长度、重量、金钱、开氏温标的温度等。

这很可能使你的收集工作将产生被不同尺度测量过的数据集。一些技术分析可以只用于特定规模的数据，所以重要的是你需要知道你正在处理数据的规模和你在完成你想要的分析时必须使用的尺度。在使用数据之前，可能有必要把数据从一个规模更改到另一个规模。

在定性风险的情况下，我们已经看到尺度不断变化的例子，如高、中、低面值的分数改为用一组数字的顺序量表来评估。如果你想了解提供的风险评估的平均得分，这将成为一个必要的改造。但是，更改尺度要小心处理，在分析之前应该备份。更改尺度可能会潜在地更改你从度量标准中得到的信息的数量和质量，决定如何做应该始终向着度量的目标和问题去努力，而不是把测量向预期结果靠拢。在风险评估的例子中，如果你想了解人们对风险改变的普遍说法，那么改变尺度是可以接受的；但如果你为了计算组织的平均风险而改变尺度，那么你就使用了数据炼金术，把数据变成了某种其他东西。

数据是否需要被清理或者标准化？

当你的安全数据来源不同时，你将想要确保你对数据作出的任何比较都是有效的。数据可能由多个不同的系统编码或收集，任何不同来源的度量标准之间的误差都可能将错误带入你的分析中，删除或者转换一些数据是十分重要的。这些数据包括丢失的、编码不一致的或对手头分析结果无用的且增加失误的、对整体分析产生不良影响的数据。这一步可能会占据大量的数据准备时间，但是必不可少的，因为它可以确保你通过数据集进行的是同类比较并且从你采用的度量指标中得出合适的结论。

一致性和准确性 准备数据第一个步骤中的一步就是确保数据是准确和一致的，特别是来源不同的数据。例如，你正在分析整个公司这几年的评估漏洞，当你检查评估报告时，注意以下几个操作系统说明的评估：

- Windows；
- Windows 2000；
- Win2k；
- Win2k3；
- XPsp2；
- WinXP；
- Windows XP。

这七个数据条目可参考几个或多个不同的操作系统，它们应该被标准化，然后再开始数据分析。在这种情况下，为了澄清和协助确定这些数据标签的意思，接近数据源或其他接近数据源的事物是必要的。目前还不清楚哪些系统可能运行着服务器版本，不同 XP 机器之间在分析时运行的服务器版本没有清晰的界定。练习的目标是最大限度地提高分析的精度和洞察力，重要的是你明白什么应该被详细测量。

缺失数据和异常数据 你可能会发现你的数据包含了在集合中正在丢失的值或包含了远远超出大量数据所在的正常范围的值。这时，你需要决定如何处理这些情况，开始尝试去理解为什么这样的值出现在最初的数据中。缺失数据，可能是由于错误，处理故障，或编码约定（例如，一个空白的或不适合的值会自动转换或解释为“失踪”）。异常数据也可以导致在收集或测量数据时的错误，但它们也可以精确地表明一个或多个值根本不在正常范围内。

表 5-3 显示了一个简单的漏洞扫描结果表中子集缺失数据的例子，你可以看到一些数据是不适用的，或尚未进入。如果一个值从数据中丢失了，它可能有必要作为一个占位符（例如“000”，以反映缺失值）来创建一个特殊的变量，或有可能完全删除缺失值。

图 5-2 展示了漏洞扫描数据异常的例子，显示了具有特殊的最大化的通用漏洞评分系统（CVSS）分数。虽然大多数的系统得分在 3～8 的范围内，一个具有最大化 CVSS 的系统得分为 1，而一个耦合系统的得分将近 10。也许有必要重新审视数据，以确定异常数据是错误数据还是真实数据。你也可以决定，根据那些熟悉

的系统或评估的原因来判断，是否要消除所观察到的任何系统的分析。例如，你可能决定 CVSS1 分太低，存在风险，而较高的分数是合法的，这些都是根据你所知道的关于系统的问题。

表 5-3 漏洞缺失值的扫描结果

IP 地址	操作系统	版本	SP	浏览日期	Max CVSS 评分
xxx. xxx. 201. 150	WinXP	Pro	2	03/04/2008	7. 5
xxx. xxx. 204. 121	Red Hat Enterprise	5. 4	—	06/30/2009	6. 8
xxx. xxx. 205. 113	Windows Server 2003	—	4	04/04/2009	5. 3
xxx. xxx. 210. 110	OS X	10. 5	—	10/20/2006	4. 6

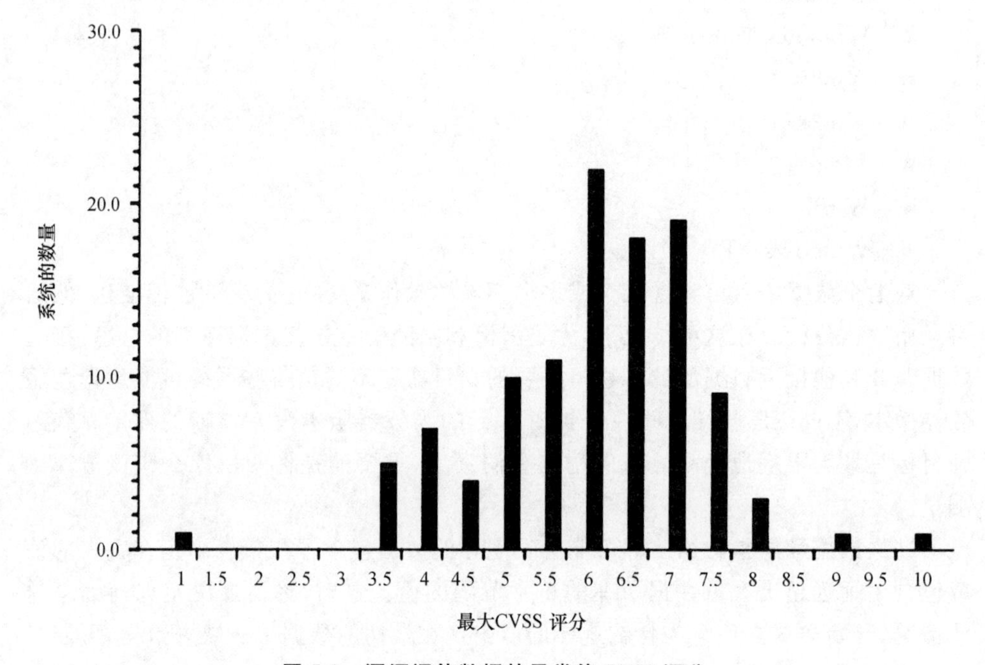

图 5-2 漏洞评估数据的异常值 CVSS 评分

面临缺失数据或异常数据时，你经常需要做出判断来确定是否需要进一步探讨，删除有问题的数据，或者对你已有的测量尝试其他分析。理解为什么包含或移除某些数据、观测报告或值能够解释和支持那些你从分析中得出的结论和建议。当你更加轻松地操作数据、度量标准和安全流程管理方案变得完善和成熟时，你会发现，没有什么比了解你的材料和拥有支持自身观点的数据更加具有说服力。当你开始探索定性和解释没有完备数字系统数据的安全度量时，诚信就变成一个问题。但是，如果你在跟随选举期间的民意调查或观看国家经济报告时，你很快就会明白，即使是所谓的“硬”定量数据，也在被解释、被争论，并要求那些争论的人能够清楚地表达他们如何得到这些数字。安全度量数据最好的防御是在每一个细节了解你的数据，并能够挡住任何批评或回答任何问题，因为你自己已经运用了这些批评并对数据问过了这些问题。

转换数据　有时，为了完成所需要的分析，有必要把数据从一种规模或格式转换到另一种。数据转换极可能发生，因为数据值的测量是在不同尺度或有混乱或不兼容且可能会影响分析范围的情况下测量的。在某些情况下，使用转换数据可能使结果比原始数据更容易理解，而在其他情况下，所选择的分析技术可能会要求数据在分析前符合某些特征或是在一定规模上进行测量。

多种技术可用标准化、归一化、平滑或转换数据来帮助分析，在后面的章节和案例中我将介绍一些技术。下面是一些例子：

- 把数据改为小数或百分比的形式，以便比较。
- 把原始数据分组和汇总到不同的类别或收集箱中，以便分析。
- 对使用了不同编码结构的数据集进行逆序排列或者对其值进行标准化。
- 运用描述性统计，如平均值、中位数、分布状态或 Z-分数来进行值比较。
- 如最小-最大转换的技术，适用于把所有观测值导入到一个预定的最小值和最大值的范围内。

我们很难低估你从正确理解和分析前准备的数据中得到的价值。有效的数据准备并不一定味着你必须投入大量的时间到复杂而必要的数据转换技术中。但要保持本书的一个中心主题，你需要了解你希望通过任何安全度量的力量来实现和完成的事情，这些要求反过来将加深你应该考虑如何看待数据的层次和难度。SEIM 系统在过去五年中的月度报告的趋势是建立一条基线，相比着手一个大数据挖掘项目从而建立一个组织可用于建立预测新风险或威胁的模型的安全数据仓库而言，建立基线可能会更直接一些。使用如 GQM 和 SPM 框架的方法来建立一个结构化度量计划的目的是这些工具可以帮助你评估和选择最好的指标、数据和你想要的用于安全计划分析的策略。我们已经讨论了很多关于分析数据之前你会做的事情，接下来将讨论一些用于分析的技术。

分析工具和技术

我讨论了两个进行数据分析的原因，包括把分析应用到特定问题或决定上，利用分析去探索安全计划的特点和功能。此外，当进行应用和探索性安全度量的研究时，你可能会选择多种分析类型。这些分析包括描述数据的分析、推断或预测数据的分析，对定性数据的价值分析，或对结合了其他分析的定量数据的分析；这些分析都是为了建立模型或关联数据，并确定可揭示更多原始数据未显示的内容的模式。

做一个简单的比喻，分析可以看作是在两条道路上的数据探索，在第一个维度中,从简单的数据描述开始,只表示目前实际收集的数据,以提供一定程度的基于数据的预测能力。预测分析有时也被称为推理统计。它倾向使用数据样本集,从该样本得出的东西可以推断出更多的信息。预测分析也可用于开发模式和模型,这些模式和模型可能会使分析师得出一些关于分析对象的未来状态的结论,如数据挖掘技术。

在第二个方向中,数据分析从原始数据的分析开始,移向确定和发展提供分析数据的价值的模式。通过机制,如把原始数据总结到合计表、总表或交叉表中,可以完成模式识别。有的技术能用于数据的分类和分组,从而揭示数据间隐藏的关系,以及数据如何映射到过程流或关系网络。在定性分析的情况下,分组和模式发展是分析过程的核心,有一些工具和技术用于构造从数据而来的解释性模式生成,数据不是定量的,可能是非常主观的和带有个人情感的,如现场笔记或面试反应。图 5-3提供了一个基本的分析方向视觉说明图。

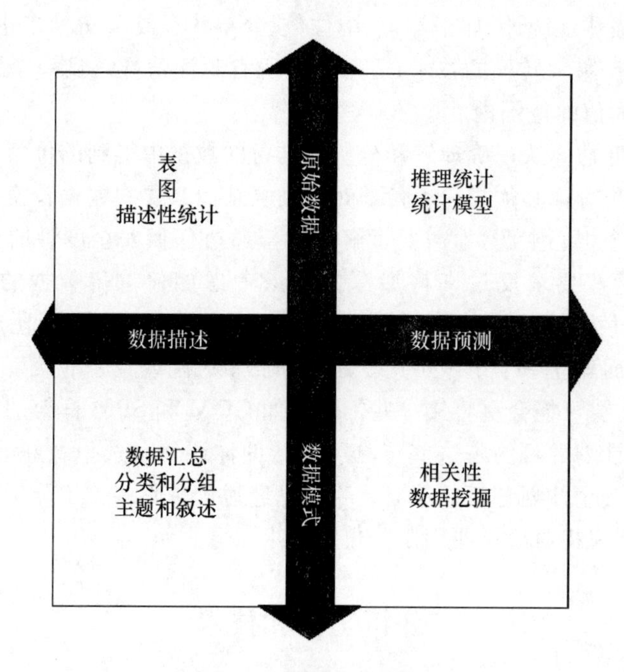

图 5-3 数据分析技术

分析技术可能涉及从描述到预测,从原始数据转换到模型或两者的组合。

描述性统计

基本而言,数据分析应该包括对所实施的观察和测量结果进行描述和总结,但是描述性统计绝不会因为是基础性的就不那么重要。如果你正在或者准备做一个安全度量项目,描述性统计将很有可能代表你将实施的绝大部分分析,其原因之一是行业中安全度量总体上的新兴状态，大多数的安全组织，如果他们正在总体上测量他们的安全项目，则没有对他们的数据使用全套的描述性统计，以我的经验来看，安全度量倾向于侧重跨类别的总体和频率分布，倾向于集中或分散的测量并不是多么复杂。这是不错的，因为它代表了提升我们安全度量分析得很好的机会，而我们甚至都不需要进入充满推理统计和预测模型的复杂世界。

分布

正如它的名字所暗示的，数据分布包括在整体的数据集合中，特定观测和测量是在何处并以何种方式落在某个范围内的。分配不涉及比计算更复杂的统计过程，但计算出的数据是如何分布的对数据作进一步的分析创造了重要的基础。一些分布测量适用于所有的数据规模，这意味着它们可以被用来分析分类数值数据，当分析的主要手段是对出现的任何特定的值计数或观察时，这些分布测量就很重要了。

数据分析由计算各个观测或测量数据中包含的值开始，这种计算最常见的结果就是表明所有值的频率分布。想象一下，一个数据集合包含了安装在商业区多个不同的操作系统，表 5-4 显示了一种表明操作系统的频率分布。

表 5-4 已安装操作系统的频率分布

操作系统	已安装的个数
Windows 2000	15
Win2k Server	11
Windows Server 2003	20
Windows Server 2008	14
Windows XP	257
Windows Vista	131
Windows 7	15
OS X	83
Red Hat Enterprise 5.4	17

显示频率分布的另一种方式是使用条形图，也被称为直方图。条形图形象地显示了相同的数据，如图 5-4 所示。无论是通过文字还是图形显示，数据分析是按类别划分的简单的计数。根据分析目的，数据也可以表示成已安装的所有系统的百分比。

我的经验告诉我识别和绘制分布图是绝大多数安全小组最主要的分析手段。有时，分析可能涉及的不仅仅是把总数加和，但除此之外也没有太多其他的内容。安全度量报告往往涉及事件的计数、变化、漏洞、其他观测和之后在一个周期的基础上呈现汇总数据的问题。如果出现更复杂的分析，它通常只是说明这些总额在一段时期后是否上升或下跌(通常是从上一次报告开始),也可能会涉及显示趋势的图形以及直方图。

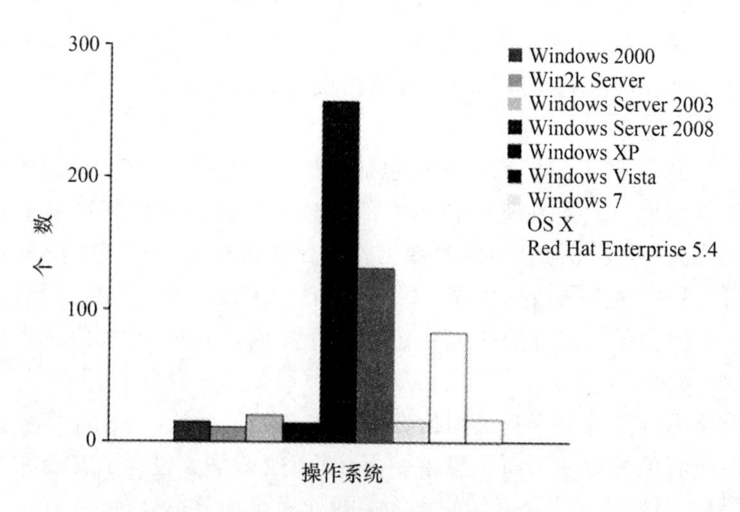

图 5-4　已安装的操作系统的频率分布直方图

这些分析对有益于优先考虑当前的力量以达到季度的物价评论标准,但它们不会产生对安全操作的全面了解,对安全操作,我们也需要进一步了解。从分析的角度来看,行业安全度量的惯例是在底层,在复杂性和有效性方面可能只会增加而不会减少。

集中趋势

当你考虑数据分布,最有价值的就是考虑数据中什么值最具代表性、最平均,或在整体数据集中最常出现。统计学中,上述数据特征被称为"测量的集中趋势",因为这些特征可以帮助你确定分布在数据中间的值。这些定量数据的特点是大多数统计分析的核心,特别是那些涉及"正态"分布(呈钟形曲线的形状),了解这些测量的基本概念有很大意义。

你可能已经熟悉了平均值或平均,然而平均值的意思不仅仅是衡量集中趋势,为了探究这些统计工具,我们来看看过去的六个月里每周向防火墙管理团队提交的变更请求的数据,表 5-5 列出了每周向管理员提交的请求数。

众数是被分析数据中最常出现的报告值。在防火墙变更请求的例子中,当你按从小到大的顺序排序所有的数值,将得到如下序列:

19, 20, 21, 21, 22, 22, 22, 26, 27, 27, 27, 27, 28, 28, 29, 31, 34, 35, 35, 37, 41, 46, 61, 65

表 5-5　集中趋势分析中防火墙变更请求例子的数据

	变更请求			
月份	第一周	第二周	第三周	第四周
1	29	27	41	22
2	27	35	21	27
3	22	31	46	61
4	65	35	28	22
5	19	27	26	37
6	20	28	34	21

观察这个序列，我们能很容易计算出变更请求中最常出现的数字——27，这个数字出现了 4 次，这意味着防火墙数据的众数是 27。

在某些情况下，以最高频率出现的值可能有多个，此时数据被称为多众数的，并且众数值可以是所有以最高频率出现的值。在一个多众数数据集中，众数包括所有以最高频率出现的数——不能取所有数的平均值作为众数，也不能把其中一个值作为众数。众数对于分析定类数据等（分类数据）的集中趋势尤其有用，因为这种尺度是不能用数字表示的（即使数字被用作分类标签），并且不能适当的用中值和平均值进行分析。

中位数　中位数表示数据分布的中间位置的值，其中一半的观测值高于中位数，一半低于中位数。对于前面已排序的防火墙数据，数据集的中间位置的数就是中位数。中位数有时需要用到平均值，因为有些序列有偶数个数的值，那么中间位置介于第十二个和第十三个观测值之间，或者是 27.5。如果值的个数是奇数，中位数就是数据集中间位置的数，所以防火墙变更请求例子的中位数是 27.5。

定序、定距或定比尺度数据的中位数都可计算得出。中位数的一个优点是，当数据出现异常值或倾斜时，可能会影响到平均值（之后会讨论）；而中位数给出了集中趋势的一个可供选择的测量，不会被这些值影响，并且为集中趋势提供了一个更精确的描述。这也是为什么数据报告，如家庭收入，常常依靠中位数而不是平均值。如果家庭收入存在很大的差异（引用刚刚的例子），那么平均的家庭收入就会被错误地拉高或压低，尽管平均值能更好地反映中心分布。在防火墙数据的例子中，假设有两个月非常反常，一个月没有变更请求，另一个月发生了 200 起。即使有这些异常值的出现，数据集的中位数可能也不会改变。

平均值　大多数人都更熟悉常用词“平均数”，而不是“平均值”，这两个术语经常交替使用。为了清楚起见，我使用平均值来表示统计数值，在表述更口语化的事物时，使用平均数来指代。

即使是当人们不考虑使用统计学时，平均也是最常使用的统计方法之一。平均值是数据集中所有值的总和除以数据集中值的个数计算得到的。以这个数据为例，一段时间内观测到的平均每周的防火墙变更请求数就是请求总数除以周数：751/16=31.3。因此，经过一段时间的观察，平均每周变更请求数为31个多一点。从这个例子可以看出，中位数和平均值的区别，平均每周的防火墙变更请求数比每周的中位数27.5高一点，在中位数的例子中添加异常值会使这个差别更加巨大。中位数不会随着异常值的添加而改变，因为一个序列中间的数的位置不会改变。而平均值，现在却变成了951/18=52.8，由于两个月的异常出现，平均值有一个显著的增加。

我提出的对集中趋势的测算能够帮助你理解如何找到数据集的中间位置、最常见或者最典型的观测值。你也可以在这些分析上继续分析，以更多地了解你所收集的安全度量数据。

离散度

集中趋势的测量专注数据的中间，而离散度的测量则是探索观测数据是如何分布的。就算离散度在理解数据时不比集中趋势更重要，但至少和提出的问题、探索能发展成更复杂的内容是同样重要的。平均值和中位数并不能帮助你理解你观察的数据之间的区别，以及更重要的数据之间为何不同。为了理解这些问题，你必须对数据钻研得更深。离散度也适用于大多数定距数据和定比数据这样的连续变量。尽管用来测量数字数据离散度的统计技术对有序范围度量也是适用的，但是鉴于这些测量的差异和变化，最好还是采用其他的测量方式。

极差 极差通过计算数据集中最高观测值和最低观测值的差别来测量数据的离散度。在防火墙变更数据的例子中，变更控制请求的极差是最高值减去最低值，即65－19=46。

19，20，21，21，22，22，22，26，27，27，27，27，28，28，29，31，34，35，35，37，41，46，61，65

四分位和四分位距 四分位就是把数据分割成四个部分，每一部分包含数据观测值的四分之一。计算四分位数间距的一个简单方法是使用与确定数据中位数相同的技术。事实上，中位数和四分位2是相同的值(27.5)：

19，20，21，21，22，22，22，26，27，27，27，27，28，28，29，31，34，35，35，37，41，46，61，65

确定四分位1，需找出前一半数据值的中间值——22：

19，20，21，21，22，22，22，26，27，27，27，27，28，28，29，31，34，35，35，37，41，46，61，65

四分位3是后一半数据值的中间值——35：

19，20，21，21，22，22，22，26，27，27，27，27，28，28，29，31，34，35，35，37，41，46，61，65

我们现在有四分位 1、2 和 3 分别为 22、27.5 和 35。四分位距可被用做基本描述——可在数据中快速确定低范围和高范围的工具。如果要得到更多的统计资料，可使用四分位计算四分位距，即第一个和第三个四分位数的差，就之前的数据而言，四分位距就是 35－22＝13。

方差　当确定数据的方差时，就是在描述数据相对于平均值的变化程度和离散程度。另一个计算方差的方法是观察数值离数据中心（平均值是对集中趋势的测量）有多远。在这一点上，我们开始提出这样的问题，与采样的整体相比我们是否在讨论数据的样本。例如，在我们的防火墙变更请求数据例子中，我们观察六个月内请求数据的样本，而不是所有防火墙变更请求的全体数据。我将在之后的“推理统计”部分中讨论样本和总体，现在，我会用方差和标准差来描述样本。

讨论方差时，我们常常搬出相对简单的公式来计算这些统计数据，然后变成更为复杂的数学函数。例如，方差可以被定义为“样本标准差的平方总和的平均值”，并且用一个相当令人深刻的统计学公式来描述。这本书是一个安全度量的启蒙，而不是关于统计学的教科书（有许多统计学中的优秀例子，我必须常常提到）。正如我的一个统计学教授告诉我的那样，当我们进行研究时，不用担心公式问题，因为统计学的分析软件能帮我们做到这些。方差和下面的技术可能会对安全度量程序相当有用，但如果你使用这些，你就不能手工计算这些度量。在我介绍完描述性统计之后，我将会在“描述统计学的方法”部分中简短地介绍一下使用方法。

标准差　从方差可以得到标准差。标准差是最常用的对数据样本的变化程度和离散度的测量。虽然很多人并不熟悉方差的概念，但大多数人听过标准差——对特定观测值发生的可能性和不可能性程度的测量。标准差的公式是取方差的平方根，数据集的标准差的增加显示了数值围绕数据样本平均值的离散程度的增加。围绕平均值的数据的频率分布也呈特定形状，最常见的形状，也是许多统计学方法的计算所呈现的正态分布或者钟形曲线。在正态分布中，将近 68％的观测值出现在平均值（一边一半）的一个标准差之内，将近 95％的观测值出现在平均值（一边一半）的两倍标准差内。当达到平均值的三倍标准差时，少于 0.5％的观测值不会被包含在内，图 5-5 显示了平均值为 0 的正态分布的标准差和当标准差上升时观测值的数目（以百分比的形式表现）。

已描述的统计学方法能够帮助你从度量分析中获得比仅仅计算总数更多的价值。使用正确的测量集中趋势的方法，例如中位数而不是平均值能够减少因为数据中的异常值和极端变化的出现而导致的不确定性。离散度的测算不仅可以帮助我们理解极端值的构成，还能告诉我们某个观测值是否与所有安全数据的大致分布存在极大差异。你不能在每一次分析度量数据时使用这些技术，但是它们代表了基本的统计学方法，这些统计学方法是分析家在每一个领域和行业分析数据时都会用到的。

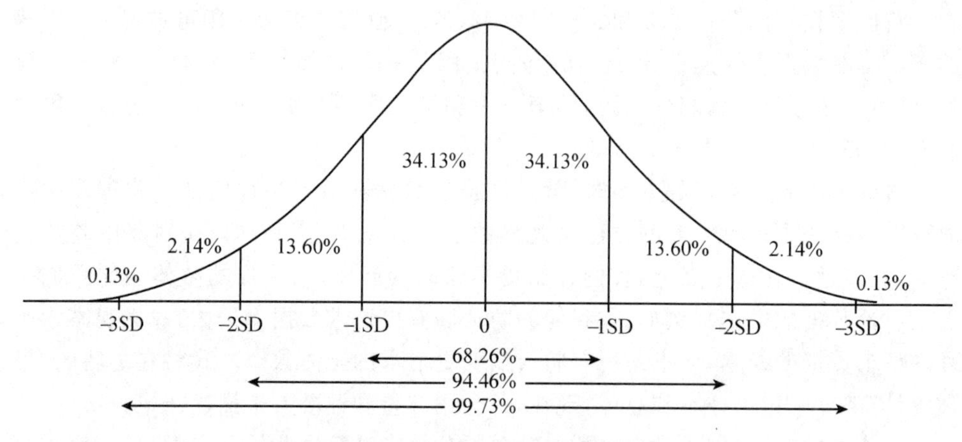

图 5-5 数据正态分布时的标准差

描述性统计的方法

许多方法都可以用来描述安全度量数据，大多数的安全专家都对其中一些方法十分熟悉。报告和分析功能内置在形形色色的安全产品之中，他们能够提供关于事故、事件和其他度量的统计资料。如果你正在处理收集到的度量数据并需要进行自我分析，你可以在几个选择中进行挑选。

电子表格 我们大多数人习惯使用电子表格，并且许多电子表格程序都是可以使用的。例如 Microsoft Excel，它虽然是私有的，但是开源的和免费的电子表格工具也可以使用，包括 Calc（OpenOffice 应用套件的一部分），Gnumeric，以及谷歌文档中可以使用的电子表格程序。使用电子表格，你可以创建数据表并对数据进行总体分析，它为统计结果的作图和作表提供了便利。我所知道的大多数围绕安全度量的定量分析都充分地运用了电子表格应用程序。

一些电子表格应用程序也能帮助你实施除基本数学函数之外的统计分析，为例如方差和标准差等统计数值的计算提供便利。Excel 和 Gnumeric 内置了高级统计函数的功能，包括远超过描述统计学的分析。当写这些内容的时候，我不知道 Calc 对统计分析提供了本地支持，但是提供了允许 Calc 用户使用开源统计包 R 的扩展应用，我们会在下一部分中对此进行讨论。据我所知，目前谷歌文档中包含的电子表格不支持高级统计功能，如果你使用了与我在这里所讨论的不同的电子表格应用，你应当在使用它进行度量计划的高级分析之前查看它支持哪些统计分析。

统计软件 对于更多高级统计分析而言，各种应用都提供了多于普通电子表格的功能，并且它们被用于统计调查时，使用起来更容易、更直观。就如同电子表格一样，商业和开源的程序都是可用的，我与商业项目 Minitab® 统计软件有过合作经验，这是一个常用于商业机构和学校的应用软件，并且已经被开发成使用相对简单且提供高级分析功能的软件。Minitab 并不是唯一提供统计分析的产品，但它相当好用。

一个备受推崇的开源统计分析包 R，非常强大并且和任何商业功能包一样有用。然而，R 并不像大多数商业功能包那么容易上手，它需要一个较长的学习周期，尤其对习惯使用图形化界面和点击拖曳工作流（R 主要在命令行界面下工作）的用户。R 典型地被用在学术和科研机构，而不是通常的商业公司。商业功能包的用户例如 Minitab，会注意到电子表格的相似性，即都有相似的单元格格式，但是统计程序允许用户通过访问菜单就可以轻易地访问更多分析函数和可视化技术。图 5-6 是对 Minitab 使用不同描述性统计处理的每周防火墙数据的一个图形化显示，这些数据我们在这个部分进行过探究。

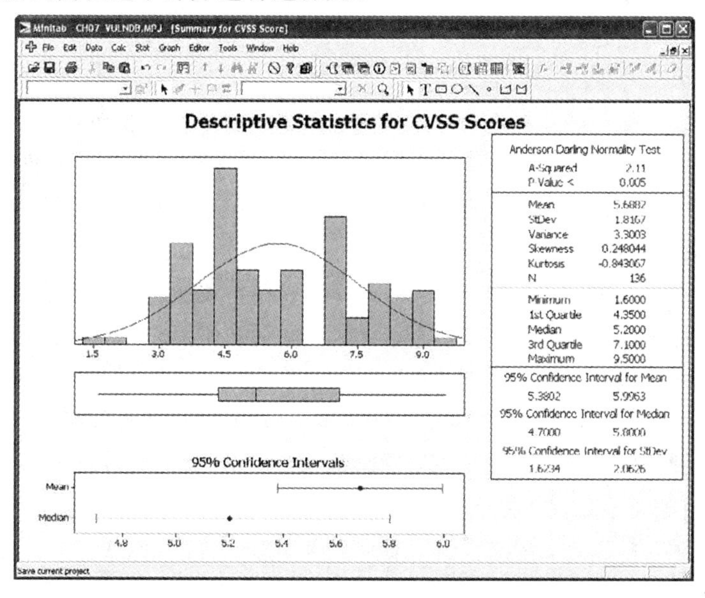

图 5-6　Minitab 的描述性数据总结

推理性统计

使用描述性统计的完整工具箱，可以为安全性度量程序带来前所未有的改善。前面介绍了基本的统计学方法，并鼓励你去使用这些方法。但是描述性统计只能处理正在使用的数据，不能假设你的研究结论自动适用于没有进行观测的其他领域，或不同条件下的同一领域。不能基于单独的数据点或数据集得出结论或进行推测，即使很多人常常因为各种理由这样做（例如政客）。

使用数据将研究结果引申到未经数据采样的领域，或对基于有限数据集的结果进行预测，需要不同的技术和分析方法，这些方法被称做推理性统计，因为这涉及从已观察到的部分得出未观察到的部分，借此得出结论或进行预测。

在这个部分，我想对这一章提到的技术和工具进行更详细的探讨，我不是一个统计学家（我只在研究生阶段做过这种工作），事实上，显然并不会有真正的统计学家去读这本书，我是一个受过分析培训的安全专家（包括定量分析和定性分析），在博士期间，当我学会运用这些技术之后，我发现了它们在衡量和分析 IT 安全程序中的价值，推理分析已广泛应用于各种工业过程和质量控制中，并且在 IT 安全中，这些技术都有着相对固定的运用方法。总的来说，在应对安全挑战方面，准确的技术会比其他技术更有效。正如我描述的这些统计数据一样，我会运用一个更通用的方法，因为在没有详细了解一个安全度量程序之前，很难准确地运用这些技术，我将在这一章的例子中，详细解释这些技术。

我的第二个相关观点是，当我们从统计数据转移到其他技术时，理解对于特定的分析你究竟要做什么，就变得尤为重要了。坦白地说，描述统计学很简单，因为我们已经习惯了计数、统计、列表，便于下一次管理审阅。前一节的技术可以使你在更严密的方法和更复杂的公式的帮助下，完成统计工作。推理统计学（和后面讲到的技术）都要求你从充分了解目的着手，并在分析工作中做到深思熟虑和反思改进，因为需要决定对于目标的确定程度和对于风险的接受程度。

推理、预测和模拟

我一直都很难理解推理统计、预测模型和模拟的细微差别，这三种类型的分析都需运用统计学技术并且有着同样的目的：得到比源数据更有力的深度分析结果。但它们并不能互相替代，不过我还没有找出能够界定它们的合理解释。我一直致力于进行分辨，因为这三种运用的技术可以被安全度量程序所用：

- **推理** 从统计学角度最容易描述，因为推理统计最普遍的方法就是从样本中归纳出样本的总体。
- **预测** 预测较难描述，因为预测技术包括了帮助你从已发生的事情得出可能发生事情的一切东西。推理性统计可以说是一种预测，它会从现有的观测结果扩展到尚未被观测到的部分，但是预测还涉及挖掘数据中的模型和主题，甚至被用于预测未来的事件和现象，这是和样本/总体类比不同的。
- **模拟** 模拟也较难形容，因为推理和预测都运用了数据和通过数据得出的结论之间的相似度原理。但对我而言，模拟是将难以观察和理解的事情，映射到容易观察和理解的事情——例如通过蒙特卡洛方法（计算机随机模拟方法）来模拟未来的风险。

在这一部分，我特别关注了推理统计分析；在随后的章节中，我会探讨预测和模拟的技术。

样本和总体

我们对政治选举期间的投票比较熟悉，媒体和政治团体会进行民意调查并告诉我们：选民们在想什么，他们会怎么投票，谁有可能赢。显然，这些调查没有在投票之前对大家的投票资格提出质疑，而是更多地依赖于随机样本的选民和统计分析给出最后的结果(民意调查通常都会有些误差),制造业也使用相同的技术来评估产品的标准和质量。如果一家工厂生产小部件,例如,每个小部件的标准重量是1磅,制造商可以从流水线上选取样品以确定工厂的小部件重量是否达标,工厂不需要对每个部件都进行称重,因为这样做太费时费力。由于我们了解样本和全体选民或全体小部件之间的关系,所以以上过程可行。例如,如果我们的样本选取合适,我们只用根据几十个数值就能得到正常的或呈钟形曲线分布频率,正如我在本章前面描述的,如果我们知道正在处理的是正态曲线,那么就会知道观测值是否符合实际值,这样我们也能对全体数据进行估计。

IT安全有它自己的成员,包括用户、系统以及我们希望能够掌握的漏洞、攻击和威胁。推理性统计分析可以帮助我们获得这些成员,但根据我的经验我们很少能恰当地使用它们。我曾见过有些基于采样策略的安全决定非常糟糕。我常听说这样的观点:安全行业不具有这样的洞察力,因为公司无法访问或共享安全信息,这也是很多人说安全行业不安全的原因。这种观点还没有定论,但如果你回头看看安全业与风险管理的历史和起源,你可能会惊讶于早期精算师所获取的数据是多么地少。事实是,成员是你自己定义的,如果你决定要了解公司内部的所有桌面系统,那么这就是你定义的成员。你不用知道或关心每个地方的每一台电脑——这又是一个不同的成员。你必须根据自己的成员决定如何做出推断。

假设检验

在一个基于从成员中收集的样本,推理性统计概念的核心就是假设检验,假设就是解释的术语,具体地说,假设是一种可能不正确的解释。为了确定目前的假设是否正确,你必须测试假设。测试假设的方法之一是使用统计数据来确定它有多少可能是对或错的,是否应该像真理一样被接受或拒绝。

假设检验的基本方法包括四个步骤:

(1) 创建两个相关的假设。一个零假设和一个替代假设。零假设是对现状的声明,也是一种不解释。例如,零假设可以声明所有要阐明的观测值都是随机的。例如,你可能会认为,公司内部安全事件是随机的,且不意味着不同于设备内的安全性。与零假设对应的是替代假设,提出替代假设是为了挑战零假设,说明你的数据没有什么特别的。对于安全性的零假设,你可能会制订一个在设备内部实施不同管理方式的替代假设,这样可能会导致更多或更少的安全事件。测试的目的是拒绝其中一个假设,接受另一个。如果你接受了零假设,就应拒绝替代假设。

(2) 建立测试方法。测试方法取决于数据的类型和分析目标,它包括详细的分析,你所使用的检验统计量和拒绝零假设的重要程度(换句话说,你愿意接受错误的程度)。测试方法应始终在分析之前完成,以避免中途改变最终测试结果的方法(换句话说,就是欺骗自己)。

(3) 使用样本数据进行分析。测试将产生一个 p-值，它是一个技术术语，表示得到的统计观测值为零假设的概率。较小的 p-值表示零假设为真的可能性较小。

(4) 从测试中得出结论。如果一个值的发生概率比你预料的显著性水平要低，你的调查结果就具备了统计学意义，你也很可能会拒绝零假设，接受替代假设。如果一个值的发生概率大于显著性水平，你的数据和现状就没有太大的区别，这样你就必须接受零假设，拒绝替代假设。

从安全角度来看，假设检验并不神奇，它只是一个已经被解答的问题。但是，问题的正式的、逻辑的结构却是具体的、不灵活的，这可能需要一些时间来适应。许多统计可用于假设检验，两个最常见的检验是 t 检验和卡方检验，两者都对安全度量分析具有潜在的应用价值。

t-检验 简单地说，t-检验会比较数据样本和总体的几何平均，或者比较两组样本数据的几何平均以确定它们是否有显著性差异。安全度量的应用包括观察随机抽样的端点系统的恶意软件，然后使用 t-检验根据样本推断该公司所有终端系统的恶意软件的平均值。t-检验统计量的另一种用途是对比实验结果，实验如下：比较某一个新的安全程序对随机抽样数据的影响和没有新程序的可控样品的影响。

卡方检验 如果被分析的数据检验可以分类(不论是按定类或定序表分类)，就可以利用卡方检验确定可变的数据间是否存在某一种关系。当被用来比较观测到的频率分布与预期的频率分布以确定它们有多吻合时，卡方检验有时也被称为一个拟合优度检验，当列表的变量用来分析确定它们是否彼此独立时，卡方检验的另一个用途就是独立性检验，使用卡方检验的例子我们前面提到过，即比较几个不同行业的安全事故，零假设所表示的设备内部安全事故的类型差异可能是偶然的结果。替代假设表示观察是彼此独立的，这表明安全事件的类型和设备之间存在某一种关系，可以利用卡方检验来拒绝或接受零假设。

推理性统计的工具

推理性统计分析的工具和描述性统计的工具大致相同，Excel 和 Gnumeric 可以进行推理分析和假设检验，包括 t-检验和卡方检验。统计程序，如 Minitab 和 R 也具备这些能力，同时也具备常见的专用统计软件的图表和报告功能。

其他统计技术

推理技术大大增加了安全度量分析工具的灵活性，但其他技术不属于我们在上两节提到的统计概论的任何一类。再次说明，这些都只是将传统的度量分析扩展到新的复杂度的采样技术，唯一真正的限制是你的想象力和你可以负担的资源。

置信区间和决策制定 我讨论的传统的、基于矩阵的风险评估并不是在衡量风险,而是在衡量人们对风险的看法。这个问题的形成有两方面原因。首先,这些评估的结果经常被用来测量有形的东西,而不是测量人们的观点;其次,这些观点的发展和阐述是不精确的,通常还比不上一个“高、中、低”的投资评级,它至少还有不同的分类(尽管所谓的分类只不过是为了取代数字、重量、倍数和其他把戏),这个问题之所以是这样,是因为涉及主观观点的评估有没有必要(或没有办法)非常准确。

观点可以更为准确,正如我们每天所做的其他的测量。例如现在我问:你的储蓄账户上确切有多少钱,很有可能你当下并没有确切的信息。但是,你可以根据自己的理解给我一个粗略的估计。现在假设我问你同样的问题,但是是我的储蓄账户。你仍然可以表达自己的意见,但你可能没有信心。现在假设我要你告诉我你有90%把握正确的每个账户的金额范围,你知道自己的账户有多少钱,所以可选的数据可能只有少数几个(或几百个)就能有 90%的把握,而对于我的账户,你就必须给出一个更大的数据范围。可能要有几十万甚至上百万的范围才能有 90%的把握。

这些相关的估计和范围形成了“置信区间”的基础,置信区间是一个统计术语,表示以一定概率包含某特定值的范围。置信区间是假设检验等许多统计的核心,在这些统计中我们需要确定显著性水平,以确定某一特定值会让我们接受或拒绝零假设。在决策过程中使用置信区间是向心理学和决策科学领域学来的,并可以用于改善需要进行传统安全风险分析的评估。

想象一下,在基于实验和 IT 员工的专业知识上进行实际损失的风险评估与置信区间的评估中,不再使用高、中、低来表示。这样相比于使用安全专业人士都习惯的红—黄—绿的程度图片,最终结果对风险的描述可能会更精确,证据也会更严格。当然,像其他的统计分析一样,这些评估必须正确,这类判断的一个关键因素是提供意见的专家给出的标准。为了达标需要对专家进行培训,以使得各位专家能从置信区间的角度阐述自己的意见,并能选择适当的置信区间,这样在表述观点时他们既不过于保守,也不会太宽泛。

间信度　评估者的可信度与观点、专家相关的另外一个问题是如何确定在何种程度上人们会同意或达成共识。试想这样一种情况:在以前提到过的风险评估中,我们需要测试系统的临界值,所有参与评估的专家都会有一份关于企业 IT 资产的列表,现在要求他们根据公司影响进行分类,以确定系统是否需要妥协或无法访问。奇怪的是,不是每个人都会评估每一个系统,所以问题就变成了是否能达成共识(或缺乏这样的共识)。如果每个人都用同样的方法评估系统,结果评估者对评估数据给出合理判断的可能性就更大。如果评估者之间缺乏共识,待评估的数据范围或评价者就会出现差错。值得注意的是,就公司影响而言,结果并不意味着数据范围是准确的或是不准确的,很有可能每个人都认为公司影响很小,但事实上影响却很大。测试方式是否每个个体都是用同样的方法来理解数据。可能每个人都一样但结果仍然是错的，通过确保每个人对于他同意评估的事情都有同样的责任，评估者的可信度有助于减少不确定性。

评估者的可信度有很多可使用的统计测试，有名字好听的，如 Fleiss's kappa 和 Krippendorf's alpha。它们通常用在学术研究中，以评估分配代码的研究人员是否在用同一种方法使用代码和分类，或者他们的分配方式是否有差异，是否可能对研究结果产生负面的影响。但评估者的可信度测试也支持安全度量方案，特别是涉及群体或其他试图解决安全项目各方面影响问题的测量项目。

相关性分析 相关性是指存在于事物之间的关系，例如一个小时中我喝的咖啡杯数和我写的书页数或是不小心出现的错别字数（我还没有科学地测试过）的关系。相关性的测试需要计算相关系数，两个变量的数据集之间的相关系数位于－1.0到＋1.0 之间，相关系数为 0 表示变量之间不相关。

使用散点图来表示相关性往往是最直观的，它表示相关性为正或为负，相关性有多强或多弱。例如，我决定测试一下我的咖啡消费和其他三个变量之间的相关性。另三个变量分别是：喝咖啡一小时后我写书的页数、错别字的个数、我收到电子邮件的数量。为简单起见，假设在那半天中，我写书、收邮件，每小时喝一杯咖啡。图 5-7 显示了散点图的结果以及每个测试的相关系数，结果是显而易见的。我喝的咖啡越多，我的工作效率几乎呈线性增加，而我的准确度也大幅降低。如我料想的，我收到的电子邮件似乎和喝多少咖啡没有关系。

相关性是一种在 IT 安全行业已经被广泛采用的技术，特别是 SEIM 和日志分析供应商中，他们需要寻求安全事件和其他变量之间的关系，如源地址和目的地址、攻击类别、风险或严重程度评分。

然而，我可能会提醒你不要盲目接受或依赖这些功能。正如我说的，安全度量分析必须以目标为动力。相关性只是一个提醒，它并不会告诉你为什么它们是相关的，或者你应该怎么利用结果，相关性也不是安全保障的秘方，相关性也许能很好地进行探索性分析，所以在你探索性分析之前不用认为你必须知道你在找什么。但是，你应该对你为什么这样做有一些想法，你应该始终牢记一个统计界的名言：相关关系不是因果关系。这意味着，仅仅因为一些东西与另一些东西相关，你并不能简单地假设一件事情会引起另一件事情。例如，可能是某种动力影响了我的写作速度，而不是咖啡。也许我在写作时有个规定，时间一点点过去，我的写作速度会越来越快，错别字也会增多，因为时间越长我就会写得越快。相关性可以提供有意义的发现，但你应该时刻质疑你的推测。

纵向分析 想一想现在公司中收集、分析和使用安全数据的方式。在许多情况下，我愿意打赌：一个特定的时间会为一个特定的系统或标准而收集数据——可能是过去一个月发生的所有的防火墙或 IDS 事件。此数据用于制作报告或图

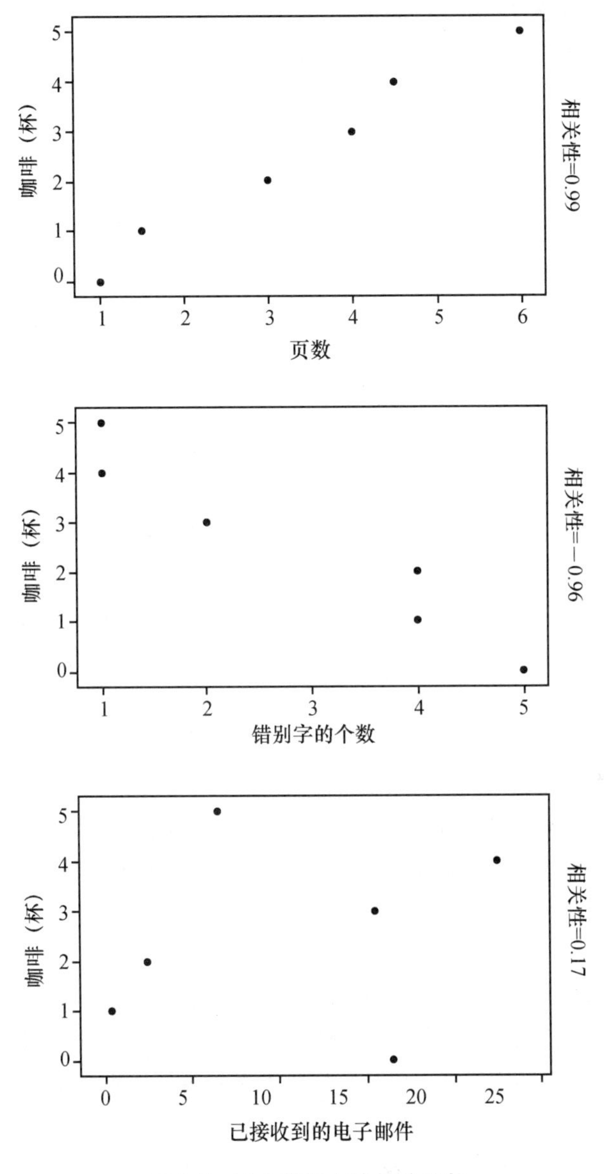

图 5-7 三个数据集的相关系数

表，这些图表或许被用于 CISO 人员的每月例会，然后每个人也会跟进。在某些情况下，趋势与基线可能也和数据有关，但是这通常涉及简单递增或是递减的数据计算，或需要满足预先设定的阈值，这些趋势分析通常与其他分析同时进行。为客户进行漏洞评估是我们擅长的领域，它通常需要及时实施安全措施，但所需要的环境或后续工作非常少，有时甚至无法吸引客户的注意来制订一个合适的补救计划。

纵向分析是从静态到动态的过程，如果我可以借用他人比喻的话，纵向研究包括安全基线和安全趋势，但真正的纵向分析需要建立测量项目，该项目从一开始就被计划在数月或数年中进行。这就需要理解当下的目标和标准，这通常意味着需要想得更多更深谋远虑。纵向分析研究本身在企业环境中并不容易实现，因为企业环境中的驱动因素往往是短期的目标，或是企业中的人事变动与管理权移交，这使得长期观察不易实现。但是，IT 安全的主要问题之一是，我们往往忙于面对眼前的压力导致没时间和动力来发展环境意识或做出战略规划。

如果分析正确的话，向安全度量项目中增加纵向分析可以改变结果，和其他技术一样，这些分析使用的简单方法和收集数据、测试数据需要的复杂技术都是可用的。但纵向分析的主要功能是将安全度量项目变成一个实际的、可应用的研究项目，不只关注现在正在发生的事情，而且关注当前安全状态与过去和未来的安全状态如何联系。

其他技术工具

与先前的统计分析方法相比，这节描述的技术受益于分析软件，包括电子表格和专用统计应用程序。对于某一些技术，如相关性和纵向分析，也可能需要数据库，或需要使用现存安全工具的内置特性，这些安全工具的设计就是为了检测关系或者存储和分析数据、档案或历史来源。如果数据有多个来源，或安全测量项目需要它，你可能需要自己创建数据库。

需要记住的重点是，当你不再进行相对简单的计数工作，你的分析是否成功将越来越取决于你制订和管理目标的能力，甚至最好是在项目开始前就做好规划。这些技术在你的度量项目中将变得很有价值。你应该意识到，你不再是安全计数的菜鸟而是一个成熟的安全研究人员，最终你是否愿意分享这一事情就随你了。

定性和混合方法分析

当我们不再使用传统方法来分析安全活动和度量数据时，就最终进入了一片对于安全专家而言完全陌生的领域。我已经描述过了实施定性度量的原因，以及要从他们的分析中获得的好处，这也是我写本章的原因，现在我会更详细地讨论这些技术和工具。

首先，我要重申，这些方法并没有在安全行业中广泛采用，虽然它们在其他行业应用得非常成功，包括广告业和设计业。这些方法也没有被安全从业者广泛接受，部分原因是这些方法很难理解，而且由于工程、财务或实际科学的背景，这些方法往往会背离安全专家的感情。那些不相信定量测试的人往往想要依靠“事实”和“客观的数据”，而不是个人的观点或诸如个人描述、活动、意见等模糊数据。我无法理解有关度量方法的认识性观点。但是，我说过几次了，我坚信某些安全挑战是定量分析无法解决的。我认为，不能用数字来回答安全问题并不是问题的真正所在，而是要故意忽略生活的经验、科学和现实。因此，我也不应该再对这个问题喋喋不休了，让我们来说一说定性技巧。

编码和数据解释

定量和定性数据分析的一般用途是相似的：根据一系列的观测值来识别模式和得出结论。它们的不同在于如何去识别，可以得出怎样的结论。表 5-6 列出了一些基本方法之间的差异。

表 5-6　定性和定量目标间的差异

定性分析的目的	定量分析的目的
通过数据建立叙述(故事)	为数据分配数字
识别故事中重要的人物、地点、行为和主题	系统性地做出说明和测试
根据数据画出一个广泛、全面、详细的图	为数据的特定方面提供非常具体的解释
“纵向挖掘”，为问题提供一些其他领域并不适用的见解	“横向挖掘”，为问题提供一些其他领域也适用的见解

在定性分析中，确定主题以及为基于分析的结论和发现构建案例成为分析师的工作。该过程是自然的并且能被清楚解释的，这意味着它不仅包括提供数据的人员的意见，同时也包括收集和分析数据的人员的意见，所有这些意见可以让希望事实更加自然和理性的人们产生怀疑。但怀疑本身就是一种意见，一种很难定量描述的解释。唯一对定性分析表达蔑视的方法就是编造一个它为何不起作用的理由，理由越具体，人们就越容易接受它的结论。讽刺的是，这就是定性分析处理数据的方式，目标是建立关于数据的更合理更深思熟虑的论点，这样才能显示出论点形成的方式和原因。如果大多数人都认为这是合理的，可信度和接受度就会增加。你不必证明事情的真实性，但证据并不是真正的最终目标。

定性分析的核心技术是编码，为数据分类和分配主题，并进行具体分析。例如，如果你在对涉及用户上网习惯的安全性测量计划的采访记录进行编码，你也许会按譬如“个人”、“工作相关”等关键字进行主题分配，以求对不同用户的行为和反应进行分类。之后，编码会随着子类和主题的增加变得更加具体。定性编码可应用于从采访记录到源代码的任何文，并且被用来确定可解释为存在于数据中的主题。当采访本增长时，编码的主题和类别之间的关系和模式也会变得更加丰富和复杂，以求得到关于包含在数据中的叙述的更高层次的结论。

混合定性和定量技术

对安全度量分析使用纯粹的定性方法在一些测量项目中适用，但是最好的方法常常是综合分析，既包括定性分析也包括定量分析。正如我之前所展示的，许多安全数据进行定量分析不仅普遍，而且更是作为一种提出更大问题的方式。定性方法可以被加入到定量方法中以获得对安全实践和来自数字的不明显结果的理解。同样的，通过加入定量因素和基于其他数据源的准则，一些定性度量也能得到极大的增强。

流程映射和分析　我已经指出，安全性应当被当做一个业务流程来对待和分析。过程分析的一种最常用方法是建立一个流程映射，即一个显示给定过程的活动和活动之间的关系的流程图，如图 5-8 所展示的简单图解。流程映射被许多公司机构广泛使用，包括安全程序，但使用它的用户不会试图把它当做定性数据分析的运用。过程映射的产生是通过将来自用户的想法的输入和关于过程的意见结合起来，然后数据经过可视化的编码成为具体的通过过程分析来解释的图形和符号。最终的结果是一种更容易被理解和可以作出决定的无形之物的表现。

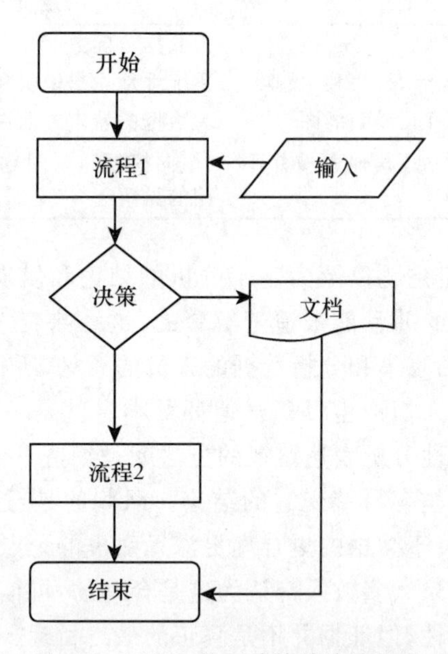

图 5-8　行为和关系的简单的流程图

当与流程中的阶段和步骤有关的定量数据结合时，流程图将变得更加有用。作为一个度量标准，例如完成一个流程的时间、步骤之间的延迟，或者每一步相关的成本都加进了流程图，增加了统计分析的潜在可能性。

描述性统计可以帮助你找到瓶颈或者低效可能出现在定性流程图的地方，并且推论出的统计可以作为实验或者假设检验的一部分，来决定是否改变流程的某一部分以改善已经给定的度量标准的结果。在许多行业中，统计流程控制的实践是用于改善业务的基于度量标准的一个关键分析。例如，尽管在安全性方面用得比较少，六西格玛方法旨在促进统计过程控制，并且在 IT 界非常知名。无论业务流程分析是定量的还是定性的，都是度量标准的实践，能够迅速地且卓有成效地成为安全计划的一部分。

调查和访谈　另一个绝妙的定量安全度量数据的来源就是人，包括用户、技师、管理人员、合作伙伴，以及推动与影响我们安全计划的客户。很多时候，尤其是在厂商的营销中，用户和其他人被视做需要解决的安全性“问题”的一个重要组成部分。我经常看经贸新闻文章的头条和厂商的广告，这些广告指出人们面对公司承受的威胁，好像这些公司某种程度上分离和排斥那些相同的人。当然，人们可以处于并且常常处于安全隐患中，但是在存在一些安全性的优点的浪漫的技术世界中，这些公司的雇员和客户更多的仅仅是一个大的系统组成部分，这个大的系统可以通过产品来操纵和管理。即便那是正确的（当然绝不是这样），提问是找出关于一个人某些事情的最快的方法。你也许不会得到一个正确的答案，甚至不是一个诚实的答案，但是你可以将那些回应作为一个更大数据集的一部分，来得到更准确和更具价值的知识。

每个人都熟悉做支持测量的这类工作，例如客户满意度、产品营销，甚至是作用的反映。这也是一个安全度量应考虑的技术。调查工作、采样分析和重点小组都是尽快得到许多信息的权宜之计。并且一些分析技术将定性编码和定量分析结合起来以确定所得到的数据的模式和主题。我希望根据可用性测试来考虑这类数据的分析，而不是向个人和团体询问使用一个特定的技术产品的容易性，除了这一方面，我正在考虑作为产品的安全项目的所有方面。一个很好的例子是安全性策略是可用的吗？你能看懂那些策略并且深入地理解吗？你可以轻松地遵循那些安全策略而不致使你的生活苦不堪言吗？如果对于这些问题的回答是否定的，那么安全项目就是一个拙劣的产品并且当该产品在市场中的表现差强人意时你也无须感到惊讶。

内容和文本分析　文本是安全进程的中心，术语“文本”可以指书面形式（数字的或以其他方式），但是术语“文本”一般也指通过书面形式产生的加工品，包括文件、记录、书籍。安全性的文本可以由包括策略和程序，预算和报告，甚至是源代码和配置文件在内的东西分析出来。可以是纯定量或纯定性分析，或这两种技术的组合。

文本分析可包括根据词频分类、评估语法结构以及评定在出版业中常用来确定书籍和文章复杂性或可读性的技术。这些技术通常应用于诸如技术手册这类的文件中，特别是军用的，读者理解该文本的能力是至关重要的。我已经使用这些方法进行安全策略分析，有时会向客户说明没有人遵循安全策略的原因，其原因并不是用户粗心大意，而是安全策略太难读懂，因为读懂它需要一个更深的理解程度。

内容分析也可以用来确认文章的主题和定位，并且内容分析研究探讨了所有的事情，从在演讲中使用隐喻是如何使政治家看起来更可信到分析公司年度报告中的语言是如何显示出该公司会随着时间的推移而陷入衰退。其中一些主题可通过使用特定算法和统计方法而被自动评估，然而其他一些则需要分析师的手工编码。但是，关于你对于安全策略的友好程度或者对源代码中存在着多少独立的表达方式上是否感兴趣，文本分析提供了有用的工具来探讨以上这些度量标准。

民族志与实地调查　一些最纯粹的定性分析来自于对个人、公司和社区的深入研究。这些技术涉及正在与研究中参与者紧迫工作的分析师，该分析师还仔细记录着环境中发生的一切。这类数据收集和分析的术语叫做民族志，实地调查指的是用于收集数据的一系列方法，收集数据的方法要求使得其对于目前的研究结果是结构化的、严谨的和可靠的。另一个常常用于这类研究的术语是参与观察法——分析师既要参与研究还要观察环境。

民族志的分析可以是资源密集型的。为了成功地进行实地调查，分析师必须有足够的时间用于观察（窥一斑而见全豹在这里是不太可能的；参与观察研究可以从几周到几年在任何地方进行），并且分析师必须身处环境中进行观察。一旦数据被收集了，那么数据分析师必须正确地编码并且解释所观察到的一切，确定主题并且从结果中得到解释和结论。如果该数据集包括视频或者音频数据（有许多这样的例子），那么该数据必须被特别地注明、编码和分析。

因此，如果民族志是那么复杂的话，并且结果也是如此广泛和被解释，那么为什么学术界之外的人甚至都想做这件事呢？在热带雨林中研究与世隔绝的土著村落的人类学家似乎比安全从业者更适合研究民族志。不过，仔细想想与世隔绝的村庄和大多数公司职员访问安全运行中心（SOC）的方式之间的相似之处，与世隔绝的村庄由它独有的文化、语言以及看似奇怪的日常行为组成，而公司职员访问安全运行中心的方式也是奇怪的，独立于大屏幕，甚至有些人具有自己的文化、语言和日常行为。你不必出国去感受不同的文化，有时你甚至没有必要离开公司去感受不同的文化。

试想你（或者公司的 CEO）也许会提出有关安全运行中心（SOC）的问题：那些家伙每天都在做什么？现在你可以试着用一系列的描述性统计和推论性假设来回答该问题。这更像是通过拼像素点来构造一张图片而不是拍照然后寻找你完全感兴趣的细节。如果有可能的话，从量化度量标准中挖掘这类知识，将会在时间和资源方面比一个为期六周的以参与观察形式构成的安全测量项目成本更高。

包括科技公司在内的许多公司有相当一部分在使用这种技术，从网页到消费类产品，许多设计公司依赖于民族志来理解创作是如何在日常实践中被使用，而不仅仅是在设计者的预测中使用。产品制造商们使用民族志来改善他们的账本底线和概念化的新产品。无论是一个消费类产品公司生产剃须刀并且希望理解一般人是如何刮胡子的，还是一个高新技术公司分析人们是如何使用他们的厨房以使生产商可以制造出更好的智能家电，日志研究都是一个重要的度量工具，这个工具是 IT 安全公司应该考虑开发的。

定性和混合分析工具

定量分析工具往往围绕着一个主题的变化，主要有电子表格和统计软件的形式。问题是定量分析工具没有太多功能，除了得出哪个产品最强大、最专业、最便宜或者是对于某个特定的目的最易使用。尽管应用了一些相同的标准，定性分析的工具还是更加多样化的。有一些好的商业软件包和一些免费的工具（虽说不总是开源，但也不是完全封闭）是可以找到的。你所选择的工具将会取决于你所选择的分析，这当然取决于你所选择的度量标准，并且通过扩展你的目标和任务——这种分析的循环在 SPM 框架内继续进行。

学者 在我使用特定工具前，我想提一下未开发的资源，尤其是当涉及更复杂的分析时。几乎所有的大公司以及相当一部分小公司和中等规模的公司，供养着 50 英里范围内的学术性研究机构——私立大学、州立大学或者社区大学。这些机构中到处都是专家，这些专家精于对任意数量的主流或边缘话题和议题进行精心设计与创新研究。这些研究人员可以查阅文献，使用工具，并且雇用廉价劳动力，诸如研究生和研究助理。他们往往缺乏的是数据，对于高质量的数据源的访问和研究是学术研究中最具有挑战性的一部分。我知道如果有一家公司接触那些研究人员并且问他们是否有兴趣协助公司的各方面进行研究，那么大多数的研究人员都会感到欣喜若狂。

但是在通常情况下，公司都不愿意进行学术研究，因为他们担心丢掉知识产权或者机密信息，但是这种担心往往是错位的。学术研究人员希望得到两样东西（除了对数据的访问）：出版物以及继续研究所需的资金。不像职业顾问，学者通常不关心他们所在的公司颁发的奖杯的名字，并且只要他们通过非公开协议（NDAs）或者是其他的方式可以公布一般的结果，那么学者对于限制他们可以透露的细节的水平应该不会有任何异议。出版物本身通常以学术同行评议的学术期刊或者是学术会议的形式出版而不是商业贸易出版。从资金的角度看，进行学术研究的成本与咨询公司为同类工作所付出的资金相比简直是杯水车薪（如果需要专业技能，那么咨询公司常常会承包给学者）。有时甚至不需要为研究付费，特别是当该公司可以帮助学者从其他地方争取拨款或资助时。

如果你正在为你的度量标准项目考虑这种分析，记得要访问最近的大学网站并且探索该领域和该学科的资料。你也许会有机会在不需要建立整个分析能力的基础上充分利用这类研究。

正如我刚才所说的，有太多的工具可用来做定性和混合方法分析，以便正确的将这些分析分类编排。相反，我将概述一些工具，这些工具可以用来进行各种分析，包括公开的开源选择。

计算机辅助定性数据分析软件（CAQDAS） 在计算机出现之前，定性分析通常是大量的人工操作，其形式是将笔记和观察到的事情记录到索引卡片上并且手动组织、编码和排版，现在某些时候仍然是这么做的。我通过一些图片，其中整面墙和地板都布满了研究生研究定性方法的论文，并且似乎故意让小孩或是宠物在屋内乱跑弄散了那些论文。今天，各种软件工具都支持有效的文本编码包括音频和视频数据。这些工具不仅可以使分析师或研究人员使用文本中的代码和标签来标记数据，而且研究人员也可以执行复杂的分析来寻找数据的模式以及从数据中归纳出主题。

- **ATLAS. ti**　商业的定性分析包，拥有丰富的用于编码的功能集、注释和分析各种数据；除此以外，该软件还包括一些复杂的功能，并且已经被工业界和学术界所使用。
- **NVivo**　该软件由澳大利亚的 QSR International 公司销售，是一款复杂的并且功能丰富的商业性质的计算机辅助定性数据分析软件产品，该产品一般用于公司、大学和研究机构。
- **TAMS Analyzer**　一个开源的定性分析工具，与其他一些商业软件拥有许多相似功能，该款软件并不像大厂商的产品那样复杂，接口也并不是很好，不过对于基本的定性分析而言，这是一款价格优势非常明显的软件。
- **Weft QDA**　这是另一个开源的定性工具，非常容易上手，但是并没有 TAMS 那么多的功能。
- **Transana**　一种开源工具(但最新版本不免费)，专门为编码和分析视频数据和音频数据而设计。

流程映射和分析工具　你可以使用多种工具来规划、制图和分析业务流程和工作流程，不过，以我的经验看来，大多数的这些工具是几乎没有高质量的开源选择的商业工具，尤其是在独立的桌面工具方面。然而，这种限制是有一些缓和的，事实上，很多标准办公生产套件应用程序包括的一些工具已经或多或少的有效应用到业务流程的映射中了。

- 包括微软办公系统和 OpenOffice 在内的办公套件都提供了图形和演示工具，这些软件可以用来创建作业图和业务流程图。
- 像微软 Visio，Smart-Draw 和只能运行在 Mac OS X 和 iPad 平台的 OmniGraffle 这类专业的图表和绘图工具都能够提供先进的作业图和流程映射图。
- 一些厂商已经开发了专门的应用程序用来制图及分析业务流程。这些工具可以帮助分析师建立模型而不是仅仅制作业务流程图表，添加其他数据并使分析师能够模拟从头至尾的流程。

内容和文本分析工具　如果你正在分析文本或文件内容的主题和模式，可以从前面部分列出的主要的计算机辅助定性数据分析软件(CAQDAS)工具列表中选择，其中大多数都有先进的编码和分析功能。其他可用工具更加注重语言方面，并且提供围绕结构、词汇和文本数据的语法元素的测试和测量。其中有一些工具，像 WordStat 和 WordSmith 是商业产品，像 Yoshikoder 这样开放源代码的内容应用也是可以考虑的。

这些工具可以提供词频计数、先进的词典和模式匹配功能，可以用这些建立语境关键字（KWIC）的词语索引，语境一致性将会采用一个目标词语或短语并且以文本的形式将实例短语添加到该语境之前或之后的一列。KWIC 的词语索引给出了一个快速的和直观的方式来确定围绕特定词语或短语使用的主题和模式。

总　　结

当开始测量项目时，分析产生的安全测量数据将成为迈向成功的重要组成部分。分析可以用来支持特定的问题，或者分析只是一个探索，旨在提供新问题和新的安全测量领域的进一步的见解。不论进行分析的原因是什么，用度量标准、应用方法和框架来完成什么是非常关键的，像用 GQM 和 SPM 来引导和组织项目。

当准备进行分析时，很有可能会处理来源不同的数据，这些数据可能是通过不同的尺度测量得到的，或是出于不同目的收集的。尤其是希望从观察和测量中得出好的结果，而时间消耗和分析过程的阶段不能被忽视时，清理和规范数据是非常必要的，这样有助于更正确地分析数据。可以采用许多方法来清理数据并且彼此映射不同的数据源来保证"苹果到苹果"的比较。

安全度量数据的分析技术包括统计方法、定性方法以及两者的结合。当涉及统计分析时，测量的尺度就变得非常重要了，因为一些统计数据仅仅适用于区间和定比数据。当涉及统计测试时，你应该非常清楚是否在处理真实数据或分类数据，统计分析也可以细分为描述性和推理性。描述性统计仅仅适用于手边的现成的数据并提供数据的模式和特征分析，包括计算数据的众数、中位数和平均值，同样也包括方差和标准差。统计推理主要是拿样本数据和从样本中抽取的族群进行比较，目标是对还没有被直接发现的因素进行归纳。与统计推理相关的是假设检验，每一个具体的解释都要经过互相的测试来看看哪一个能够接受，哪一个不能接受，或者哪一个必须拒绝。

涉及非定量数据的定性分析，包括文本、人类的反应，以及人们在特定情况下的行为。定性分析会用到一些方法，这些方法使训练有素的分析师或研究者从大量和广泛的数据中得出结构解释编码方法；定性分析提供极为丰富的见解，但是这些见解仅仅适用于根据观察所得的现象（也就是说，这些见解不能一般化）。定性和定量分析的目的是以不同的方式和从不同的角度出发来理解数据，所以通常来讲，将定性和定量分析结合起来是非常有用的。

业务流程分析，像策略和公司记录这类的文档，企业行为和实践都是在定量分析不能发挥长处的领域适用的例子。但是定量技术可以用来补充和延伸定性分析，反之亦然，例如当包括定量测量的业务流程图允许实验和假设检验来决定业务是否改变了流程，实际上就改善了这些流程。

定量和定性分析的工具被广泛使用，不论是在商业领域还是在开源的项目中。可供使用的这类分析的工具和技术使得向既有的安全度量的举措中添加大量复杂的功能成为可能。

这章简要介绍了大量的基础知识。整本书当中我只能用几段篇幅来写关于数据分析技术的相关内容；但是所提及的都是重中之重，然而，这一章的目的并不是教你成为一名经验丰富的民族志学者或统计人员，这些工具仅仅是工具，当使用工具时，必须考虑它们在自己需求下的可取之处，然后学习如何巧妙地运用这些工具。

我想重申一下我的初衷，任何希望改善或者把安全度量项目扩展为真正复杂的分析，这也许会变得更糟，还不如与当地学术机构合作，采用普通的技术。每个人都可以使用这些工具和技术，并且这种可以供分析的开源解决方案的可用性及功能使用使得将先进的分析方法吸收到你的安全度量举措和项目中变得更容易。

扩展阅读

Dalgaard, P. Introductory Statictics With R. Springer, 2008.

Graham, B. Detail Process Charting: Speaking the Language of Process. Wiley, 2004.

Hubbard, D. How to Measure Anything: Finding the Value of "Intangibles" in Business. Wiley, 2007.

Kahneman, D., et al., eds. Judgment Under Uncertainty: Heuristics and Biases. Cambridge University Press, 1982.

Minitab, Inc. Meet Minitab 15. 2007.

Myatt, G. Making Sense of Data: A Practical Guide to Exploratory Data Analysisand Data Mining. Wiley, 2007.

Saldana, J. The Coding Manual for Qualitative Researchers. SAGE, 2009.

Smith, R. Cumulative Social Inquiry: Transforming Novelty into Innovation. The Guilford Press, 2008.

VanderStoep, S., and D. Johnston. Research Methods for Everyday Life: Blending Qualitative and Quantitative Approaches. Jossey-Bass, 2009.

Winston, W. Excel 2007: Data Analysis and Business Modeling. Microsoft Press, 2007.

第六章　设计安全测量项目

正如我在第四章描述的那样，度量学是安全测量的引擎，但引擎通常并不会独立运动。相反，引擎通常被用来驱动其他东西，而且安全度量在这方面并无差异。你需要一个度量学工具，是为大目标而实行的安全措施。安全测量工程是包含控制收集安全度量的组织结构，允许你使度量学活动模式化，创建更容易管理的模块，以提高安全系数。像任何 IT 工程一样，成功的安全测量工程是得益于预想、计划和整个生命周期中的组织结构的管理。

项目开始前

许多项目的成功或失败，往往取决于项目开始前的会议。并不详细的计划和对项目应该完成的规划没有充足的认识将会毁了为了改善 IT 安全性其他方面所做出的努力。很多情况下，特别是在 IT 安全组织的反应方面，一个项目等同于消防演习，目的是在很短的时间内完成被忽视的任务，来避免其他人或者权威人士的指责。因此，一些项目隐含的目的是要比以前的项目显得简单（例如风险评估或政策检讨）。如果能够准确识别风险，安全漏洞可以真正缓解下来，或政策实际上是变得更加强大和实用的，这就是锦上添花，但其主要目的是完成团队的任务列表里该做的事情。

在预算紧张，工作人员过度劳累，监管审查增加的环境下，我们可以理解这些"尽我们所能"的策略，但保安人员和公司领导层不应该自欺的认为维持安全提升是努力的结果。更可能的情况是，公司因遵循管理和安全假象像瘟疫一样感染受保护的数据。

为了避免这些缺陷，需有一种有效的方法被采用于安全方面。管理项目执行以下操作：

- 强调简易的管理模式，可平衡项目过度模糊的举措。完备的 SMP 应该有自己固定的界限（甚至探索项目），并明确自己项目所涉及范围内的所有内容。
- 把项目当做个体间的联系而非自溶性活动。一系列更小、更专业的项目可以比企图一劳永逸的庞大方案增加成功概率。
- 旨在扩大项目，甚至超出了项目团队或赞助组织的能力。安全度量项目影响到整个组织。因此，安全项目团队应该积极寻求方法来传达项目其他领域的成果。这可能涉及项目团队的积极参与的非传统权益相关人，以确定什么项目可以为他们做些什么。

项目的先决条件

在项目启动之前，应该已经积累了一定的有用信息，即使不是关键信息，它们也将会对 SMP 的完备起到作用。这时，项目中首席信息安全官或安全组织的需求需提前知道，尽管这些要求有可能会被应用于企业的其他地方(督察人员、财务总监、制造部门，等等)。

目标—问题—度量分析

如果你还没有进行目标问题度量的分析，那么项目前期阶段将是一个分析目标问题度量的完美之时。你可能会考虑到高层次的目标，而不会考虑项目，但通过目标问题度量的手段，可缩小和理清广泛的目标，并支持实现目标所需要的确定的信息和测量结果。目标问题度量分析应作为一个基础性文件正式记录在案，也包括在具体项目的资料库中。

回顾以前的努力

在学术界，当你写论文、学术演讲，或其他长期研究时，通常需要写文献综述。文献综述是对所涉研究的全面介绍，它包含了研究主题内的所有内容。文献综述的目的就是证明你了解你的主题的背景，并确保你不是在浪费读者的时间：老调重谈已有的工作，或不是新的想法，并误导读者。这不是一个完美的系统(主题越复杂，文献综述就越难写)，但它是一个经过时间考验并不断向前发展的知识。这个概念也给安全分析师和项目经理提供了很多东西。

当你为项目做准备时，你应该尝试学习有关的一切关于该项目已经完成了的目标和指标。如果你要评估安全方面，要确定它是否进行过评估。如果你在研究合规性相关的问题，试着去了解还有谁在公司曾做过合规性项目。你可能会发现，目标、问题和你已经确定的项目指标已经全部或部分得到确定，即使出自于不同的目的或组织单位。你甚至可能发现自己团体已经在研究它们，但报告在几批员工的书架上闲置了好几年。

通过寻找和查阅这些资料，你可以节省时间并获得有价值的见解同时把精力用于当前项目。你收集的数据也可以让你快速转化成一些更复杂的指标分析，通过添加基线、纵向方面或其他先进的分析方法手段，作为该项目的一部分，你用现有的数据与你所收集的数据进行比较。重要的是，了解那些已经在做和尚未开始做的事情能帮助你更好地回应部分项目的权益相关人和赞助商的关注或批评。

数据和分析

既然你已经在开发目标问题度量标准的项目，你就应该给予一定的可信数据来源和分析资料，对测量项目而言这是必要的。你可能不知道眼下问题的所有答案，但当准备项目计划并开始分配所需资源时，一些关于将如何发展指标数据收集的策略和你认为什么分析技术可用于选择指标的想法将很有用。

考虑到数据时，请记住，在很多情况下，你未拥有进入资料库或其他你所需的数据源的权力。为了得到数据，你的规划过程中应考虑与你工作相关的权益相关人，这意味着管理员是否给你提供访问他控制或管理的系统的权力，这将通过你与工作人员或经理进行访谈和讨论。

确定项目类型

另一种使你获得项目工程发展更加明确和可预测的方法是提前思考你将要实施的项目的类型。我们一直在一般意义上讨论工程项目，但也许一个项目和另一个，一个项目类型与另一个类型之间可能存在严重不同。这些不同将在你的目标和问题中显现出来，但它有利于衡量不同项目类型中的结构局限性和必要性，其中可能包括下面的例子。

项目描述

在 IT 安全方面，我们处理最普遍的项目是在某些安全方面描述当前状态，也许我们可以利用这个结果加上一些努力来改变未来的状态，以提高安全性。如果你为一个管理会议搜集有关重大事件和事故的统计数据，你已经完成了一个叙述性的 SMP。对这种项目的评估需要考虑这些数据是怎么来的，如何表达能对你和评估者有利。如果你的表达不利于项目权益相关人或赞助商的话，他们将对项目进行分析，并提出改进的建议。

实验项目

实验是为了进行进一步的认识、扩展功能或分析已经存在的信息而进行的测试或程序。我们通常不考虑自己进行安全操作实验，事实上，我们不愿意这样做，因为进行实验可能带来未知的结果并浪费精力(例如，我们可能不会进行使用新的安全电子邮件系统的实验)。然而最科学的实验不是盲目的做一些新尝试，而是对过程中期待的结果进行的精确而复杂的测试，正如尽管我们尽最大的努力和意图，大多数 IT 安全策略进入实施后也会出现失败。辅助性项目是一种在 IT 环境中的实验，但这些项目往往被限制在很小的新系统或技术的方案中来查看它所具有的功能(对一个辅助性的项目创建一个我前面提到的一个新的电子邮件系统是非常常见的)，真正的实验在他们的目的和方法上有些不同。

从安全度量的角度，实验项目可能是任何通过比较观察值而对事态得出结论的项目。仅仅因为一个项目是实验性的，并不意味着它是一个研究项目，而不是一个业务项目。例如制造业，经常使用统计质量控制实验，以确定生产是否是统一的、高效的，当不是这样的时候解释其原因。安全团队可以而且应该使用实验设计来衡量业务活动。这可以包括使用推论统计获得认可，或利用新的配置系统或技术来影响安全性的变化。

在项目结束时，你会明白控制组和实验组之间实际上是不同的，通过观察，你可以测试空值和通过观察得到的备选假设。成功的实验项目的目标之一是管理分析和研究成果，充分了解为什么这些情形之间存在分歧，所以你可以对项目权益相关人具体阐述这些结果。

合规项目

合规项目要求的安全程序需满足官方提出的标准或规格，这通常与程序本身无关。合规项目符合法律法规和监管的要求，适应行业标准，或履行合同或其他业务的义务。合规项目的一个有趣的方面是不管你是否遵守了标准，通常都无法为自己分配一个成功的项目标准。细节和具体成功的定义是由外部安全组托管的。这意味着，为了在这些项目中获得成功，你需要详细地了解别人关心什么，他们最关心的事情可能会用你不熟悉的格式或语言记录（阅读并理解政府法规或法律合同是一门学问）。因此，在考虑合规项目时，你应该立即开始决定你需要哪些外部权益相关人来提高你成功的机会。你的数据和分析也许要求具有特殊的见解和外部安全程序的功能。

当然，这些都不只是你会遇到或发展的唯一类型的项目，我所描述的都是相当普遍的项目类型。不同类型的项目会重叠，其他的将不属于之前的任何类别。这个准备阶段主要是考虑你的测量项目的结构和其任何给定的结构都可以进行的独特方面。这将有助于面对预期的挑战和潜在的问题，并帮助了解任何给定的活动中什么地方可能是最有价值的。

项目捆绑

安全管理项目（SMP）是一个安全过程管理（SPM）框架的中间的组成部分。由于测量项目和指标及其包含在内的数据已经完成，并纳入到组织的经验和知识体系中，它们开始形成一个新的水平结构——安全改进计划（SIP），本书在后面会详细描述。但 SIP 不能自发地从测量项目中显现出来，如同测量项目不能从出现的目标、问题和度量中显现出来一样。项目必须经过设计，使他们与其他项目链接起来，向某些项目提供输入，再从其他的项目获得输出。这些输入和输出，可直接或间接。他们可能会受限于之前的背景。但是，即使是之前的背景，在很多安全方案中也会是一种改进，在这种状况下，似乎时间的变化和机构的变动使得了解一两年前发生了什么变得很难，更别提整个安全方案的生命周期了。

你可以通过多种方式在你的安全度量项目中建立跨项目功能。但都需要项目的所有人和权益相关人做出承诺，以确保项目保持联系和交叉引用。这一承诺并不必须来自高层管理人员，当然如果有高层管理人员的授权，那的确会有帮助，当项目的范围跨越团队或职能的界限时，高级管理人员承诺就是必要的，但是任何安全经理或分析师在自己的项目中都可以采取主动，通过需求（这些需求来自自身或者有能力的其他人）将项目记录下来并为任何想查阅的人保留记录的文档，从而实现项目的持续性。

在这种情况下,建立一个项目目录是十分重要的,目录不需要花哨,但它必须是可用的。(我总觉得基于电子表格的目录难以使用,我更喜欢可以在其中捕获更多信息的叙述性文档,仅仅将其中更结构化的数据以必要的表格方式表现出来。)目录应该尽可能完整并且必须可以获取。也就是说,需要任命一个在员工换工作时可以将编纂项目目录的工作继续下去的人。

获得支持和资源

尽管人们没有永远记住"不劳而获是不可能的"这句格言,但它是安全保证的基石。也许和 IT 的其他方面相比,安全性几乎全都涉及折衷和妥协(包括字面意义和隐含意义),这也适用于 SMP 管理。安全专家很了解需要做什么以改善他们的活动和他们的基础设施,而我们能够在第一时间知道缺乏这样的保护和控制会带来什么样的结果。在了解其他人可能不理解或不分享我们的经验和见解方面,我们不太成功。看着别人弄巧成拙最令人沮丧,也许没有东西能试图说服他们改变。

所以,当谈到为了 SMPs 争取支持和资源时,你会发现作为安全专家的你知道仅仅以什么是正确的或有价值的为基础来进行争取是不够的。在写这篇文章时,经济衰退对企业产生了压力,使其得到必要的资源也变得很困难,甚至日常运作和预算大幅削减。但是,即使在经济复苏后,机构内部有限的资源永远存在竞争。想要更多的财力、人力或工具意味着你必须提升自己的水平,这就意味着你需要扪心自问,套用名句"不要问你的机构能为你做什么,要想想你可以为你的机构做什么。"

识别权益相关人和赞助商

大部分项目的成功是直接受益于认为项目完成并被正确完成的人数。在 IT 安全中,你必须有管理层的支持才能获得成功,这是一个基本条件(或者说,这已经是陈词滥调了)。理想的管理层支持最好来自决策层或董事会的层面,但在实践中,这种支持更多的是一种形式,除非合规性需求这样规定,如 Sarbanes-Oxley 或 ISO 27001(有时即使这样也很困难)。

我在管理层支持上的哲学是,通过高级管理层的支持程度作为先决条件来行动是应对挑战的一种错误方式。相反,我提倡影响运营管理层和一线以及中层管理层,在这里价值能够被切实地衡量和表示。如果你能说服与你同等级的人,尤其是安全领域之外和你同等级的人,让他们知道项目能够给他们的基层管理带来价值,支持就开始向上传递。最终,企业的高层领导将发现他们正在部署的安全项目要求并非来自于安全团队,而是来自于管理者和权益相关人。当安全不仅仅只是安全人员的优先考虑时,就可以吸引到领导的关注。相比评估比较单个跨职能的需求，这些领导更乐于发现趋势和概括整个企业。

在项目上采用这种方式，也需要安全团队做出一点改变。我们可能会很有疑心、很孤立，对政策和把他人的优先事情放在自己之前感到不习惯或不舒服。但是安全世界需要更好地帮助他人理解我们做了什么，更重要的是我们为什么这样做，我们也需要将这些事情以其他团队和部门的语言和需求表达出来。善于此道的安全专家能够找到扩大他们影响力和威望的机会。

资源评估

预算超支与缺乏有效性的计划引起的延误对一个安全度量工程来说是最大的阻碍。在遵循合同的情况下，其结果可能更糟糕，特别是当审计员准备走进门时，你还没有做好充分的准备。因此，测量项目的经理需要在开始之前做好考虑和分析项目的资源重要性的准备。其中建立安全度量框架基础的好处是认识到安全性是在不断被评估，而不是阶段性的被评估，同时你的项目可以更加保守。相比于试图担当太多，而结果却在执行、跟进或二者兼而有之上的失败，在有限的规模内开发项目是更好的选择，这样便于管理也能够提供递增式的安全价值。小规模、协调性好的项目能够实现对安全方案更不费力控制并且有着更容易仔细研究和完成的优势。

评估测量项目资源时，你需要考虑的问题是数据的收集和分析。正如我在前面的章节中讨论的那样，数据准备分析可能是非常耗时的，如果你选择的是新的分析技术，不可预见的学习曲线可能与新工具和练习相联系。如果你与其他权益相关人，特别是那些安全组外的人合作，你还应该考虑到可能有必要解释一下你的进度，并确保他们的目标与自己的仍然相连，你也需要始终考虑到测量项目的其他职责及日常运作的影响。你的计划应该包括明确承认并不是所有的事情都会完全按照计划进行。

借用项目管理方法，最好对测量项目进行风险分析，这可以帮助你识别可能会出现在项目过程中的不确定性和潜在的问题。有趣的是在项目管理中的风险分析，往往看起来很像 IT 安全中的风险分析，通常涉及的项目团队的定性讨论，并试图分类和区分风险的主观认识。如果你的组织没有定义项目管理方法，开始时的一点猜测可能是必要的，但在安全度量中，任何事情都有可能成为数据，你应该记录项目的进展情况，包括问题、超支和延迟，让下一个项目风险除了做什么的观点之外，多一点参考。作为风险分析的一部分，需要考虑的具体资源问题包括以下内容：

- **人**　项目权益相关人自身表现出了什么风险？如果一个权益相关人收回支持，项目将发生什么？如果由于不可预见的情况你失去了资源，将会发生什么？
- **材料和运营资源**　哪些资源对该项目的成功起到关键作用？如果特定的

数据源、工具、场所或资金资源发生改变或不可利用时，是否会影响测量项目？

- **技术和分析资源** 你所选择的技术和工具带来了什么风险？你是选择商业的还是开源的工具来完成项目？如果需要在项目过程中使用一个新的工具，会发生什么情况？
- **应急计划** 对该项目相关联的所有风险，有什么应变计划来处理任何特定的风险吗？解决方法可用吗，或者会有特定的风险威胁项目的完成或成功吗？有没有和项目的权益相关人沟通过所有的风险和突发事件？

管理项目和工艺本身就是一门学科，而当你考虑成立一个正式的安全管理方案时，也应该考虑建立正式项目管理方案来促进你的度量。这不仅会帮助单个的项目，它也会促进和改善作为 SIP 一部分的 SMP 的合作与协调，在本书的后面会加以描述。

一个度量的业务案例

在项目已被确定以后，安全度量团队应该开发测量项目的一个正式案例的原因是：业务案例能够很好地记录项目并归档留待将来使用。但同样重要的是，记录业务案例使得你可以向所有的权益相关人和赞助商清晰准确地说出测量项目能够完成什么，以及每一项结果有望得到什么。对于业务案例项目来说没有成型的模板或者所谓最好的实践，但它应该是可读的，并且在保证合适的描述度的情况下尽可能简略。以下是一些包含在业务案例中的事情：

- **权益相关人和赞助商** 业务案例应说明每个人在项目中拥有股份，股权是什么。重要的是，参与者感到真正参与到了过程之中，而且他们也能看到别人的参与。一个包括多个赞助商并提供跨部门支持的业务案例能够立竿见影地给项目增加可信度。
- **目标、问题和度量** 业务案例应该能够清晰地表达目标—问题—度量分析的结果并且应该将结果与特定权益相关人与目标和要求联系起来。
- **项目成本和优势** 业务案例应该能够告诉每一个读者为什么建立和分析这些安全度量的重要性，以及需要付出什么才能够认识到它们所提供的价值。在短期内可能无法做到预见项目带来的经济利益(这可能恰恰是设计度量的目的)，在这种情况下，业务案例应该对此作出解释。
- **风险分析结果** 测量项目团队应该首先处理在项目风险分析中被识别的风险和预防措施。在整个项目的过程中，即使出现了什么错误也不应该出现太多意外。
- **正式验收** 在业务案例的总结阶段，一种所有的权益相关人参与验收安全管理项目的过程已经被确定了，最好是能够包括由赞助商和提供项目资源人的正式签名文件。

搭设好了平台，也尽力考虑了测量项目成功的标准，那么度量活动的运行阶段就可以开始了。

第一阶段：建立项目计划和组织团队

正如业务案例帮赞助商和权益相关人记录项目。项目计划是对项目执行过程的正式记录，指导项目团队成员如何完成项目。

项目计划

项目计划是整个项目的文档化操作的映射，旨在统一记录所有相关细节。有许多可用资料可供项目经理使用，其中包括各式各样的项目计划模板，所以我不会在这个章节继续赘述。但至少，项目计划应当确定项目目标、可交付成果以及项目计划案例之外的阶段性目标，从而做到有效管理项目。项目计划还应该被包含在支持 SIP 的项目目录中，在项目的生命周期中，应当定期对项目进行审查和磋商，以确保达到项目的阶段性目标，以及可交付成果满足项目权益相关人的期望。

项目目标

项目计划中对项目目标的描述来源于业务案例，对项目的阶段性目标和可交付成果的需求比在细节方面的需求更重要。但是项目目标应当包含对权益相关人的描述和业务案例反映出的权益相关人的优先级。在项目计划中记录这些目标可以促进基线发展以及当项目相互关联相互参照时可以随时进行目标跟踪，在项目的实现细节上引入目标可以作为项目团队取得工作进展的指路标牌。

项目可交付成果

相应的项目可交付成果应当是项目计划确定的目标的直接反映。可交付成果包含描述性报告、试验结果或推理分析、通过审计的准备或其他项目改进计划的建议。无论可交付成果是什么，都应被记录，并且能够明确满足和支持项目目标。项目计划应当指定预期格式和每一个可交付成果的近似结构，还应当为可交付成果确定具体的权益相关人的要求。例如，在漏洞评估项目中，可能会要求写一个更高水平的报告给计划业务的赞助者，但是权益相关人可能对原始度量数据更感兴趣。项目团队应该理解不同的需求并且因此开发满足要求的可交付成果。

项目阶段性目标

考虑到项目的可用资源和可交付产品的复杂性，所有项目可交付成果都应当建立阶段性目标。阶段性目标应该建立在测量项目的每一个任务和子任务的基础之上，而这些任务应当分配给团队内的成员，项目时间表也应当结合阶段性目标而建立。在项目计划中，可交付成果和相关活动之间存在着依赖关系。

项目阶段的发展可以是一个手动过程，但项目管理软件的演化已经清除了大部分涉及规划的繁重活动和项目计划的执行。阶段性目标和时间表不仅仅对项目目标十分重要，并且可以作为数据源对项目的有效性进行经验评估，像其他数据一样，知道你在一个设定的时间周期内是否达到研究阶段能够使你对安全操作产生新的问题和见解。许多组织机构获得专门的项目管理工具和资源，项目团队应当利用它们，我会在这章结束时讨论其中一些工具。

项目细节

除了预定义的细节，项目计划应当使团队成员能够添加细节以及跟踪项目的推进过程。决策记录、活动和项目推进过程中出现的问题应当被重视并且被添加到项目计划的工作笔记中。如果有常规项目会议、会议记录和会议摘要也应当包含在内，同样应当包括对数据收集分析等度量活动的描述。

记录项目的细节常常看似是为了获得微小收益的额外工作，但是当分析数据和向权益相关人和赞助者们描述成果时，项目日志的有效记录就显得很有价值。项目细节也能在项目目录中支持数据，甚至当项目细节在存贮中丢失后，也能向项目管理者和安全分析人员提供团队的经验。这种从隐性项目团队知识（非正式和未被记录的知识）到显性知识（被记录和保存的知识）的变化帮助项目对组织的知识管理以及所面临的安全问题产生了影响。

项目团队

在大多数情况下，项目团队人员不会经常变动。安全人员会根据职责和项目需要测量资源的所有权被安排到某个项目。当包含外部资源时，将会视人员的能力和人员的技巧以及专长而定（通常更看重前者，除非赞助者投入到项目的成果中）。因此当安全管理项目的管理者组织项目团队时，最好能确保可用资源都被适当分配了。

技能

分配项目资源首要应该考虑的事是将团队成员的技能应用到项目相关任务上。当选定并实施特定的数据收集和分析技术时，这种分配变得更加重要。要求项目团队成员执行对他们而言困难或不适应的任务可能会对团队活力和项目成果构成威胁。如果某些成员性格害羞或保守，最好不要派他们采访其他业务单位的管理者。同样的，要求一个爱交际的成员整天待在实验室里分析处理数据并不是发挥他个人专长的最好方式。

至少，尽力让人们在最合适他们的岗位发挥作用。这看似是常识，但在我参与的许多项目中，任务似乎总是被随机地分配给参与者而丝毫不考虑这样的分配是否合理。自然，一个安全项目的选择并非非常多，但至少项目领导应当花费精力了解成员的能力以至于让人们知道自己的才能和长处能够被最好地利用。即使无法让每个人都分配到最适合自己的或者自己最感兴趣的任务，采取包容和体谅人的方法来分配任务也可以对团队士气和项目工作环境产生积极影响。

投入

除建立技能列表外,我的经验告诉我,预先认识到并非所有的成员都能致力于手头的工作是很重要的。这并不是说一些成员就是懒虫,尽管他们可能是,但也反映出这样的事实,在任何动态的环境中,一些人会疲于赶进度和应付要求而无法全身心投入到安全管理项目中。通过认识到这样的现实,你能减少一些敌意和精力的浪费,不会太介意,从而简单地处理这些事。要求成员预先提供对于整个项目推进过程中个人能力和投入的估计,能够在问题激化之前就发现。如果一个项目成员知道,比如说,他在项目最后四分之一时间能够放假,或者是他现在正在一个不同的项目中赶进度,还不能完全投入,那么他意识到这些事实之后可以采取很多措施确保这些问题最后不导致拖延。

协作

应该预先确定的项目的另一个方面是团队应当如何合作,在这个问题上,现今的工作环境允许更多的选择。在项目的推进过程中,面对面的会议和团队成员的协同定位变得没那么必要。通信和协作机制应当在项目一开始,最好在项目最近的启动会议中就进行讨论并确立,并且还应当记录在项目计划中。协作工具和过程应当考虑到共享信息和项目数据的需要,以及地点和时区的差别(在现今的全球环境中这尤为重要)。

协作的一个重要方面是确保重要的项目信息作为项目说明的一部分被记录在册。常用的协作机制比如电子邮件和即时消息很难存档和共享项目交互。测量项目的领导者应当思考需要记录的项目信息的类别,信息必要的细节程度,以及如何确保团队成员之间的交互被正确记录和收录在项目工作文档中。

第二阶段:收集度量数据

一旦项目计划和团队成员到位,项目就可以推进——回答问题以及收集必要的度量数据用以支持项目目标。在项目的这一阶段中,需要考虑几个重要的问题,多数问题是关于数据收集、储存和正确保护的方式。

收集度量数据

收集的数据会根据目标和研究的度量而广泛地变化。一些数据收集,尤其是用以支持描述性测量项目的数据收集,不会要求现有操作的改变,你可以使用相同的工具和之前使用的数据源,即使你最终要对这些数据进行更高级的分析。但如果你还有其他目的,比如预测、纵向研究或定性研究,你可能必须开发新的手段用以收集并分析安全度量数据。

首先要考虑的是所需要的数据通过现有的系统和资源是否能立刻获得，项目从公司的其他部门获得的数据比例越大，就越难将所需数据集中收集起来。这同样适用于不只是依赖系统所产生信息的度量标准。即使是系统数据，你可能也需要查阅档案和历史数据仓库来找你所需要的数据。你需要得到授权才能使用那些不在你的直接管理控制之下的数据源的数据，而你的项目业务案例和项目计划能够有助于你的请求获得批准。如果数据收集需要依赖于同他人的交互，无论是通过调查、采访或是其他交互方式，你都需要确定必须与之沟通的人员以及获取适当地批准。

将所有数据收集到一块儿将是一个巨大的挑战和耗时耗力的行为，不考虑这些时间消耗，实际上你必须收集和分析测量计划的核心数据。为了实现这个目的你可能追踪数据，现在你却必须投入大量时间对数据进行整理使之成为有用的形式。如果数据是定制的或是系统产生的，你可能需要与系统拥有者反复交流以了解数据具体所指或其输出所代表的意义。有时你甚至会发现你要寻找的数据并不存在，因此你必须找到一个不同的数据库，或者根据你所能找到的数据源调整需求和目标。

当涉及人与人之间的数据收集时，例如采访和分析民族志，会出现一些重大问题，为收集这些数据，你必须与公司内一组人或一个同事进行交流。在大多数研究中使用这些技术，对于记录这些观测，包括采访对话甚至对研究团体进行录像都是常见的。但在行业环境下，这样做可能很困难，人们在工作场合被录音时会很不自在，然而数据只有被完整记录时才更全面，而人们对采访记录的不配合可能会使数据的全面性受到影响。如果你不能记录下收集的数据，并且多数时间都不能做到这一点，那么你必须退而将详细的笔记记录作为主要的收集手段。在采访中，两个分析者协同工作常常更有效果——一个人采访并做好笔记，另一个人负责收集尽可能多的数据。

存储和保护度量数据

完成数据收集后，考虑应该如何存储和访问数据非常重要。你想要确保你即将用于项目的数据与你当初观察它们时保持同样的状态，你也想要确保数据被适当控制并保护，尤其当包含敏感数据时，例如关于安全操作的信息或关于采访和调查参与者的个人认证数据；最好能有可长期使用的安全场所（无论是物理的还是电子的）来存储收集数据并限制数据的访问，使得只有项目团队才有权访问。当进行数据修剪或标准化，或者当不同版本的数据被用于测量项目过程中时，跟踪数据的变化十分重要。没有什么比在分析进行到一半时意识到使用的并不是想要使用的数据集更糟糕的了，然后还有更糟糕的，即没有发现错误的存在并且还让错误影响了最终的成果和结论。安全度量都与数据有关，确保能够访问正确的数据，并且确保你能轻易地记录和在一定数据水平上验证分析过程表明项目管理上升到了一个重要的水平。

商业、法律甚至道德问题都可能与你收集的数据有联系。回想我之前对数据保持的陈述以及有必要对研究成果采取处理的观点。收集度量数据意味着建立新的知识和新的企业记录。如果这些记录涉及特殊的系统、组织或个人，那么这些记录应当被评估为公司保存年限表的一部分，并且收录在公司正式文件中。在测量计划结束时，根据保存年限表，应当确定哪些项目文档应当被保留，哪些应当被存档或销毁。项目业务案例、计划和最终的交付成果应当作为 SIP 的一部分一直被保留(在公司保存年限表的指导下)，但是作为过程的一部分，收集的数据应当作为个别案例考虑，根据需要保留以支持安全计划。

第三阶段：分析度量数据并得出结论

第五章详细的描述了安全度量的分析技术。数据收集工作成功完成后，是时候开始使用这些技术了。再次重复，如果你的分析主要是描述性的，那么除了深入广泛地理解度量标准、数据和分析在安全项目中所扮演的角色从而得出分析外，就你如何承担此项目阶段的工作而言，你可能不必做太多的改变。然而，如果你已经为预测分析、试验或假设检验收集数据，你将不得不处理分析中的额外任务和需求。最重要的是，在使用数据进行总结或比较以及检验安全性的不同方面的情况下，分析计划应当提前并明确包含在项目计划中。我们有理由对这些预测进行认真考虑。

推理统计学的核心概念是为能客观回答问题的解释和假设接受度设定标准和阈值。换句话说，你想基于你发现的东西，避免任何试图通过改变结论来作弊的行为。如果在开始收集分析证据之前，设置了这些标准和阈值并将它们文字化，就更容易避免陷入这些情形。如果分析的参数是项目计划的一部分，就像可交付成果和时间表一样，那么任何变化都是显而易见的，必须同团队成员甚至在可能的情况下和权益相关人和赞助者们进行讨论。相反地，如果你将设置的标准和阈值作为获得批准和接受的项目计划的一部分，那么你在项目权益相关人面前便更容易维护那些出人意料或不受欢迎的研究成果和结论。一个定义明确的分析计划就像分析者和听众之间的契约，它不一定能永远让你免受一些基于政治或个人感觉就让你改变结论的无理要求，但是当这些要求被提出时，它会让你有一个更好的立场去应对。

在考虑项目计划应当包含的分析时，还应当确保你有充足的时间对数据进行探究从而得出结论。分析需要时间，权益相关人常常要求你在收集不同数据的几天内就得出成果。我所知道的一个研究人员——一位人类学家，专门为一个大型技术公司实施定性研究，她的团队不断向她施压希望获得研究结果。每一次，她都必须解释要么在短时间内获得毫无用处的原始数据，要么给她时间让她完成分析工作，最终获得有价值的东西。在项目时间表中，切实地体现出这些分析的时间，你能避免这种耐心缺乏，但也必须考虑项目所需的实际资源。整个项目团队不必都投入到分析工作中，尤其当只有部分成员拥有特殊分析的技能和工具时。在这样的情况下，可以考虑让团队成员回到正常的工作中，而只用一个核心分析团队来继续项目。如果选择这种模式，我建议组建一个更大的团队轮流工作，当要向赞助者和权益相关人展示成果时，才让整个团队一起参与。在这种方式下，每个人仍然能够参与，并且在测量项目中获得其应得的奖励。

第四阶段：展示成果

和收集分析安全度量数据所要面临的特殊挑战和必须克服的困难不同，展示度量标准分析的成果有自身独特的挑战。当你花费巨大的努力去获得有价值的信息并有助于公司的改进和成功时，你当然会希望每一个人都像你一样重视信息的价值，但是你不能想当然地认为成果带来的价值就会获得这样的重视。展示度量标准研究成果总是带有推销的成分，一个明智的安全度量专家明白，如果没有人读，即使是世界上最好的数据分析，它的用处也会大打折扣。有时候仅有幻灯片是不够的，没有什么比看到优秀的测量分析因为没有得到正确的展示而失败更糟糕的。对一个重要的项目，你甚至可以考虑聘请公关或营销专家来帮助你加强成果的宣传和展示，以使安全度量工作得到重视，尤其是如果现有的安全团队缺乏相应的推销技能，这可能会是一个相当吸引人的方法。

如果你们已经密切合作以期待获得权益相关人的支持，并且采取适当的方式告诉权益相关人度量如何能让他们直接受益，可能不难让他们对你的成果感兴趣。在开始项目之前你所确定的目标、问题和度量会指导你如何去展示成果。然而，你不应当假设每一个听众都对你的分析和结论保有同样的兴趣和需求，对听众加以区别有助于确保满足他们的不同需求。下面是一些你可能会向他们发布信息的人群：

- **非技术管理人员**　如果你已经在安全组之外发展了权益相关人，或者你的结论正在向领导层链条上端展示，很有可能你的受众之中将包括几乎不关心技术细节甚至于安全性的非技术人员，除非这些事情对于钱、生产力或者领导力这类的问题造成了冲击。
- **技术管理人员**　在很多情况下，你将会和这些确实有技术能力但却十分关心如何将技术细节转化为商业价值的人共事，他们能够将这种价值向非技术的同事和主管清晰地表达。

- **技术人员** 当你的结论涉及诸如补救或者系统设置的变化等行为的时候，负责实施这些建议的技术人员通常会对项目中的技术细节和分析数据很有兴趣。
- **用户** 在某些情况下，你的数据将推动机构行为的变化，这包括新政策的开发或新计划的培训和宣传。你应该能够用一种容易理解的方式，向用户展示你的发现，并解释这些改变的必要性。
- **系统外对象** 如果为了支持审计和合规性目标而实施了安全管理项目，那么将结果转化为与你共事的审计人员、监管人员和顾问的具体语言对于达到更高程度的机构目标来说是必要的。

文本演示

书面报告无论在商业或是学术界的研究中，都是一个主要的存在方式。除非你面临非常特殊的目标和分析，否则几乎肯定你会为项目做一些书面报告，即使它主要作为背景信息。为此你已经提供了包括项目的商业案例和项目计划在内的一些文件。虽然这习以为常了，但我不推荐用幻灯片展示结果，因为此种形式不适合呈现大量文本，而花费时间去写一个关于工程结果的书面总结是更合适的。这个文档不需要很长时间，但它应该内容详细并运用叙述形式，以便别人根据你的时间线阅读而更充分地理解工程结果。你可以在增加细节之前把这份报告公之于众，或是在随后的时间内在此提纲的基础上丰富内容，当我们的目标是建立随着时间推移的项目的连通性和背景的时候，这一点在 SIP 和项目的目录环境中变得尤其重要。

当你构建项目文档的时候，你一定要考虑使用一个标准化的指导格式，并使你的文档具有充分的可读性。格式指导是一个定义了书面沟通标准和可接受方式的参考文档(通常是一本书)。MLA 论文指导格式是一个著名的参照例子，它对论文的语法、结构、引用和其他写作要点进行了规范。对于商务写作来说存在着大量有用的风格指南，我在本章末尾会给出一些例子。但可悲的是，现今许多商务写作并没有花心思来确保文档是前后一致的、正确的、可读的，一个可避免的错误会严重削弱你度量报告的可用价值。

图像演示

我们都知道，一幅图胜过千言万语，且不论这是不是真的，你肯定会在开始进行测量项目和安全度量项目时，受益于数据和调查结果的图像展示。你可能已经在电子表格、演示文稿和 Microsoft Word 文档中建立图表和图形很有经验了，这些都是展示你的度量分析结果的有用工具。如果你正在使用高级统计软件或定性分析软件，你也会想要探索这些工具提供的可视化结果的功能。

我将在随后的章节和案例研究中探讨数据图像展示技术的例子，在此我们先来看一些基本的可视化技术：

- **图表和图形** 图像展示的主力，包括直方图和其他条形图、饼图、折线图和各种其他图像帮助图表。只要你能充分理解各种颜色的细微差别和其背后隐含的复杂含义，即使是简单的红、黄、绿数组矩阵也能很有效地把数据转换为直观可视的图形。
- **地图** 地图几乎可以代表任何能在头脑中建立一定程度导航目的的东西，包括地理区域、科学技术、人或者概念。地图能够帮助你可视化地描述过程、社交网络以及数据源和结果之中的关系。地图甚至可以用来表示定性数据分析中出现的主题、故事和历史。
- **记分卡和矩阵** 这些图像工具被用来总结和可视化不同的概念，并揭示这些概念之间的差异与联系。它们包括综合评价表（通常包括优势、劣势、机会、威胁等各项指标）、力场图、定位矩阵图。

发布结论

测量项目团队必须回答的一个重要问题是如何将项目的成果发布给涉及的各权益相关人和赞助商。在条件允许的情况下，最好是有一些与该项目所有涉及的权益相关人的面对面的互动。如果不得不通过电子邮件或是在网站上发布信息的形式，将会极大地减少有益的互动，并且存在被认为不负责任的风险。如果你想在你项目的投资人面前阐述你如何符合他们的需求的话，你要知道这并不是唯一的选择。

小组报告非常有用，它经常用于项目的结项。如果你在向一个小组做汇报，你要弄明白谁是小组的代表，并以此为依据对你所报告的内容做出相应的修改。如果时间有限并且结论同时包含了技术层面与非技术层面的内容，你或许应该考虑进行分别对应不同投资人的成果汇报的会议。当然这或许会有一些局限性，且把所有权益相关人都凑到一个房间里有一些好处，所以这或许是不可避免的。

无论你选择什么样的发布机制，你都应该把权益相关人和支持者可以时刻跟进的能力作为项目的一部分。不仅仅要征求他们对项目成果的反馈意见，还要保持与正在进行中的项目的潜在支持者以及自发聚集在安全度量项目周边人的联系。

第五阶段：成果复用

用如安全项目管理开发框架一样的持续开发的指导思想开发及维护安全指标，对安全度量本身是最有利的。据我所知，在整个行业的安全项目中，最常见的错误就是缺乏连贯性以及不同项目间、相同项目的不同阶段间安全数据的复用。随着时间的过去，安全进程的一致性度量和重复使用的观念被包括在安全力成熟的标志中，可是许多组织的成熟度仍处于低端水平，特别是结束时的成熟度。

我将在本书中陆续介绍安全度量数据的复用、项目成果的测量、促进持续的组织学习的架构的开发，但是复用思想与你的安全管理项目之间紧密的连接是一个非常重要的前提，以便为你的安全项目实现一个长远的展望。在你开发的每个项目中明确这一点，问题和后续的行动应该比现阶段的项目有所扩展，定期跟进项目团队的成员和核心权益相关人应该不是很难，并且将项目成果的审查纳入组织的日常活动中，他们是符合规定的管理措施中更为正式的一部分。但是当一天结束时，确保为测量安全所做出的努力在日常安全操作中没有被忽视就是安全团队和首席信息安全官的主要任务了。将安全问题从战术层面提高到战略层面这一需求其实源自安全问题战术层面本身，在我们对安全项目的日常维护中就可见一斑。

项目管理工具

项目管理是一个庞大的学科，如果要进行一个完整的讨论的话就超出本书的范围了。可以用来指导如何管理安全管理项目的资源很多，而且你的组织或许已经有了一套有效地、标准化的项目管理规范。就算没有，也容易获得资料来提高你的项目管理技能与能力。以下这几点也并非是 IT 安全行业独有的：

- **项目管理软件**　许多供应商，从微软到云端，都提供了先进的项目管理工具，包括调度和资源分配、时间表跟踪、项目风险分析等功能。虽然一些工具是收费的，并且还不便宜，但是也有许多开源的免费的项目管理工具，比如 Open Workbench、Project. net、Project Open 等。
- **项目管理组织**　专门从事项目管理的协会在全球都有，包括项目管理机构，能够为项目管理的人士提供国际化的认证。
- **项目管理训练与技能培训**　有许多书籍和课程能够帮助你或是你的团队提高项目管理的能力。如果你想提高个人或团队的业务水平，那么在网页中搜索“技能管理资源”将会是一个不错的开始。

总　　结

安全管理项目是你在安全项目管理框架中开发安全度量时所用的主要的操作分析工具，测量项目允许你紧密围绕着你的目标来创建一个能逐渐改善组织安全水平的可以复用的模块化的指标程序。测量项目的工作在项目启动前就开始了，包括调整目标—问题—度量分析，回顾一下之前已经做了的和正在做的，并为计划寻找更多的投资者和赞助商。需要支持的个人和团体会有不同的目标和不同的安全需求。为安全行业之外的权益相关人设立的目标甚至不必从安全的角度来描述。

如果项目真正成功了，对于安全小组来说在满足安全机构的需求之外促进安全度量，是义不容辞的。要做到这一点，你们团队就应该建立一个可以用来沟通和促进的正式商业计划方案。

一旦安全管理项目开始，它将由五个基本阶段组成：

(1) 策划项目计划、组建项目小组。

(2) 收集指标数据。

(3) 分析指标数据，得出结论。

(4) 项目成果的发布。

(5) 项目成果的复用。

不同的项目有不同的方法、数据来源、分析技术以及不同的成果。项目团队应该尽可能地利用现有的组织资源，让项目标准化。如果项目管理或是成果的展现没有一个统一的标准，那么安全度量小组就应该考虑建立一个标准，包括风格手册、项目管理工具和确保管理项目的利益以及受益面最大化的技能。

扩展阅读

Alred, G., et al. The Business Writer's Handbook, 9th Ed. St. Martin's Press, 2008.

Modern Language Association of America. MLA Handbook for Writers of Research Papers, 7th Ed. 2009.

Project Management Institute. A Guide to the Project Management Body of Knowledge(PMBOK Guide), 4th Ed. 2008. Available from www.pmi.org.

案例研究 2　安全态势评估(SPA)中的标准化工具资料

迈克·伯格的案例研究表明要找到测量中真正有意义的点非常困难,迈克从事漏洞评估已经很多年了,并且极为擅长从各种不同工具输出的数据中发掘结果,而当他被要求去做一些关于合成(而不是汇报)不同数据集的工作时,他才发现有的问题非常棘手。我们通常在开始测量之前忽略了数据类型,但是除非我们的数据是完全同类型的(而这几乎从来不会出现),否则我们的分析和结论都会受到显著的影响。

迈克提供了很好的"黑客入侵"的数据源,这使他们能更好地协同工作,迈克是我见过的最能解决疑难杂症的人之一。我知道当抓住一个挑战时,他很少会放手。了解他是如何一步步地解决他的数据标准化问题将会是一个神奇的故事,因为在这期间似乎每一个挑战都会带来一个新的问题,希望你能从他的事例之中有所收益,并能够避免一些他曾遇到的让人焦灼的问题。

案例研究 2　安全态势评估(SPA)中的标准化工具资料
(作者: Mike Burg)

在许多企业实施基于度量的安全方案的过程中,其中一个挑战就是如何分析和处理当下效率非常高的安全工具所收集的海量数据。无论他们是否意识到这一点,大多数组织都会收集零碎的以安全为中心的技术数据。各种不同工具的数据输出方式都有它独特的结构,通常都以不同的文件格式输出(XML、CSV、HTML或专有格式)。本案例考虑一种特定的数据类型——漏洞评估数据——并且着重强调如何在使用多种工具集时,既不影响数据的完整性,又能将数据的输出标准化。这个案例特别侧重思科的安全态势评估(SPA)团队处理与分析漏洞评估数据的经验。

背景知识: SPA 服务的概述

1997 年思科公司收购车轮集团,车轮集团是一个总部设在德克萨斯州圣安东尼奥的独立小型安全公司。车轮集团有一个小的渗透测试小组,其主要构成人员为前美国空军信息安全官员。这个小组开发了一套基于他们在空军服役期间的经验 SPA 理论,思科公司在收购后继续提供了 11 年的 SPA 服务。

SPA 是一个对漏洞评估/渗透测试的服务，旨在发现和枚举服务器、工作站或是在 IP 网络工作的网络设备的漏洞。测试完之后，SPA 就会根据测试结果、业务目标和风险级别提出如何通过优化资源分配来解决这些漏洞的建议。这项服务自从车轮集团被收购以来已经改变了许多，但是 SPA 的初衷并未改变。思科提供了五种不同种类的 SPA 服务：内部网络、外围互联网、无线网络、拨号网络以及网络应用。

内部网络和外围互联网的 SPA 服务是最常用的服务，本案例主要研究这两种服务。除了攻击倾向外，这些评估在本质上是一样的：内部网络 SPA 是站在使用内部网络的标准企业用户角度的一项服务，而外围互联网 SPA 却是站在使用外网用户的角度考虑的(假设互联网用户都有一个相同的标准)。在 SPA 工程师抵达客户所在地之前，由顾客(外网评估客户)提供的信息(除了逻辑以外)中，网络地址范围是唯一可被评估的信息。

评估完成的四个阶段包括：发现、确认、分析、总结。

这四个阶段对所有的 SPA 服务都适用。思科的 SPA 工程师在这些阶段中所用一系列的不同的工具将在随后的章节中介绍。

发现阶段是整个评估工作的开始阶段。这一阶段的目标是了解网络如何设计的以及在网络运行的设备和服务的型号。在这个阶段中，所有的在评估范围内的 IP 地址都会被扫描一遍，以发现以下信息：

- 判断具有被扫描的 IP 地址的设备是否在网；
- 判断设备正在监听哪些 TCP/UDP 端口；
- 判断设备的类型(服务器、工作站、网络设备或是打印机)；
- 判断设备的操作系统。

这些仅包含开启设备的信息的资料会在下一个测试中作为输入使用。

评估过程的第二个阶段是确认阶段，这个阶段的目标是用发现阶段的信息来尝试发现任何可能存在的、可被利用的漏洞。这一阶段的关键目标并不仅仅是尝试或利用漏洞，同样重要的，要人工确认已识别的潜在漏洞是否真正存在，这个人工的漏洞确认工作去除了所发现信息的不确定性并排除了工具集报告的假阳性结果。

以下是这一阶段常常会做的工作：

- 尝试暴力破解登录口令；
- 尝试默认用户名、登录密码；
- SNMP 弱读写字符串；
- 跨站点脚本网站；
- 缓冲区溢出测试。

一旦 SPA 小组取得了一个设备的权限，他们就开始搜索对进一步利用网络有所帮助的信息。这些信息可能源自未被保护的包含了密码的敏感文件，或是通过一个攻击性的远程控制程序来监听用户键盘输入，或是破解通过注入数据库获得的用户名密码信息。有了这些新数据，二次或是三次攻击得以实施。

评估过程的第三阶段是分析阶段，这一阶段的目标是将整个过程和入侵网络和分析(使用了最新安全情报的工具所提取的数据)的步骤进行书面化，从所获得的数据生成一个描述性的统计资料是这一阶段最主要的功能。SPA 小组运用这些统计资料来帮助客户理解整个评估过程中发现的漏洞及其相关信息。他们也用这些信息来更新基于商业目标和风险的漏洞信息库。

整个评估的最后一个阶段就是总结阶段，这个阶段需要写一个包含了整个评估的完整总结的详细报告，报告中包括了所有被评估的设备的关于如何降低已存在风险的方法的信息。最后将会给客户提供一组包含了所有工具收集的信息的 CSV(逗号分隔值)文件，这些文件随后就可以添加到机构现有的度量方案中。

许多客户都会要求我们对他们定期(通常每年一次)进行一次安全性评估，总的来说，重复的 SPA 发现客户通常有三种不同的类型，一种组织会去发掘那些导致已发现漏洞的根源并试图去消除这些因素(通常是过程处理或管理的因素)以修复这些离散的漏洞，这些公司非常擅长安全事务方面以至于随后的评估只能发现少数的漏洞。第二种组织大概只会去更正已发现的离散的漏洞(举例来说，只是会照图索骥地打补丁，而不会尝试判断崩溃是怎么发生的以及如何修复它)。这类顾客中更常见的是在后续评估中往往发现和以前已辨明的漏洞同样类型的漏洞(即使是早先发现的漏洞已被修复)，因为造成这些导致崩溃的漏洞的首要因素往往并没有得到修复。最后一种顾客看起来仅仅是为了评估的结果而不是根据评估进行修复，即使是在技术缺点(与过程相反)已被识别的情况下也不例外。

SPA 工具

整个过程的四个阶段会用到几种不同的工具，这些工具是由 Perl、Python 或 Bourne Shell 语言开发的一系列的开源、自定义工具的集合，一个使用开源工具的优势就是你可以修改它。因为 SPA 服务会随时间逐步发展，所以这些包括新增的第三方工具的工具也会与时俱进。

Nmap 就是在发现阶段所用的主要开源工具之一。Nmap 是专门用来确定活动 IP 地址，提取系统指纹和枚举开放端口的工具。SPA 小组已根据 SPA 研究方法的特点对 Nmap 等开源软件进行了优化，只要有可能，这些修改就会提交给相关的设计维护开源工具的小组，使得这些修改最终有可能被纳入后续发布的版本中。

Metasploit 是另外一个在确认阶段会用到的开源工具。SPA 小组规定了一个重新搜索、确认辨别、编码和漏洞测试的细化的过程，Metasploit 这个工具就是用来为这个过程提供支持的，这个由社区维护的工具包括了许多不同种类的能有效发现破坏网络接入服务的漏洞。这些漏洞在 SPA 实验室都经过了严格的对目标设备的破坏性测试以及预期操作的验证。

SPA 小组在发现、确认、分析阶段也用第三方工具。这些工具其中之一就提供了内置的漏洞以识别功能和分类信息,使用第三方工具的一个关键优势就是其开发商会致力于确定最新的安全威胁并将新的漏洞测试方法纳入工具中。当涉及数据输出时,以上所有介绍过的工具都有它们各自独特的特点;这些情况的细节将会在接下来的文章中介绍。

数据结构

一个最主要的难题就是当我们要把许多不同种类的工具整合成一个复杂的整体时,SPA 就必须要能够理解每个工具的输出格式。对开源软件来说,这或许是个挑战,因为有数不尽的开发者都参与到了编码之中,第三方工具也会有许多问题,因为他们的数据结构可能比较晦涩,并且难以调整,何况开发商不会开放源代码。

在 SPA 过程中为了处理这些不同工具的输出,我们决定将各种不同的输出都转化为 CSV 文件格式,于是我们为 SPA 服务开发了一组不同的工具,以便分析各漏洞工具的数据输出并将其格式统一。

我们需要理解将要分析和报告的信息的格式,这是团队解决的第二个挑战。SPA 测量方法侧重于 14 个主要项目,每个项目中都有子项目。图 1 显示了这些部分和包含的一些元数据。大多数情况下,子项目中的元数据是有组织结构的,但是你会发现,并不总是如此。

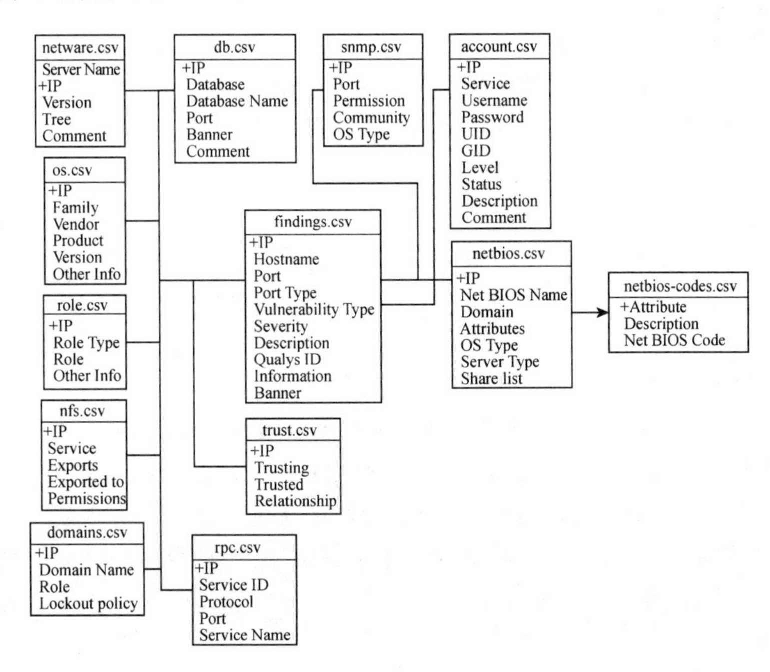

图 1 SPA 数据结构

案例的目标

为了提高 SPA 服务以满足特定客户的需求，我们需要改变并扩展数据分析工作和过程，客户要求我们在服务和相对快速的评估结果中建立更多测量和趋势分析的功能，他们也想要进一步了解不同实体和系统之间以及与开发基线之间如何相互比较。本案例探究了一些在我们试图将多种格式的多种工具集成，并使数据可用于分析和对等比较时，有关数据标准化和分析的挑战。

本次评估的第一阶段侧重于在一个国家的两个不同业务单元之间进行，客户的关键需求之一是分析使用 SPA 数据不同的业务单元之间安全态势和漏洞严重性的不同(如果有的话)。

方法论

SPA 服务包括描述已识别漏洞的几种方式，包括基于通用漏洞评分系统(CVSS)的严重性度量——用于评估已识别的安全漏洞严重性的业界公认的框架，CVSS 得分基于跨产业的安全专家，描述了 IT 系统漏洞的严重性，这些分数体现了我们对一个漏洞的担忧程度并且有助于提高这个漏洞修复工作的优先级。

下面是已有的三个 CVSS 评价标准(虽然思科评估小组对这次评估仅使用基本信息和时域这两项标准)：

- **基本信息** 漏洞的固有特质；
- **时域** 在漏洞的整个生命周期内发展的特质；
- **环境因素** 取决于环境或执行情况的特质。

挑战

在给出关于服务的背景介绍后，接下来讨论我们遇到的一些数据标准化的挑战。我会着重介绍与评分系统和数据结构相关的挑战。

评分

当我们试图将来自不同数据源的信息整合到一起时，使用 CVSS 评分会遇到一些挑战；我们发现漏洞鉴定信息和 CVSS 评分本身的联系并不总是直接的。在某些情况下，我们用 SPA 工具鉴定的漏洞在 CVSS 数据库中并没有描述。许多这样的未被评分的漏洞在评估中被发现，我们必须决定是否将这些发现包含在分析中，如果忽视这些发现，我们将会缺失用于分析评估两种状态的一大块数据；如果包含这些发现，我们就需要分配 CVSS 得分。我们最终商定这些漏洞将被记录在调查结果之中。

一个复杂的公式和评分准则可以被用来决定基本信息、时域和环境因素的得分,使用这些准则,我们可以为未评分的漏洞分配基本信息和时域两项标准的得分。为了确保新的分数是合理的,我们会同CVSS评分的相似类型的漏洞进行比较,在合理性检查完成后,新的值会添加到漏洞数据集中。不幸的是,我们做出的任何评分都不会得到业界公认,但是一个完整的调整后的CVSS分数报告书将会出现在提交给客户的最终报告中。

在评分上遭遇的挑战说明当来自数据源的数据未被完全标准化时,就会出现一些问题。在评估中不同数据源用不同方式对待CVSS评分,而结果是漏洞和CVSS评分之间的联系并不存在或并不可靠。在这种情况下,我们既不能忽略任何不标准的数据,也不能把数据映射到CVSS。我们的解决方法是将非标准化的数据纳入分析而不是忽略他们,即使这意味着创建业界不认可的CVSS评分。为漏洞评分的好处是数据可以在CVSS标准下被标准化,但我们有必要解释我们具体所做的工作并且提供创建非标准评分的细节,这样客户就会了解我们用某些方式对漏洞进行评分的原因。

数据结构

虽然对于标准化数据而言,评分是一个挑战,但是标准化不同结构的数据源是个更大的挑战。正如前面所讨论的,SPA工具的输出是单调的CSV格式的文件。SPA工具可以联合CSV文件进而生成一个HTML报告,后者是结构化的,有助于关于单独主机和漏洞的具体细节能够被访问且用于详细分析。尽管HTML结构对传统的SPA分析有效,但是对专门的SPA分析却不那么有用,因为HTML的结构不能提供高效的数据管理和操作。

我们认为专门的SPA分析包括以下变量:

- IP地址;
- 操作系统类型;
- 位置;
- 漏洞;
- SPA标识号;
- 漏洞名;
- CVSS基本信息;
- CVSS时域评分。

SPA的每一个变量通常被储存为多个CSV文件的元数据,我们并不清楚这种类型的天然结构。首先,CSV的一般文件属性不支持对大规模数据的有效处理。如果CSV文件被用于这种服务,那么必须创建脚本来从适当的文件中收集需要的数据;其次,对比和比较多个客户的CSV文件会相当麻烦。

即使CSV文件可能对更小的或独立的处理请求有用,我们还是决定使用MySQL处理用户的请求。MySQL是一个开源的关系型数据库管理系统(RD-

BMS)，它的源代码可以通过 GUN 通用公共许可证得到。MySQL 能够在数据表中导入未加工的 CSV 文件，这使得从 CSV 文件格式到数据库格式变得更加容易。

在我们决定使用一个关系型数据库后，下一步我们就要创建数据库结构。客户数据库包括含有来自 SPA 工具产生的所有 CSV 文件的数据表。随着新结构的数据库的创建，一切的进行都显得足够简单和直接。数据库建立后，紧接着在数据表中填充相应的 CSV 文件，此时，我们用几个漏洞数据文件开始讨论问题。

我们导入数据库的第一个文件称为 finding. csv，包括了分析中我们感兴趣的五个字段：

- IP 地址；
- 端口；
- 漏洞类型；
- 描述；
- 漏洞标识号。

五个字段中的两个字段不会造成任何问题(IP 地址和描述)，然而，端口、漏洞类型和漏洞标识号却有不同的内容，我们的一些工具通过提供服务和报告漏洞，有助于解决数据标准化面临的挑战。

findings. csv 文件——端口　findings. csv 文件中的端口字段的设计目的是为 IP 连接服务提供开放的 TCP/IP 端口列表，这个字段列出的 TCP 和 UDP 端口号用最高五位数的端口号加协议名组成。例如，111TCP 表示 TCP 端口 111。但是，填充数据库时这个结构也有例外。我们用来确定端口的其中一种工具不仅可以用数字(标准的)来对端口分类，也可以按漏洞类型或服务来分类，有一种工具将这种分类方式称为“伪端口”。虽然按照先前地讨论这些定义并不是标准的端口，这种工具却可以利用它们来为已确认的漏洞鉴定服务的性质。

列出与接收端口相对的服务或漏洞属性的原因之一是在许多情况下，服务或漏洞的收集来自扫描到的许多不同的端口，然后运行后台进程将端口汇集成一个单独的服务或漏洞。

要理解这一点，让我们来仔细看看这个端口的识别过程。在一个 SPA 的探索阶段中，信息被发送到用于监听主机的网络服务，这可能会导致后台服务返回某种类型的信息。一个清晰而简单的例子可以说明这一点——来自 Windows XP 客户端的响应，这个例子使用开源的工具

```
Nmap:
sh-3.2MYM nmap -sC smb-enum-sessions 172.16.2.128
Starting Nmap 5.00 ( http://nmap.org ) at 2009-12-17 10:25 MST
Interesting ports on xp-machine (172.16.2.128):
Not shown: 997 closed ports
```

PORT　　STATE SERVICE

135/tcp open　msrpc

139/tcp open　netbios-ssn

445/tcp open　microsoft-ds

Host script results:

|_ nbstat: NetBIOS name: REDZVM, NetBIOS user: ＜unknown＞, NetBIOS MAC:

00: 0c: 29: 91: e9: ee

|　smb-os-discovery: Windows XP

|　LAN Manager: Windows 2000 LAN Manager

|　Name: WORKGROUP\\REDZVM

|_ System time: 2009-12-17 10: 25: 28 UTC-7

Nmap done: 1 IP address (1 host up) scanned in 1.28 seconds

在这次扫描中只有几个项目比较重要，注意 139 和 445 的 TCP 端口都开着。这些端口是 Microsoft NetBIOS 服务端口 NetBIOS 提供的能使不同 Windows 主机上的应用程序之间通信的机制。

139/tcp open netbios-ssn

445/tcp open microsoft-ds

剩下的从扫描中得到的信息是由连接到这些端口的同样的工具提供的。

|_ nbstat: NetBIOS name: REDZVM, NetBIOS user: ＜unknown＞, NetBIOS MAC: 00: 0c: 29: 91: e9: ee

| smb-os-discovery: Windows XP

| LAN Manager: Windows 2000 LAN Manager

| Name: WORKGROUP\REDZVM

|_ System time: 2009-12-17 10: 25: 28 UTC-7

在这个例子中，可以通过 NetBIOS 服务以匿名的方式枚举存放在主机上的关于系统资源的潜在的敏感信息，包括就如上述所示的用户账户或共享信息，这种漏洞常常在 TCP 端口 139 和 445 处被发现。我们使用的第三方工具将这种漏洞分类成一个被称为“Windows”的假服务，而不是单独列出的端口和相关的漏洞。

另一个关于假服务的例子是 TCP 序列号很容易被猜到，这一类漏洞是由一个为系统所写的却写得不好的 TCP/IP 协议栈所引起。如果 TCP 序列号被攻击者猜到了，而另外两个 IP 连接的主机恰好在通讯，那么合法连接与攻击者发起的恶意连接的唯一区别就是攻击者将无法看到本应返回给授权用户的回复。这类漏洞并不依赖于任何一个特定的 TCP 端口，相反，它会影响到所有的端口，因为它是一个基本的 TCP/IP 协议栈的问题，由第三方工具分配给此漏洞的虚假服务是“TCP/IP”。

我们使用的工具在分析中致力于服务而不是端口的另一个原因与工具的方法论和设计有关。有些工具是以"漏洞为中心"的方式来报告漏洞的,这种以漏洞为中心的方法意味着明确某个已发现的特定漏洞是在哪个端口并不如漏洞本身重要。在报告漏洞时 SPA 的理念与此不同:它是一个"以端口为中心"的评估。对漏洞来说如何分类从哲学的角度来看并没有一个一定是对或错的答案,这只不过是两种分类方案而已。

正如你从例子中可以看到的,虚假服务创建了一个标准化的问题,我们都面临着一个重要的决定:在我们的分析中是否包括虚假服务。我们有三个不同的选项,其中只有两个是合理的。第一种选择就是尝试去确定一个实际的端口或是一个给定的已发现的漏洞所在的端口并以标准端口号和协议替换掉销售商信息(虚假服务)。不幸的是,这是不可能的,因为我们许多工具是专有的,我们无权访问这些信息。

第二个方案是简单的删除任何包括除标准 TCP/IP 端口和协议外的信息的行。请记住,服务或漏洞的命令符本身也是有漏洞的,对标准的 TCP/IP 端口来说或许会有与其有相同行为的漏洞。如果这些行被删掉了,我们也可以消除任何与之有关的潜在的漏洞或弱点,反过来说这又可能会使数据出现偏差。

最后一个选项(这是我们最终选定的)就是简单地包括数据集的所有信息,不替换任何数据的选择使得我们可以在不做出任何牺牲的情况下汇报任何漏洞,这个决定要求我们在最后交付给客户的 SPA 服务报告中给出一个关于虚假服务的详细解释。在这种情况下我们为了便于理解,保留了关于未被标准化的端口数据,并且给客户提供了帮助他们理解虚假服务的额外描述。

findings.csv 文件——漏洞类型　漏洞类型字段在数据集里展现了一个独特的挑战。findings.csv 文件中的数据格式对于 CSV 文件而言是标准的,文件内包含列和字段,被包含从其他工具收集到的合适信息的行所分隔。CSV 文件中的每一列都在该列中的数据两边显示引号,用来代表 SPA 数据的单独字段,但事实证明在漏洞类型字段中有可能存在带有逗号的值,在字段中存在逗号是一个问题。要把数据录入 MySQL 数据库,就必须声明如何区分字段。CSV 的列是由逗号来区分的,所以如果逗号在一个字段中出现(而不仅仅是分开字段),逗号两边的东西都会被当成新的字段,这将影响整体结构的导入。

下面我们举一个例子来说明这个问题。假设一个存放在/tmp/import-data.csv 的 CSV 文件有三个字段(IP 地址、操作系统、漏洞名称)。

此文件包含以下值:

```
"1.1.1.1","windows","ISAPI Extension Service Buffer Overflow"
"2.2.2.2","windows","iisadmin Directory Present Vulnerability"
```

此外,我们创建一个名为 test 的 MySQL 数据库,在数据库中创建一个名为

values 的表，其中的列分别表示 IP 地址、操作系统和漏洞。

```
mysql>create database test;
mysql>use test;
mysql>create table test_values (ip varchar(15), os varchar(20),
vulnerability varchar(60), id int not null auto_increment, primary key (id);
```

接下来，我们将 CSV 文件加载到新创建的表中，命令会解析 CSV 文件，基于逗号分割文件，然后向数据库中的表里导入数据。在这种情况下，向表中导入数据是没有问题的：

```
mysql>load data local infile '/tmp/import-data.csv' into table
values fields terminated by ',' lines terminated by '\n' (ip, os,
vulnerability);
```

如图 2 所示。

mysql> select * from test_values;

ip	os	vulnerability	id
"1.1.1.1"	"windows"	"ISAPI Extension for Windows Media Service Buffer Overflow"	1
"2.2.2.2"	"windows"	"iisadmin Directory Present Vulnerability"	2

2 rows in set (0.01 sec)

图 2　MySQL 无修改 CSV 导入

现在，让我们来修改 CSV 文件，并为漏洞列添加逗号。新的 CSV 文件是这样的：

"1.1.1.1","windows","ISAPI, Extension for Windows Media Service Buffer Overflow"
"2.2.2.2","windows","iisadmin Directory Present Vulnerability"

请注意 ISAPI 之后漏洞列里的逗号，当 CSV 导入到数据库中后，它会产生一个警告，指出该行被截断了，因为它包含的数据比输入列多。表里漏洞列的第一行的值只有 ISAPI 和一个引号，列中剩下的数据是被截断的，如果我们要在表里查询任何东西，其结果将如图 3 所示。

mysql> select * from test_values;

ip	os	vulnerability	id
"1.1.1.1"	"windows"	"ISAPI"	1
"2.2.2.2"	"windows"	"iisadmin Directory Present Vulnerability"	2

2 rows in set (0.00 sec)

图 3　MySQL 截断 CSV 导入

正如例子所示的，这个结果给出了 SPA 的一个问题，因此我们需要想办法解决 CSV 导入问题。

为了克服数据的这个问题，我们决定编写一个简单的脚本来打开文件，并删除英文字母后面所有的逗号。正确表达式的替换字符是这样的：

`s/[a-zA-Z],//g`

这个脚本挺有用的，最终我们也就能正常的向数据库中导入 CSV 文件了。尽管我很希望这是我们遇到的最后一个问题，但我们很快又遇到了另一个问题。

findings. csv 文件——标识符 我们要分析的重点领域之一是之前讨论过的 CVSS 评分，获取该信息需要两个重要的文件。findings. csv 包含的信息包括 IP 地址、主机名、确认状态和 vid(含有一个识别号码的字段)。vulns-vids. csv 文件包含对漏洞的 vid 识别号码，除此以外，该文件还包括漏洞名称、CVSS 系统评分、CVSS 时间评分。

把这两个文件导入到数据库中后，再根据 VID 对两个表进行交叉引用应该是很简单的。事实证明确实简单，但它却反映了数据的另一个问题：在 findings. csv 文件内部，每个 IP 地址可能会有一个以上的 vid。如果每个 vid 能各自代表一列，那么这也是可以接受的。但是，这并不会是一个非常精彩的案例研究。事实上，findings. csv 里的 vid 列可能包含用分号隔开的很多 vid。虽然这在导入数据时并不会报错，但当运行一个查询语句时就会报错。查询结果总是会匹配字符串中的第一个字符，而忽略其他的。

让我们来看看另一个有助于说明这一问题的例子。首先，准备两个 CSV 文件，其中包含了我刚才所描述的数据类型。从之前的 CSV 文件开始运行，第一个 CSV 文件是 test_findings. csv 文件，其中包含以下信息：

"1.1.1.1","windows","ISAPI Extension for Windows Media Service Buffer Overflow","1234"

"2.2.2.2","windows","iisadmin Directory Present Vulnerability","4321"

```
mysql> select test_findings.vid, test_findings.vulnerability, test_vids.cvss_base, test_vids.cvss_temporal from
  test_findings, test_vids where test_findings.vid = test_vids.vid;
+--------+-------------------------------------------------------------+-----------+---------------+
| vid    | vulnerability                                               | cvss_base | cvss_temporal |
+--------+-------------------------------------------------------------+-----------+---------------+
| "1234" | "ISAPI Extension for Windows Media Service Buffer Overflow" | "5"       | "5"           |
| "4321" | "iisadmin Directory Present Vulnerability"                  | "4"       | "4"           |
+--------+-------------------------------------------------------------+-----------+---------------+
2 rows in set (0.00 sec)
```

图 4 MySQL 查询匹配的 vid 字段

第二个 CSV 文件是 test_vids. csv，它包含以下信息。

"1234","ISAPI Extension for Windows Media Service Buffer Overflow","5","5"

"4321","iisadmin Directory Present Vulnerability","4 ","4"

在数据库中一个简单的查询就正确地将两张表里的 vid 字段匹配了起来,并显示如图 4 所示的两行。

现在我们要修改 test_findings. csv 文件,使得在 vid 列出现的多个 vid 被分号隔开。

"1.1.1.1","windows","ISAPI Extension for Windows Media Service Buffer Overflow","1234;4321"

"2.2.2.2","windows","iisadmin Directory Present Vulnerability","4321"

在一个完美的世界,我们想看到的结果有三排,因为现在两个主机总共出现了三个漏洞。不幸的是,查询只返回一行,如图 5 所示。只有在 vid 完全匹配时,匹配才会出现,在此例中只发生在第二行上。

mysql> select test_findings.vid, test_findings.vulnerability, test_vids.cvss_base, test_vids.cvss_temporal from test_findings, test_vids where test_findings.vid = test_vids.vid;

vid	vulnerability	cvss_base	cvss_temporal
"4321"	"iisadmin Directory Present Vulnerability"	"4"	"4"

1 row in set (0.00 sec)

图 5 MySQL 查询匹配 vid 字段被截断

将我们的例子应用到这里,脚本的结果在我们新的 test_findings. csv 文件中如下所示:

"1.1.1.1","windows","ISAPI Extension for Windows Media Service Buffer Overflow","1234"

"1.1.1.1","windows","ISAPI Extension for Windows Media Service Buffer Overflow","4321"

"2.2.2.2","windows","iisadmin Directory Present Vulnerability","4321"

对于格式正确的数据,我们可以将其导入到数据库中。这次查询时,运行的结果是预料之中的三行,如图 6 所示。我们将这个脚本用在 SPA 里,以相同的方式来克服我们的数据导入问题。

mysql> select test_findings.vid, test_findings.vulnerability, test_vids.cvss_base, test_vids.cvss_temporal from test_findings, test_vids where test_findings.vid = test_vids.vid;

vid	vulnerability	cvss_base	cvss_temporal
"1234"	"ISAPI Extension for Windows Media Service Buffer Overflow"	"5"	"5"
"4321"	"ISAPI Extension for Windows Media Service Buffer Overflow"	"4"	"4"
"4321"	"iisadmin Directory Present Vulnerability"	"4"	"4"

3 rows in set (0.00 sec)

图 6 MySQL 查询匹配 vid 字段结果

os.csv 和 role.csv 文件 SPA 数据计算工作的最后一小块是增加一点关于主机的数据,我们想就我们所扫描设备的主要功能和运行的系统类型进行报告。信息被分成两个不同的 CSV 文件:os.csv 和 role.csv。关于操作系统和作用的问题并不像我们碰到的结构化问题那么难缠,但是仍然需要我们对于怎样处理数据做出标准化的决定。

在 SPA 中,可以采用一些不同的方式来获得机器的操作系统和作用,最简单的方式之一就是对一个开放的 TCP 端口进行枚举型端口扫描。一个小例子就是与机器的一个开放端口建立连接,然后根据返回的输出对其操作系统进行判断。

在这个例子中,我将模拟使用开放源码的 Web 浏览器连接工具 Netcat 来连接到 www.mhprofessional.com 的 80 端口。Netcat 是一个功能丰富的网络实用工具,可用于建立连接的网络服务。

```
sh-3.2MYM nc www.mhprofessional.com 80
HEAD / HTTP/1.0
HTTP/1.1 301 Moved Permanently
Date: Thu, 17 Dec 2009 19:35:27 GMT
Server: Apache
Location: http://www.mhprofessional.com/
Connection: close
Content-Type: text/html; charset=iso-8859-1
```

请注意,服务器已经声明自身为 Apache,这是一种能够运行很多不同操作系统的网络服务器:

```
Server: Apache
```

此字段还经常会包含正在运行的服务版本号。有时很容易在其基础上识别操作系统(或至少是生产商)。例如,如果"服务器"字段中返回了"Microsoft-IIS/5.0,"我们可以认为设备运行很可能是 Microsoft Windows(因为几乎所有的 IIS 都在其上运行)。同样重要的是理解这个例子中,服务器字段是一个可配置的参数,可能并不代表实际上运行的服务器。仅仅通过标语来确定主机的主要作用是很困难的,主机可能出于多个原因运行多个 Web 服务,比如,与严格意义上的 Web 页面服务相反,Web 服务可能是为了远程监控或为了远程控制而嵌入到其他类型的软件中。

从系统获得操作系统和作用信息的另一种方法是使用操作系统指纹识别技术,该技术将 TCP 和 UDP 数据包发送到主机,然后检查返回流量的模式。不是所有操作系统的 TCP 协议栈都以同样方式建成,其中相当一部分有自己独特的响应给它发送数据包的方式,具有指纹识别功能的工具通过比对响应模式与返回数据库来识别操作系统。

下面的示例演示使用 Nmap 进行主机操作系统指纹识别的过程：

```
Sh-3.2$ sudo Nmap -O 192.168.105.76
Interesting ports on 192.168.105.76:
Not shown: 964 closed ports, 31 filtered ports
PORT      STATE SERVICE
22/tcp    open  ssh
88/tcp    open  kerberos-sec
3306/tcp open   mysql
3689/tcp open   rendezvous
5900/tcp open   vnc
MAC Address: 00:26:BB:1D:E9:F3 (Unknown)
Device type: general purpose
Running: Apple Mac OS X 10.5.X
OS details: Apple Mac OS X 10.5 - 10.5.6 (Leopard)
Network Distance: 1 hop
Nmap done: 1 IP address (1 host up) scanned in 8.05 seconds
```

该指纹显示的主机是一台苹果工作平台上运行的 Mac OS10.5.X (操作系统)：

```
Running: Apple Mac OS X 10.5.X
OS details: Apple Mac OS X 10.5 - 10.5.6 (Leopard)
```

目前还不清楚此设备的作用或功能是什么，这可能是一个数据库服务器，因为它正在运行 MySQL(TCP/3306)，同时也运行了 SSH(TCP/22)，当然也有可能仅仅是碰巧运行这些服务的工作站。

这些例子表明，有多种方式来获得该机器操作系统和作用的相关数据，通过使用不同的工具和不同类型的数据。为了产生标准的操作系统和作用信息，我们必须决定在 SPA 中如何将我们使用工具获得的数据标准化。我们的工具包括了可以决定操作系统和收集到的数据的逻辑，但不足之处在于从工具中可以得到不同的可能性。当 SPA 工程师检查确认扫描结果时，他们也有可能输入有关主机的信息，这很可能但并不总是与 SPA 标准符号相符。

一些作用和操作系统的结果是非常通用的，而另一些可能非常详细，包括这些数据所显示的版本号，如前面的例子。另外一个很好的例子是考虑 UNIX 设备如何在 role.csv 文件中展示。当该设备作用是"服务器"并且作用类型是"UNIX"，它可以有详细的值，如"Linux"，"红帽 Linux 7.2 内核 2.4.20-28.7"的"Solaris"，"9.3.1"，甚至"没有"。

为了简化有关作用和操作系统的数据，也为了前面例子中的多数据源的问题，我们必须决定在 SPA 报告中包含的有关操作系统和确定系统角色的信息量。最终,我们决定一个更通用的方法就足够了,我们从数据集中移除任何关于操作系统版本或具体角色功能的细节信息,使操作系统的作用和数据保持它的普遍性。我们只使用任何特定的工具都会输出的相同信息,这就确保我们标准化了数据,因为从工具中得到的这种属性的作用和操作系统的概括信息总是存在并且一致的。你可以将这种策略与之前提到的包含不一致信息的伪服务决定相比较。在那种情况下,我们特意保留数据,即使它并不是标准化的,因为我们觉得这有助于理解结果。而在作用和操作系统信息的情况下,只有概括信息才是理解结果所必需的。

我很高兴地告诉你,这是我们遇到的对于这部分 SPA 的最后数据问题。我们经历了一个艰难的过程,决定了我们需要,然后试图使数据满足这些需求。每当出现新的需求,就好像我们发现了用来收集数据的工具和方法之中的结构性错误,而这恰恰使数据难以满足需求。在这些活动中,最大的团队收获就是我们关于数据结构的初始假设是错的。得出那样的初始假设对我们而言是合乎逻辑的,因为这种方法在现有的 SPA 服务的数据集中得到了完美的运行,不太可能出现太大的飞跃,产生新的数据和统计资料。

将我们的数据工作应用到这种新型的 SPA 中是困难的,这个现实使我产生了浓厚的兴趣去研究工具是如何管理单个的无格式文件以及数据分析背后的逻辑。工具编码的很大一部分被专门用于标准化数据来产生特定的输出和 SPA 报告的格式,这些通常以某种特定的形式来执行。随着新的工具被纳入到工具集,SPA 的开发人员添加了新的数据操作代码的部分来弥补特定的输出结构。这意味着,每一次 SPA 团队添加一个新的工具,就有人要像我一样去熟悉和弄清楚 SPA 团队需要什么数据,然后建立一些确保所有数据可以正常工作的技巧和方法。我想,明白我不是唯一致力于数据标准化工作的人可以使我打起一点精神,但是这也暴露出要使得我们的数据可用,我们还必需付出多少时间和精力。而 SPA 工程师仅仅需要将数据应用于容易理解的分析和报告格式中,这些工作相对容易一些。当我试图建立新的与传统的 SPA 不相同的度量标准和报告时,我发现数据的标准化工作真的非常困难。

最终目标

你也许会认为在做出所有这些努力后,我就不用再考虑任何有关数据的事情了。但是在该项目中我们有一个最终的目标,这对于 SPA 来讲是前所未有的,即找到一种方式,让客户知道与他们的同伴相比他们在安全领域中的排名。为了从比较中得出结论,我们需要坚实的数据基础。首先,我们需要决定为建立基准线需要收集多少年的历史数据。在数据方面,我们将会使用一个概括的,净化的历史 SPA 信息的档案,其中包括漏洞的种类和性质,以及它们是如何/在哪儿被发现的(内部网络还是因特网边界)。

我们认为五年的历史数据对于数据相关性来讲就已经足够了,此样本的规模使我们能够拥有一个仍包含了与当今环境相关的数据的大基础。

小贴士 虽然这难以置信,但是我们仍然在许多客户的工作平台中发现了漏洞,而这些工作平台已经使用了 5 年。这通常是由进程、程序以及更高水平的管理方面的失败导致的——但是,那是另一件事了。

选定了历史的时间框架,我们就可以开始分析存档中的数据,并且将其归为几个不同的类别,以下列举出了一些类别:

- 内部网络或者互联网边界评估;
- 结合的规模;
- 客户再现性评估;
- 数据的完整性。

以这种方式整理数据是一个漫长的任务,但这并不需要多少数据操作。然而,其他问题很快显现出来。

我已经谈到了 SPA 工具集是如何随着时间而演变并且利用这些演变来改变数据的格式。我们使用的较旧版本的工具,将过去许多不同类型的漏洞都分到了一类中(从严重性等级这个角度来看),但是在更新一些工具集的版本中,由于漏洞的寿命和新的降低风险的方式,这些漏洞将以更加不同的方式来分类。幸运地是,这些年来,漏洞的类别一直保持着一致。这些类别包括一些信息,像漏洞的类型(例如,缓冲区溢出、跨站点脚本、默认账户),以及在操作系统上被发现和利用的信息。

在当前版本的工具集中,许多类型的文件包含关于评估过的主机的信息,但这些主机在几年前是不存在的。在某些情况下,文件的结构是相同的,但是添加了新的列来包含这些新的类型的信息。我们进行数据分析的下一个挑战是确定从数据集中使用哪一个值以及这些值是否会在多年中保持一致或者是否需要标准化。我们为历史的基准线和统计的分析选择某些值,这些值如下:

- 操作系统;
- 漏洞;
- 作用;
- 漏洞严重性。

这些值涉及技术细节,但是并没有给出可供我们比较不同类型公司的信息。接下来要弄清楚的事情是如何将公司分类,这样我们可以比较同行业中的漏洞。这种分类类型的信息并不是被工具集收集的,这意味着我们必须确定所需的不同的参数从而进行比较,然后确定从何处获得我们需要的信息。我们希望能够回答这个问题,“我怎样与我的同伴们进行比较?”这个问题经常被客户问及。收集到足够多的关于公司的数据来建立一个有用的分类系统是非常重要的,我们相信以下几类将会提供正确的数据分类数量:

- 垂直公司；
- 总年收入；
- 地理位置；
- 雇员总数。

下一步是建立一个分类系统，我们需要将元数据填写到每一个类别中。以垂直公司为例，这个类别中的元数据的例子包括：

- 医疗保健；
- 零售；
- 服务提供商；
- 制造商；
- 教育。

需要根据年度总收入和员工总数限定范围。这些范围的例子包括：

- 1～100；
- 100～5000；
- 5000～10000；
- 10000～20000。

地理位置可能包括以下元数据：

- 国家；
- 州；
- 地区。

创建新的分类系统的最后一步是将每一类和它们的元数据组合在一起，并提供一个唯一的标识符，即一个包括文字与数字的 ID 系统。举个例子，一家美国的拥有 50000 名员工的医疗保健公司，其销售额是 840 万美元，这样一家公司就被归类到了 HC5USM。一家业务遍及全球的零售公司拥有 133000 名员工，销售额是 1900万美元，这样一家公司被归类到 RT9GLM。ID 本身仅仅是我们的符号并且其重要性在于可以用一种我们能够用来比较的方式对每一家公司分类，然后就需要在数据库的新表中储存分类矩阵，该数据库是我们事先为了这个新的 SPA 创建的。

最终，我们需要在档案中将这些相同的类别分配给所有的历史数据。这一部分的工作需要一些时间，因为每一个历史档案中的 SPA 都将被翻阅以便我们可以收集相应的信息来进行分类。这是一个漫长而繁琐的过程，但是最终看来是非常值得在其上面花费时间的，我们能够为我们的客户提供额外的分析并且总结出他们需要的信息走势，然后我们将代码添加到 SPA 工具集中，该工具集可以在评估的开始自动收集此类信息，并且将其添加到数据文件中。

总　结

现在的公司都面临着持续增加的数据量，这些数据来源各异，包括安全工具或者安全设备，每一种数据源可能都有各自不同的输出格式标准。这个案例研究从细节上描述了一个流程，该流程用于解决某个特定的数据难题，我们需要克服各种不同类型的障碍，因为这些障碍关系到我们必须要用到的数据。

当着手一个像这样的项目时，你需要牢记在心的关键一点就是，耐心是成功的关键。带着明确的目标出发，并认识到在前进的道路上，你或许会做出一些决定来权衡这些数据是否会支持那些目标。你需要考虑许多因素，并且你必须精通你正在寻求标准化的数据的类型和格式。

一些有关数据的重要问题需要回答，其中的一些问题如下：

- 我需要哪一种数据格式来进行分析？
- 我需要从多少不同的资源提取数据？
- 数据源中的字段包含无用的字符吗？
- 所有的数据源都包含相应的变量吗？
- 所需的操作会破坏数据的完整性吗？

希望你现在能够明白标准化数据并不是什么高深的事，但需要敏锐的眼光和足够的耐心。

第三部分

探索安全度量项目

第七章　测量安全操作

之前的章节已经简述了安全流程管理(SPM)框架,其中包括了属于该体系的安全测量项目(SMP)在其中承担的角色。我也尽可能地描述了多种应用于此种分析手段的数据和技术,接下来几章将通过几个地区的例子深入了解这些安全测量项目的细节,首先从安全性操作活动的测量开始。

数据分析让人望而生畏,因为有太多眼花缭乱的统计学的测试和方法可被用来理解你所观察到的现象。这些章节和引例的作用在于解释本书目前为止所介绍的内容是如何采用广为人知的方法在真正实践中发挥作用的。如果你期待在本书所述方法基础上更深入的探究或者在你的安全度量项目中探索定性分析,我在接下来几页中提供了一些基本方法。

后续章节中描述的度量标准、数据和分析方法仅仅只是一些建议,而且他们并非适用于所有组织。但是,希望它们可以给读者们带去一些关于如何在安全项目中使用度量项目和数据分析的启发。

安全性操作的度量样本

目标问题度量方法(GQM)是一个用于开展那些定位于特殊需求的安全度量的不错的方法,而且这种方法还将特定组织或环境下的独特需求考虑在内。但是预先开发出来的度量方法也是很有用的,尤其作为未雨绸缪或者抛砖引玉。大多数组织已经拥有了通过描述性方法收集分析数据的安全度量方法,这些方法都可以用来开发一个样本分类。

表格 7-1 列出了几种具有操作性的 IT 安全度量方法,这些可以用作数据收集和分析过程的开端。我将这些度量方法分成四种:预算和人员、过程和项目、系统和漏洞以及调整和修补。这种分类当然是不够详尽的,而且仅仅只是可能的测量方法的皮毛而已。如果你有自己的度量标准,你应该把他们加进表格中或者替换掉不符合你的安全目标的标准,由于随着你的 SMP 和 GQM 的应用会产生新的标准,你应该把这些新标准也并入到一个有记录的、动态的安全度量的分类之中。

这些度量仅仅是为安全数据的来源提供一些启示,然而这些安全数据却可以随着时间的推移,逐渐推动安全流程的改进。大多数安全组织已经定期收集关于事件、风险度和不同层面操作活动的数据来满足来自上级或高管部门的信息需求。这些数据是很重要的,但是只有当分析活动扩展到当前数据之外时,安全性才能真正的通过安全度量方案得到提高。这种提高可以通过随时收集并整理数据以产生基准线和更深入见解的方法来实现,该方法已被很多 IT 安全商店所采用。但是目前还有其他在IT安全领域不常用的新方法可被用以实现测量方法和分析手段，我在本章中会举几个这样的例子。

表7-1 安全性操作的度量样本

	目 标	度 量
预算人员	了解作为IT产业的功能之一的安全性的优先级及其投入	投入到IT安全的预算比重
	了解IT安全行为与商业的关系	各单位通过内部收费方式支付的IT安全预算的比重
	了解作为IT产业的功能之一的安全性的优先级及其投入	投入到IT安全的全职IT员工资源的比例
	了解安全从业员工大致的专业水平	IT安全员工中有资格证与未得到资格证书人员的比例
过程项目	了解日常安全性操作的可见性	记录在案的IT商业过程比例
	了解已有IT安全员工的利用率	一段时间内采取的安全测量手段或改善项目的个数
	了解作为IT产业的功能之一的安全性的优先级及其投入	安全测量或者改善项目在所有的IT测量或改善项目中的比例
	了解IT安全项目的规模和持续时间	一段时间内采取的安全测量或改善项目平均资源利用率（以工时计算）
系统风险	了解偏离已建立的基准线的程度	符合目前构造标准的系统所占百分比
	了解与现有对于安全性的看法的差距	将风险作为评估结果之一的系统的数量或所占比例
	了解易受攻击系统存在的威胁等级	每个已评估系统或者已确定的系统组所承受风险的平均数和严重程度
	了解易受攻击系统存在的威胁等级	一段时间内恶意探测、蓄意攻击以及入侵的数量
	了解由无线连接产生的风险	网络上安全的无线接口与不安全的无线接口间的比例
调整纠正	了解随着时间安全基准线的系统性改变	每一时间段，构造发生变化的数量或者异议的请求数目
	了解安全性反应的观点以及其在IT安全从业人员上的影响	每一时间段，安全性事件（逐步升级的或被调查出来的）的数量
	了解在现实中最猖獗的安全风险	各种风险所占的比例（包括入侵，拒绝服务攻击，数据丢失或损坏，欺骗等）
	了解风险发现后到症状缓和之间的时间差	补救识别到的安全风险的平均时间

安全性操作的测量项目样本

以下四个项目提供了一些实例，列举了安全性度量标准如何在SMP中应用以实现规定的测量目标。对于每个项目，我都给出了一个基础的GQM模版来规定不同项目的目标、每个项目意图回答的问题以及为了给出答案所需要用到的度量标准。

SMP：综合风险评估

第一个项目是为了在(我前几章中批判过的)风险分析中的年度损失期望和风险矩阵法基础上进行改善。年度损失期望的估测之所以被批判是因为其数据都是无现实依据随便编造的。

风险矩阵分析需要IT安全权益相关人对某些安全隐患的可能性和成本进行简单比较从而分配相应的取值。尽管取值由数值表示(1～3，1～10，1～100等等)，它们仍由高、中、低区分。这种分析方式备受争议，这是由于这种方法测量的是对于风险的认知情况而非风险本身，而且使得风险矩阵为了支持热点图而与真实的数据和成本脱节。在这两种方法中，评估结果给风险问题带来的不确定性与去除评估带来的不确定性是一样的。

我们出于一些原因仍然不断地进行这样的风险评估，包括其熟悉度的原因和容易实现评估的原因。我们也由于诸如没有可靠的替代品存在的观念而继续如此的风险评估，我们需要一种能在我们不确定真正风险的时候估计和评判风险的方法，但如何提高风险假定的准确性呢？评估安全风险之所以困难，部分是因为缺乏确切的基准评估数据。如果没有这些数据，似乎我们除了通过经验和“直觉”，就没什么希望接近真相了。

值得庆幸的是，在判断不确定的情况和更为严格分析专家针对不确定情况的意见时，我们有大量文献可以参考。这种测量使用了上述方法用以改进公司现行的、基于矩阵的风险评估，从而提高洞察力并减少关于年度成本的不确定性的威胁。本项目的GQM表格如表7-2所示。

表7-2　综合风险评估项目的GQM模板

目标组成	结果—提高、了解
	元素—成本
	元素—威胁(未经授权的访问、DOS攻击、数据丢失)
	元素—置信区间(CI)
	角度—内部安全专家

续表

目标陈述	本项目的目标是从内部安全专家角度，不断改善以前的置信区间，提高对于未授权访问、DOS攻击和数据丢失年度成本的了解
问题	在接下来的一年中，组织将经历多少次未授权访问、DOS攻击和数据丢失
度量	基于内部专家合作判断推导的置信区间
问题	每例未授权访问、DOS攻击和数据丢失将产生的成本有多少
度量	基于内部专家判断推导的置信区间

使用置信区间(CI)分析专家判断

在不确定条件下分析人类判断的完整方法超出了本测量项目的讨论范围，但是这种方法对于IT安全的意义却十分有趣，这是因为这种方法在年度预期损失(ALE)评估和风险矩阵的构造之间达到了平衡，同时还关注维持合理的方法论的和统计学的实践操作。

这些方法关注在分析测量方法的基础上构造置信区间，而非试图产生能嵌入到方程或矩阵的数据。置信区间是一系列预测出以包含具有某种准确性的真值的集合。例如，90%的置信区间是一系列的值，在这个置信区间中预计将有90%的可能性包含你所找寻的实际值。置信区间使一些专家的想法能被清楚地表达出来，虽然不是那么的绝对，但他们消除了预先定义的不确定性的量。

在前面的内容中，我描述了如何运用估算银行账户收支来构建一个置信区间的例子。即使我们给不出一个确切的数量值，我们每个人对自身财务状况都具有足够的信息和知识使得我们对收支的形容比只是用简单的低、中、高更准确。置信区间的构造利用专业知识和经验给出一个我们可以合理地保证正确性的范围，我们所求的置信水平可能会发生变化(有时，我们可能需要一个95%可靠的结果，而有时我们可能只需要70%)。确定置信水平的诀窍是将我们的具有一定确定度的经验和想法与可用信息的适当级别相结合，利用知情意见是构建专业置信区间的主要原则，并且能够作为传统ALE法或矩阵评估法的补充或替代方法被有效地应用于IT安全领域中。

置信区间的安全构造优点之一是将风险说成是一个能推测出来的、具有某种可能性的区间能降低将风险数据看作绝对数据的可能性。迫使你认识到可能在你的估算中出错，这样就能增加你分析事物的严谨性，而用区间的概念思考能使你避免局限在一个特定值上进行分析。置信区间的构造的另一个优点是在一系列的可能性中进行风险分析使更深入的分析成为可能，运用一定技巧，我们就能在区间范围内模拟预想的各种情景。最后，通过在现行的SIP(安全改进计划)环境中构造置信区间，你能够基于实际发生次数检查估算值，并通过两者的对比不断改进以后的估算值。随着时间的推移，这些数据就可用于为组织构造比热点图或分布广泛的 ALE——实际损失数字模型，更复杂的风险模型。

安全风险的置信区间

这个项目采用的方法与一个更常规的安全风险评估几乎相同，但是其目标是用一个 80%的置信区间去取代接受检查的值，而非试图去评估一个最优值或用其他方式为风险判分。

四个专业权益相关人参与到项目中，这些人中要么是公司 IT 安全从业人员，要么是有为首席财务官工作过的风险管理专家。分配给这些人的任务是为下列风险标准制定 80%的置信区间。

- 今后一年中发生的安全事件的数量(包括未授权访问，DOS 攻击、病毒和数据丢失)；
- 每项每次安全事件的总成本。

对每个置信区间而言，专家一般都估算一个最小值、一个最大值和一个最可能的值来表示置信区间。参与者一般都在个人经验知识基础上做出判断，比如说他们对某个(未知)风险估价处于置信区间范围内的确定度为 80%。这类置信区间在图 7-1 中有所展示。

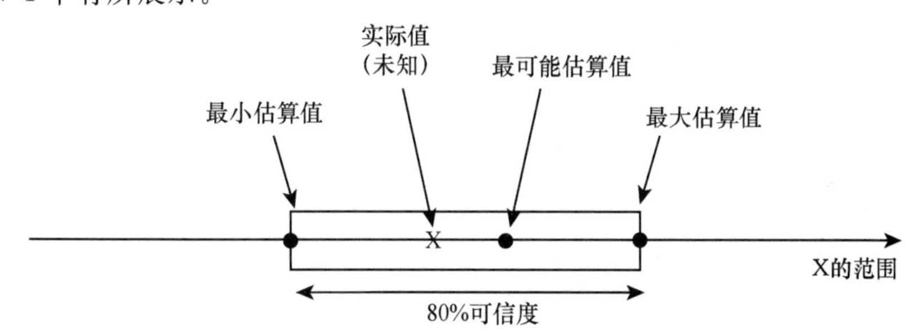

图 7-1　80%可信度的置信区间

专家判断的推导和证实

这个度量做法的核心问题与 ALE 或者矩阵评估没什么不同：我们如何确信这些专家的观点是合理有效的呢？为了确保这种置信区间去除的不确定性比它们本身带来的不确定性要多，我们列举几个决策科学研究中的例子。基本上，为了确保专业权益相关人的决策是合理的，我们采取了很多措施来“校准”他们的判断。为此，我们将风险评估拆分成三个阶段，每阶段都要构造一组置信区间。每个阶段都需要一个对评判专家意见有经验的助手并以一个练习的形式完成。

(1) 在第一个练习中，每名参与者都基于自己的看法和经历构造置信区间，并仅将这些作为置信区间的输入。参与者为每项风险和成本选择一个预估最低值、一个预估最高值和一个预估最可能值。

(2) 在第二个练习中，每名参与者都需要列出他们认为自己的 80%可信度置信区间是正确或者是错误的三个原因。在列出后，参与者需要为这些风险再次重新构造一组置信区间。

(3) 在第三个练习中，每名参与者必须将他们的预估值与一场碰运气的游戏(像幸运转盘或中奖)对比。基于参与者的反应，每个人都必须重新考虑自己的预估值。

下表 7-3 展示了一个参与者的置信区间校准练习的结果。

表 7-3　单个风险评估参与者的预估值

风险	置信区间构造阶段		
	第一	第二	第三
未授权访问			
最低值	0	5	3
最高值	25	20	15
最可能的值	10	10	8
拒绝服务			
最低值	0	2	0
最高值	10	5	3
最可能的值	5	3	1
病毒爆发			
最低值	5	5	8
最高值	40	25	20
最可能的值	20	10	12
数据丢失			
最低值	12	10	18
最高值	52	36	36
最可能的值	24	20	24

参与者预估值的变化原因来自于每项练习本身，这些练习被当做风险评估的一个部分。在第一个练习中，估计值或多或少表示的是直觉的估计，每个参与者出于自己的原因选择数字，比如通过去年自身遇到的相关事件数量的多少来进行推测。在第二个练习中，参与者需要对他们预计的测量给出恰当的理由并考虑到他们可能错误的缘由，通过数字的推理过程使得参与者更可能修改他们的预计值。这些修改当然不是基于新信息产生的，而是由于每个参与者基于曾经的工作经验而改进，从而降低主观不确定性。

第三个练习需要多一些的解释，对于专业校准的几项研究讨论了利用碰运气游戏来探索专家预估值的可信度。在这种条件下，参与者想象他们在玩儿幸运转盘并中奖。游戏中的幸运转盘在图 7-2 中展示出来，要记住，参与到风险评估中的权益相关人需要为他们的预估值构造一个 80％可信度的置信区间，也意味着他们期望十次中有八次风险实际值都落在他们预先估计的区间之内。为了测试其可信度，每个参与者必须在下面两个选项中选出其中之一。

(1) 假定风险实际值已知，参与者可以选择是否需要这个实际值。如果这个数值落在参与者给出的预估区间内则获胜(无论实际值是否符合预估的最可能值)。

(2) 参与者不需找到实际值，只要转转盘。如果指针指向显示“WIN”的区域则获胜。

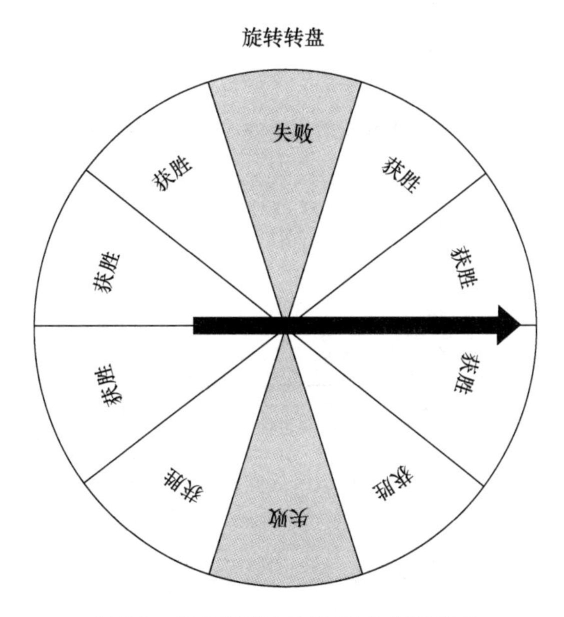

图 7-2　用于置信区间标准的幸运转盘

在很多情况下，参与者经常会选择转盘选项而不会冒着他们预估值可能出错的风险选择另一个选项。但是大转盘中展示了十个区域，只有两个是失败这就意味着有 80％的可能性获胜。这个转盘游戏中 80％的置信区间与参与者构建的 80％的置信区间是相同的。如果参与者对于他们的选择有 80％的信心，选择自己假定值或者转盘同样具备同等可信度——换句话说，无论预先估计风险值还是玩转盘都是假的。如果一个参与者更喜欢某一个，这就证明他的预估值满足下列某一情况：

■预估值可信度高于 80%,因此参与者过度自信(如果他选择假定值选项)。

■预估值可信度低于 80%,因此参与者会不够自信(如果他选择预转盘选项)。

基于转盘实验的结果,每个参与者需要重新预估,并上下调整直到参与者对转盘和选择假定值同样自信为止,最后的置信区间将成为最终预估值,图 7-3 展示的就是未授权访问事件的预估置信区间,其中对应的值在表 7-3 中。置信区间的构造和校准练习适用于所有风险种类,也适用于与风险相关的成本预估。图 7-4 给出了同一参与者对每一个未授权访问事件的成本预估置信区间。

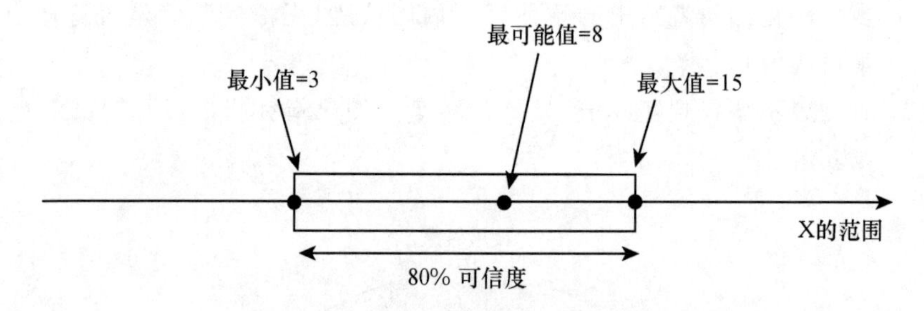

图 7-3　未授权访问事件的预估置信区间

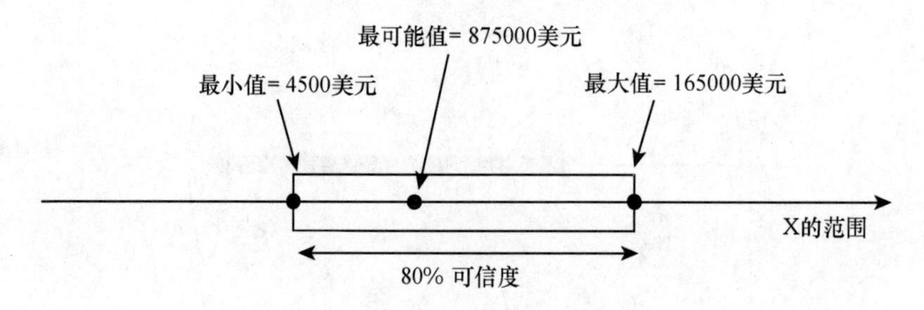

图 7-4　未授权访问成本预估的置信区间

估算权益相关人的判断分布

风险评估的结果体现在一系列的四个参与者每个人给出的 80%可信度的预估值。这些预估值并不比公司从前在估测风险时采用的 ALE 或风险矩阵得分包含更多真实已知的数据,但是这个风险评估方法看重分析并记录参与者的不确定程度。这类评估把问题看作一个范围集合而不是单一的数字,从而更真实地描述风险,使其不大可能被决策者误解为一个确切的值。

通过将安全"热点图"换成其他风险可视化方案,我们发现从另一个视角看风险,分析变得更加生动。一种普通的可视化方案是基础的三角分布,表现预估风险置信区间的最低、最高、最可能值。图 7-5 展现的就是案例中的权益相关人的三角分布,这个分布显示一个置信区间可能性曲线的大致形状,尽管光一个曲线并不能给我们什么启发,但我们考虑一下所有参与者置信区间都分布在一个单一的三角分布中的时候将会发生什么吧。所有参与者未授权访问事件的预估值分布见图 7-6,而所有参与者的事件成本评估的三角分布见图 7-7。

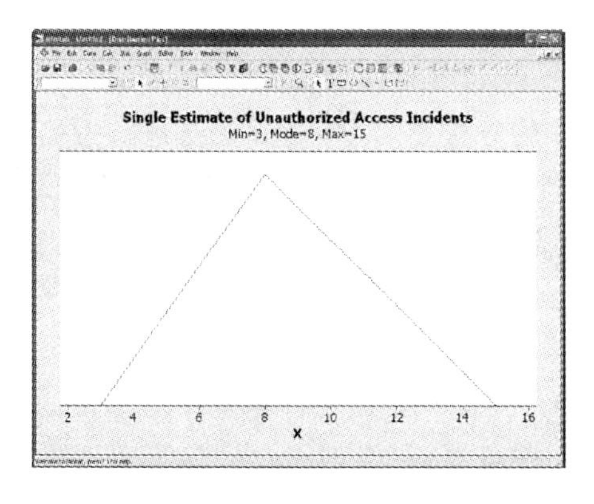

图 7-5　单个参与者未授权访问预估的三角分布

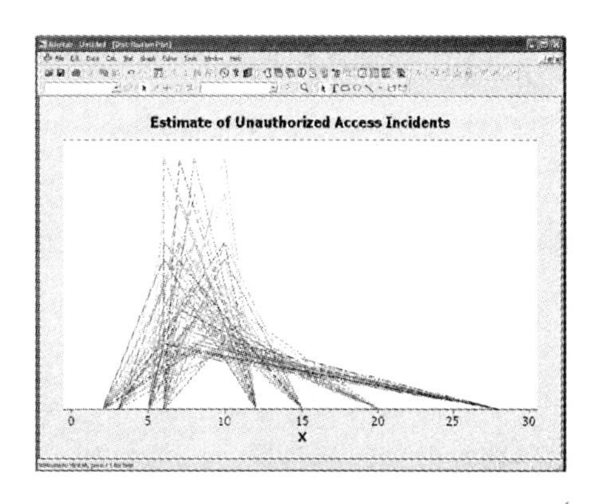

图 7-6　所有参与者对于未授权访问预估的三角分布

可见,单一的置信区间分布现在看上去更像真正的可能性曲线了。在图 7-6 中,未授权访问事件的预估值形成了一个明显是正的(或者向右倾斜的)曲线,而图 7-7 中则是负的(或向左倾斜)曲线。

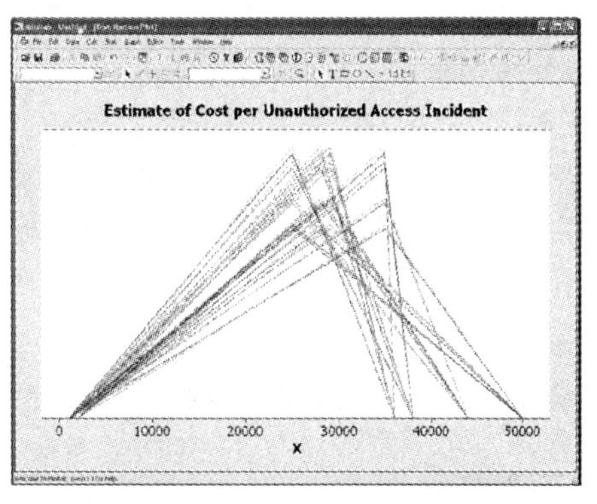

图 7-7　所有参与者的事件成本评估的三角分布

那么,这种可视化将给我们什么启发呢?这些值并不是实际值,而是基于参与评估活动的专家的判断的预估值。然而,如果你信任这些参与者的经验和意见,而且你已经假定校准练习使风险及其成本的置信区间真正具有 80% 的可信度时,这些曲线就可以模拟组织可能会遇到的风险了。这些图也提供了有价值的关于专家们对风险真正理解的启示,在预估事件时,最可能值集中到了分布图的左侧,而在右侧则曲线更长。这说明参与者相信本年度事件数量会很多,但他们预期的事件数量却较少。而在事件成本上,情况却与此相反。虽然参与者承认事件成本可能会很低,但其更长的左边迹线则表明他们对每个事件成本所预期的要更多。

这种测量案例的目的表现出本书所述的一些度量方法、技术如何在不确定的测量分析中使用,如真实的可能性与成本不确定情况下的广义风险评估。随着这些测量项目被不断调整并添加到安全改善计划中,你的组织可以随着时间推移收集到预估值的实际值并将其添加到评估模型中。随后真正的可能性分布就可以同专家预估分布相比较，并重新当做风险评估校准练习中的重要因素。做预测时，你永远也不知道实际风险值，但是你的预测能力和根据预测进行决策的能力将变得更为熟练。

SMP：内部漏洞评估

下面几个项目比之前介绍的广义风险评估方法要简单一些，主要是因为他们涉及的对数据的收集与分析比较直接。由于大部分工作可以自动化地完成，数据源的校准和理解工作不那么繁重。但这并不意味着单纯的推荐大家依靠自动化的数据。正如我之前反复强调，如果想要对自己的测量结果有自信，你们需要掌握数据从何处而来，以及如何处理这些数据。

下面的测量项目是对在一个大型代理商的内部服务器进行安全评估时收集到的漏洞数据进行的分析。本项目评估了两组服务器，每组都有自己的管理团队负责管理、安全和机器维护。作为回应政府新规定的安全改善计划的一部分，高级代理商管理层要求大家必须根据补救优先级计划，识别和减轻内部系统的漏洞。产生对应 SMP 结果的 GQM 表格见表 7-4。

表 7-4　内部漏洞评估项目的 GQM 模板

目标组成	结果—评估、识别
	元素—补救优先级
	元素—漏洞
	元素—漏洞严重程度角度—服务器管理员
目标陈述	本项目的目标是从服务器管理员角度识别内部服务器的漏洞及严重程度而实现评估内部服务器的补救优先级
问题	内部服务器有多脆弱
度量标准	已评估的内部服务器（通过扫描）的安全风险数目
	不同类型、不同操作系统、不同机主的漏洞间比例
问题	内部服务器漏洞有多严重
度量标准	所有已识别的漏洞的 CVSS 分值

我们成立了一个内部评估小组进行安全风险分析，使用一种标准商用工具扫描服务器的安全漏洞。在数据收集阶段的最后，已经有 55 台服务器被识别和评估。从扫描工具得到的数据中，我们得到了一组标准，这个标准将用来分析 IP 地址、操作系统、系统管理小组和已识别的每种漏洞类别与严重程度的信息等。表 7-5显示了一组漏洞测量数据的结果。

表 7-5　服务器评估的漏洞数据样本

IP	操作系统	评估小组	漏洞	威胁分类	严重性（CVSS 得分）
x. x. x. 1	Windows 2003	Bravo	Telnet	Compromise	3. 6
x. x. x. 1	Windows 2003	Bravo	SMB/NetBIOS	Recon	4. 7
x. x. x. 10	Windows 2008	Bravo	SMB/NetBIOS	Compromise	6. 1
x. x. x. 12	Windows 2003	Bravo	Web Server	Compromise	7. 8
x. x. x. 12	Windows 2003	Bravo	FTP	DOS	5. 7
x. x. x. 12	Windows 2003	Bravo	SMB/NetBIOS	Recon	4. 7
x. x. x. 43	AIX	Alpha	SMTP	Compromise	9. 0
x. x. x. 43	AIX	Alpha	Remote Services	DOS	4. 2
x. x. x. 43	AIX	Alpha	TCP	DOS	4. 2
x. x. x. 43	AIX	Alpha	NFS	Recon	5. 7
x. x. x. 43	AIX	Alpha	Remote Services	Recon	4. 2
x. x. x. 43	AIX	Alpha	Web Server	Recon	7. 1

内部漏洞数据的描述性统计

在收集了内部服务器安全状态的不同数据后，评估小组将进行一些分析工作。小组依靠于描述性统计来达成测量项目的目标。

数量和比例　评估小组大多数依靠数量来理解数据，尤其是在描述服务器环境时：

- 55 台服务器被部署于评估环境中；
- 5 个不同的操作系统正在使用中；
- 在以评估的系统中识别出 136 个易受攻击点；
- 管理小组 A 管理着 20 个已评估系统，而 B 则管理着剩余的 35 个。

除了直观的数量，人们也用比率这个指标帮助了解评估标准的故障。表 7-6 就显示了操作系统被选择的比率、漏洞类型和威胁分类。

表 7-6 中的描述性方法在安全评估数据分析中比较普遍，并提供了脆弱环境的信息。表 7-6 还展示了服务器环境大多是 Windows 操作系统，而风险最大的则是那些能引起系统崩溃的服务器环境，这两种漏洞类别占据了所有漏洞半数以上。因此本项目得到来自度量标准数据的基础分析的启发，但是这个项目也和漏洞严重程度息息相关，因此更加关注漏洞恢复的相关工作，这不仅仅是补充和修改那么简单就能完成的。

严重性得分：平均值和离散度　代理商选择使用 CVSS 的得分来测量风险评估中的漏洞严重程度。我们需考虑到 CVSS 是一个将严重程度归结于特定的安全漏洞的产业标准。CVSS 得分范围从 0 到 10,CVSS 得分和推导该分值的方法都是开放的,并能应用于多种机构和厂商,包括代理商进行评估所使用的商业扫描器的厂商,从而使它成为一个合乎逻辑的用于划分评估结果优先级的选择。除了这些发现,CVSS 分数并不是唯一修补漏洞的切入点,其他安全和商业的因素(包括业务影响、地理位置和包含漏洞的系统的重要性以及修补费用)也应在确定优先顺序时考虑在内。

表 7-6　服务器评估的不同漏洞标准的比率

标准	比率
操作系统	
Windows 2003	58%
Windows 2000	16%
Red Hat Linux	11%
Windows 2008	10%
AIX	5%
漏洞类型(前五)	
Web Server	25%
SMB/NetBIOS	20.6%
SMTP	8.8%
User Accounts	6.6%
Remote Services	6.6%
威胁分类	
Compromise	56%
Recon	35%
DOS	9%

利用 CVSS 的分值,项目小组就能在评估中获得安全问题严重程度的信息,其中包括了平均值,已识别的漏洞严重程度以及系统之间的程度差异。我讨论了集中趋势的测量——例如平均值和中位数,还讨论了离散度的测量——比如第五章中的方差。在服务器评估中计算 CVSS 得分的平均值、差值和标准差能为评估团队提供关于安全问题的严重性和差异性更深刻的见解。

当计算基于 CVSS 得分的描述性统计时,需要注意 CVSS 是一个间隔尺度,这就意味着数值之间有一个假定的标准距离。CVSS 得分并不是比率量表,因此也就没有概念零点(尽管有一个得分为零的点),而且你也无法假定分值间存在比例,用这些数值来描述一个 CVSS 平均值为 3.5 的服务器要比一个平均值为 7 的服务器"安全两倍"或"具有其一半的漏洞"是错误的。利用 CVSS 得分而设置修补的优先顺序是正确的,但是用它做出安全性的比较判断则是对度量标准的误解。

表 7-7 显示了在漏洞评估过程中所有漏洞的 CVSS 得分的描述性统计(精确到 0.01)。

表 7-7　服务器评估 CVSS 得分的描述性统计

统计	值
众数(出现最频繁的分数)	4.70
中位数(中间分数)	5.20
平均值(平均分数)	5.69
标准差	1.82

这些统计数据启发了我们对于 CVSS 得分的分组和延伸性的认识。由于众数和中位数都比平均值小,几个严重程度偏高的数值一定高于整体数据的平均值。图 7-8 展示了一个 Minitab 的输出,其中包括了比表 7-7 更精确的描述性统计数据。

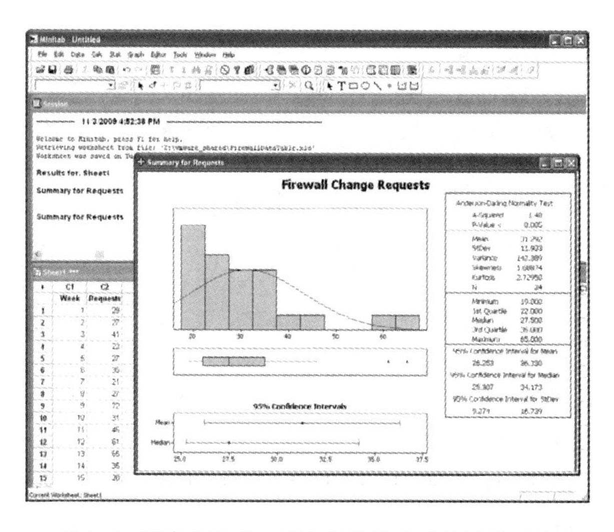

图 7-8　服务器评估 CVSS 得分的描述性统计图表

服务器管理的差别　漏洞评估项目产生了足够多的信息来根据补救措施支持代理商的决策过程,但评估中两个服务器管理组对结果出现分歧时,出现了一个有趣的现象。A 和 B 管理组分别维护安装服务器基站的不同部分,但是两者之间却出现了敌对现象,而由于两个小组针对哪个组能更好地保护代理商的服务器而发生争吵,漏洞评估使敌对状况激化。在高级管理层的帮助下,评估小组将每组管理的服务器团队分开,并分别计算描述性统计数值,因此解决了之前的难题。

服务器漏洞的严重程度在每组的控制下表现出相似特性,其平均值和标准差与用肉眼检查相类似,如图 7-9 所示。A 和 B 成功清除严重漏洞时,我们很难看出明显的差异,就更不用说二者相比哪个更好了。

而管理团队容忍的漏洞数量则是另一回事,数据表明 B 在全局管理服务器漏洞更胜一筹,其漏洞平均数量比 A 的一半儿还少。从图 7-10 来看,差距更加明显。

实际上,如果证明这个差异比偶然发生的概率更大,则需要更加复杂的统计验证。但是也有强大的间接证据显示,虽然两组所管理的漏洞同样糟糕,B 能让系统上残存的安全漏洞数量更小。这项发现使代理商不再是在两组间观望,而是开始研究为何 B 会略胜一筹并将测量项目的结果作为代理商全局恢复策略的重要的因素考虑在内。

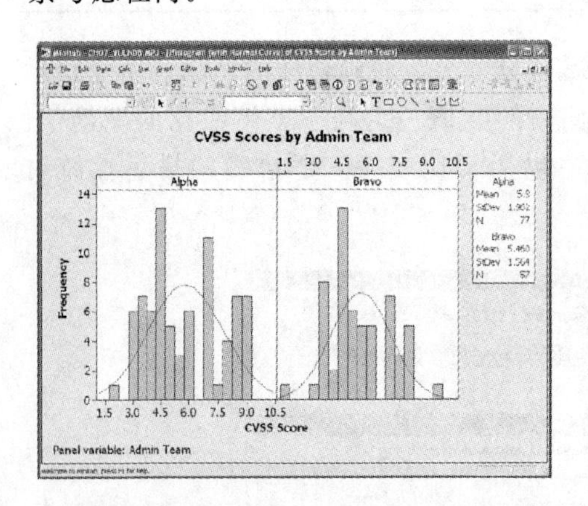

图 7-9　管理小组的 CVSS 得分描述性统计

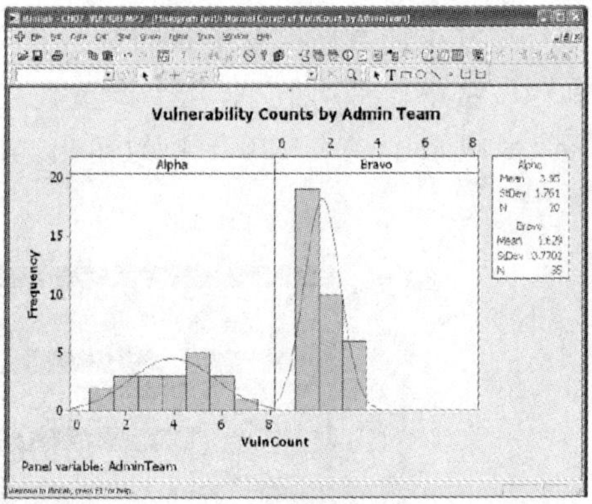

图 7-10　管理小组漏洞数量的描述性统计

在这种情况下,补救策略有双重作用。一方面,修补每组所管理的系统的安全漏洞是很有必要;另一方面,不同等级的修补是十分必要的,它能使 A 的安全等级更接近 B 的程度。如果不理解为什么 B 比 A 更强大,那么想改进流程则将十分困难。因此代理商决定进行后续测量项目以探索 A 系统与 B 系统相比所欠缺的安全性。在解决了二者敌对状态和凭经验进行漏洞相关的活动之后,代理商更专注于面临的困难本身而不是指责或批评 A,从而说服了双方同心协力的改善整体的 IT 安全,这对双方都是有很大好处的。

SMP:推论分析

前面的测量项目展现了一个提供大量安全环境信息的描述性统计结果,但也展现了那些数据的局限性。管理团队在管理服务器安全性上存在差异,仅仅是因为度量标准在肉眼下存在明显差异,他们仍不能证明:如果他们肉眼看不到这些差距,这些差距仍然存在。本章最后会进一步分析两个项目,利用测试提供统计性的证据来证明一个安全环境下,事物运作方式并不相同。

数据中心周边攻击的单一因素方差分析(ANOVA)

第一个测量项目涉及了一个大型跨国公司,该公司运作着全球几家面向互联网的数据中心。由于公司从整体组织角度考虑安全管理和预算，CISO很想了解是否公司周边的某些区域比其他部分面临更大的风险。因此他们启动了一个测量项目来确定安全性事件是否在四个数据中心均匀分布。本项目的GQM如表7-8所示。

表7-8　数据中心周边安全项目的GQM模板

目标组成	结果—最优化、了解 元素—安全资源分配 元素—周边安全事件 元素—公司的数据中心 角度—数据中心安全性从业人员
目标陈述	本项目是从数据中心安全性从业人员角度，通过了解公司数据中心周边安全事件的分布，最优化安全资源的分配
问题	什么是针对公司所有数据中心周边安全事件的故障
度量	数据中心的周边安全事件 不同数据中心的周边安全事件的比率
问题	单独的数据中心的受威胁方式有所不同吗
度量	数据中心周边安全事件数据的差异分析

该公司的数据中心都具有大致相同的规模和结构，用来跨时区的提供冗余操作。为了确定数据中心运行的不同威胁是否存在差异，团队分析了公司网络外围检测到的每个月恶意行为(包括恶意探测和蓄意攻击)的水平。小组观察了去年每个数据中心的数据，表7-9给出了按月计算的恶意行为数量以及按不同数据中心计算的数量。

从表中看，我们很难区别四个数据中心的恶意事件数量有什么不同，然而统计数据可以较可信地肯定，不同数据中心间是否存在差距。这些数据用比率区间来度量，这就意味着用绝对的零点作参照，表示的是实数。同样意味着小组可以用集中趋势和离差的测量方法选择推论性统计方法。项目小组决定使用单一因素方差分析来对比四个数据中心的恶意事件平均值并确定它们是否超过了一定概率。

表7-9　数据中心周边安全事件

	圣何塞	纽约	都柏林	班加罗尔
一月	4069	4403	3965	4606
二月	4560	4622	4298	4695
三月	4856	4630	4537	4102
四月	4539	4530	4003	4829
五月	4420	4380	3846	4650
六月	4989	4367	4938	4513
七月	5021	4751	4017	4995

续表

	圣何塞	纽约	都柏林	班加罗尔
八月	3993	4610	3981	4847
九月	5004	4478	4974	4308
十月	4203	5021	4284	5427
十一月	4444	4518	4129	4674
十二月	4103	4702	3873	4964

项目小组构造了一个假设的测试来进行相应的分析。这项测试很简单：零假设(在没有其他解释时,本解释认定为真)声称四个数据中心中,无法用数据的随机浮动解释的恶意事件之间不存在差别。换句话说,零假设声明数据中心随着时间的推移,正在经历着平均值相同数量的恶意事件。项目小组后来又提出了第二种解释：替代性假设——它简单阐述了数据中心恶意事件的平均数量存在着随机发生概率无法解释的差距。最后,项目小组选择了一个 p 值,或者一个能够证明差异是真实存在的。他们将 p 值设为 0.05,代表着 95%确定差异是真实存在的阈值(尽管还有 5%的可能这种差异是随机产生的)。p 值 0.05 在科学界中是一个重要的常用阈值。

剩下的工作就是运用统计学软件进行测试。如果测试产生的 p 值小于 0.05,则项目小组需放弃零假设所声称的事件数量之间没有差距的方法,而接受替代性假设所认定的数据中心面临着不同的安全环境的结果。测试无法说明数量差异产生的原因,但可以使项目小组更好地为资源设定优先级并引出更多问题。

图 7-11 展示了数据中心事件数据 ANOVA 的 Minitab 显示。在 Session 窗口下可以看到 p 值为 0.009,明显小于 0.05 阈值因此放弃零假设分析,项目小组正如我们所分析的那样采用了替代性假设,认为数据中心的事件平均数量间存在差异。输出结果也包括了代表四个数据中心的方块,也可用于肉眼分析平均数量。

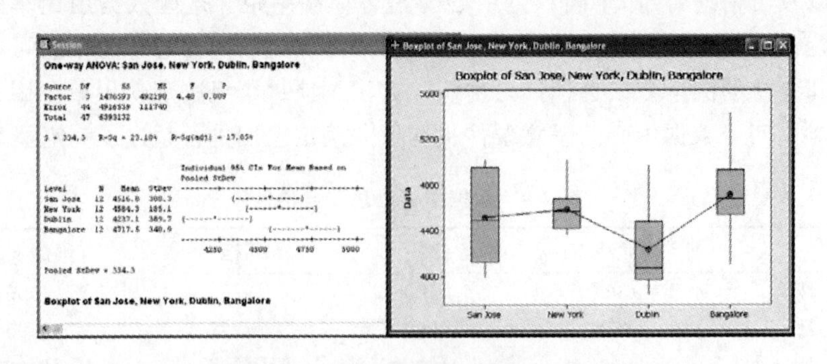

图 7-11　单一因素方差分析结果

由于受这些度量方法的影响,项目小组发现四个数据中心的安全环境的不同,并向 CISO 建议这些差异应该在分配安全资源、预算时考虑在内。项目小组还推荐进一步利用 SMP 来确定差异存在的原因并试图更透彻地理解每个数据中心存在的威胁和(恶意)行为。

数据丢失预防改善项目的 x^2 检验

下一个 SMP 和数据中心安全事件分析很类似却有一个重要不同，这个项目所涉及的公司正进行一项计划以预防由公司电子邮件系统造成的数据丢失。公司要负责坚持几项规定保护敏感的个人资料的信息，而公司还有内部数据需要保护。在经历了几个敏感数据被错误的写进电子邮件而被发送出去的事件后，信息安全主管发起了一个数据丢失预防项目(DLP)并开始致力于改善这种状况，需要考虑的部分包括了电子邮件通信的数据类型和数据源，我们主观知道他会面临公司内不同商务部门政策上的阻力甚至是全面的控制，因此他想获得尽可能多的信息找出问题所在。一个 SMP 建立起来了，其 GQM 模板如表 7-10 所示。

表 7-10　数据丢失预防改善项目的 GQM 模板

目标组成	结果—改善、评估 元素—数据丢失预防计划 元素—电子邮件造成的数据丢失事件 元素—公司部门 角度—安全性及合规性负责人
目标陈述	本项目是从安全性及合规性负责人角度，通过评估几个公司部门数据丢失事件，改善数据丢失预防计划。
问题	通过电子邮件，敏感的或受控制的数据多久丢失一次
度量	公司部门的数据丢失类型的 x^2

该公司的信息安全小组已经同一个商业 DLP 产品供应商取得合作进行基于电子邮件 DLP 解决方案的实验，供应商还允许公司利用相应实验装置收集丢失信息种类和数量的相关数据。通过合作，该公司已经将数据分成三类：个人身份信息(PII)——受隐私条例的保护；公司保密信息(CCI)——具有内部敏感性；合同保护信息(CPI)——受顾客和合伙人协议的保护。该实验主要目的是监视公司内部五个部门的电子邮件情况。在八周的数据收集之后，公司得到了表 7-11 所示的 DLP 度量数据，数据表明每个部门员工发送的电子邮件中包含特定类型信息。

表 7-11　按数据类型和公司部门分类的数据丢失事件

分类	个人身份信息	公司保密信息	合同保护信息
人力资源部	80	62	60
财务部	36	60	40
销售部	27	35	39
工程部	11	10	18
市场部	40	43	55

从很多方面来看，这和前一个项目中数据中心的安全事件的分析看似相同，但却有一个很关键的不同之处。DLP 数据是分类别的，它将电子邮件根据信息类型和信息源——公司部门进行分类。与数据中心不同的是，这些部门在组成上并不相似，因此对比每种受保护信息的平均值并不能得到预期效果，但是信息安全主管仍希望了解不同部门发出的含敏感内容的电子邮件是否有所差距，或者在监督下的个人是否在处理（或误操作）所有受保护的数据时采取的方法与普通数据相同。

卡方检验属于统计测试，它能确定不同类别数据间的差别是否存在，因此选它来进行 DLP 项目的测试。正如之前提到的单一因素方差分析一样，卡方检验也需要项目小组建立零假设和替代性假设来测试，他们也会选择一定的级别来放弃使用零假设。此种情况下，零假设是指业务部门和数据丢失无关的情况。如果零假设为真，那么建立全局 DLP 方案将更有意义，这是因为哪个部门或哪种信息并不重要。

替代性假设则与部门与丢失信息有关，虽然这个测试无法告诉项目小组为什么某些部门更可能对受保护的信息不当的处理，放弃零假设测试则表明公司部门会以不同的方式处理受保护的信息，这种测试会随着信息安全主管在扩张 DLP 计划时，给整个公司以灵感。正如数据中心的项目小组一样，DLP 项目小组选择了一个0.05的 p 值，作为放弃使用零假设测试的重要阈值。

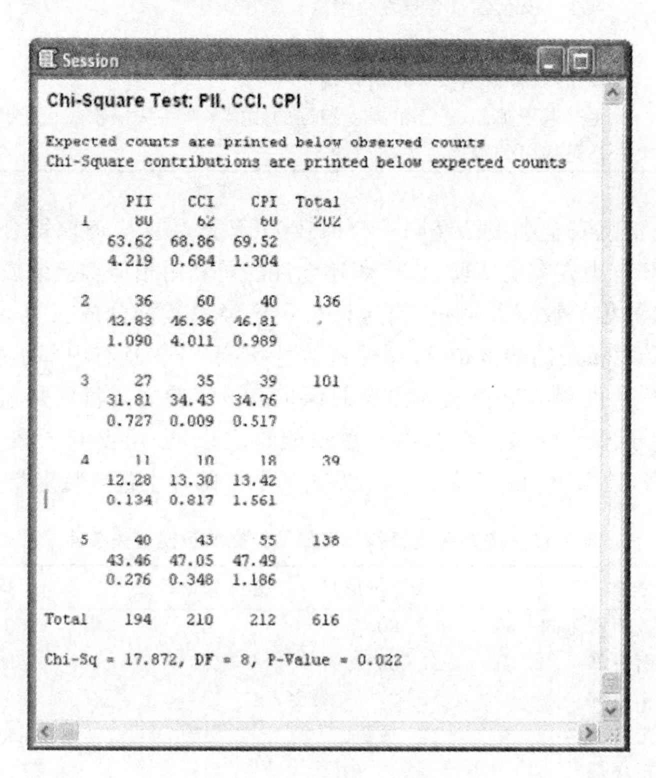

Session

Chi-Square Test: PII, CCI, CPI

Expected counts are printed below observed counts
Chi-Square contributions are printed below expected counts

	PII	CCI	CPI	Total
1	80	62	60	202
	63.62	68.86	69.52	
	4.219	0.684	1.304	
2	36	60	40	136
	42.83	46.36	46.81	
	1.090	4.011	0.989	
3	27	35	39	101
	31.81	34.43	34.76	
	0.727	0.009	0.517	
4	11	10	18	39
	12.28	13.30	13.42	
	0.134	0.817	1.561	
5	40	43	55	138
	43.46	47.05	47.49	
	0.276	0.348	1.186	
Total	194	210	212	616

Chi-Sq = 17.872, DF = 8, P-Value = 0.022

图 7-12 DLP 计划的 x^2 检验结果

图 7-12 就是卡方检验的 Minitab 输出，在会话窗口显示的大部分信息都描述了统计学测试的特征（尽管本书某些章节出现过），描述了这类测试应用到的数学知识已经超出了我所做的事情的范围（更别提其他人已经做得更好了）。大多数安全度量专家（包括我）依赖于类似于 Minitab 或其他统计工具来做数学分析，然后直接跳到输出最重要的部分——在会话窗口底部的 p 值的确定，这个值小于 0.05 则要放弃零假设。因此，项目小组同样地放弃了零假设所声称的事件数量间没有差距的方法，然而，小组接受替代性假设所认定业务部门和丢失数据的类型有关。这个发现使得信息安全主管对 DLP 的本质有更深的感悟，并将这一重要的观点带到高级管理层和不同部门一起讨论。

总　　结

本章的目的就是为了展示书中目前提到的安全度量技术在 SMP 案例中的实际应用。数据的收集和分析使安全度量更有效率，它们也是一个拥有容易理解的目标、数据源和分析工具测量过程的重要组成。

测量安全性的操作不必局限于自动化的数据和描述性分析方法上。在风险评估项目中，就存在着创新的方法——利用专家的意见来重新审视广义、主观的测量方法。描述性统计很有价值，但是你也应考虑在你的度量项目中增加更先进的像集中趋势测量（比如平均值和中位数）和离差测量（比如标准差）的描述工具。推论性统计工具如果使用得当也是很有用的，例如 ANOVA 和卡方检验也可以在描述性统计无法迅速明显识别的情况下，识别变量和数据间的关系。

无论为你的测量项目选择哪种统计工具，你都应该意识到你的选择的局限性。虽然不要求你能用手做到方差分析或者卡方检验（这是软件产生的目的），但你应该考虑一下你能否理解你所试图完成的事物以及为什么某种统计方法或测试能让你得到正确的结果。

扩展阅读

Galway，L. Subjective Probability Distribution Elicitation in Cost Risk Analysis：A Review. RAND Corporation，2007.

Goodwin，P. Decision Analysis for Management Judgment. Wiley，2004.

O'Hagan，A.，et al. Uncertain Judgements：Eliciting Experts' Probabilities. Wiley，2006.

Several of the books recommended at the end of Chapter 5 will also be useful forexploring the techniques outlined in this chapter.

第八章　测量合规性和一致性

第七章描述了可用于特定(通常是技术性的)安全操作的度量标准和安全测量项目的案例。这一章则稍微偏移主题,来介绍对合规性和一致性的测量,看它们是否符合一些要强制执行的安全操作方法。

这些必要的方法,可以在快速进军安全行业的法律法规、标准文件、合同、服务级别协议和通用的最佳实用构架文件中迅速找到。一些应用于特定产业或各种信息模式中,另一些以各自的方式被应用于产业中的所有人(比如上市公司)。就如大部分越来越忙于回答管理者与审计员的问题的安全管理员会告诉你的那样,他们的系统没有一按就运行出结果的按钮,也没有你一输入就能搞定“测量我的适应性”的命令行(尽管越来越多供应商声称他们就有这样的功能)。其实,CISO 们和安全指导员们所面临问题的复杂性常常让他们挠头不已(在极端情况下还会让他们对自己的工作望而却步)。

测量合规性的挑战

测量合规性如此充满挑战的重要原因之一就是合规性不是单一化的,因此,简化及界定问题空间需要巨大的努力。如今的合规性是一个模糊主观的概念,包括了一系列动态的混合:新生的不断改变的规章规则,在包括审计员和规范管理人员的组织中的人际关系,缺乏深入了解安全操作过程所产生的各种问题。

在大部分我曾涉猎的与合规性相关的安全度量标准中,获得推广的度量标准看起来会更接近你对 IT 系统的期待。它们更倾向于量化,并狭隘地聚焦于由特殊合规性框架确定的特定的控制要求。这样也会产生一定的风险,这种方法可能产生“检查盒”的思维方式,也就是更乐于接受简单且能轻松获得认证的数据,而忽视对信息安全真实存在的复杂性的探索。某些情况下,在控制方面的短浅目光会导致度量标准忽略特定合规性框架的真实目的。ISO/IEC27001 和 ISO/IEC27002,这两个国际信息安全标准就是受了这种影响的好例子。

相关标准的混淆

ISO/IEC27001 和 ISO/IEC27002 是国际标准大家族的一部分,它们由国际标准化组织(ISO)提出,意在处理信息系统的安全性问题。这两个标准有很长的更改和发展历史,这些年来变换了很多名字和代称,最终在 2005 年定型为 27001 和 27002。这些标准本身紧密相关,ISO/IEC27001 是信息安全的标准——一系列明确的信息安全管理系统的要求，一个组织可以根据它获得正式认证。ISO/IEC27002 是一个最佳实践方式的框架，且有一册关于控制的目标和控制本身的指导书，以帮助组织建立健壮的安全架构，不管该组织需不需要认证。

这就是混乱的开始，除了 27001 和 27002 标准，ISO/IEC27000 家族还包括了一些其他标准，它们已被发布或正在改进中。其他 27000 系列的标准包括 ISO/IEC 27004（信息安全管理测量），ISO/IEC 27005（信息安全风险管理），ISO/IEC27006（ISO/IEC 27001 标准体系审核和认证机构的要求）。所有的 ISO 标准都由 ISO 或者如 ANSI（美国国家标准协会）等其他标准化组织颁布。不过，这些标准不是免费的，标准化组织会收取授权使用标准文件的费用。

ISO/IEC 27001 与 ISO/IEC 27002 有部分相同内容，因为 27002 中推荐的控制目标和特殊控制都在 27001 的附录中。因此，许多 ISO/IEC 27001 的使用者（包括安全合规性的专家们）认为 27001 只是一个可认证版本的 27002，它认证的只是 27002 中存在的那些控制项。但这些书面的控制项或多或少有些模糊，因为不管是组织实施控制项时，还是审计员评估控制项时，这些控制项都可以有多种解释。因而一些安全标准专家就其模糊性认定 ISO/IEC 27002 不适宜用来测量安全性，他们认为：书面标准主要是认证审核机构的观念，所以用于构建标准的主观性太大。过于看重审计而忽略测量办法本身，这样的标准就不能成功地测量目标。

但我不同意这样来解读 ISO/IEC 27002，理由与我们能否以及如何测量合规性和适应性这两个问题有关，具体原因有二：第一，ISO/IEC 27002 这一被批评为太过关注审计的标准并不是一个可进行认证的标准。这就是说人们不能根据它来审计，也不能让自己变得符合 ISO/IEC 27002 标准，因为这一标准不是规定性的，更没有强制要求特定的控制项，反而是作为信息安全指导说明书一类的东西。在 27001 家族中，ISO/IEC 27001 才是可审计的安全标准。让它具有可审计性的不是作为附录的 ISO/IEC27002 里的控制项系列，它是一个为了实施安全管理过程的标准，主要关注开发、实施、复查和提高组织安全管理进程这些方面的要求。这些特定的用于增强过程的控制项很重要，然而它们对标准的要求却是辅助性的。ISO/IEC 27001 中的要求非常细致，虽然它们不一定是以数值形式出现，它们要求实施测量标准的组织好好动动脑子，去找出测量相关性能表现的最佳方法。ISO/IEC 27001 的要求包括风险评估结果的记录、所选择的控制的正规描述、之所以如此选择的原因陈述、明确的书面政策和执行程序。你能把这些东西在某种程度上量化，但不一定总能将它们用数值基准表现。

审计还是测量？

接下来就要说那些只钟情于量化度量标准的专家们所犯的第二个错误了。他们中的有些人抱怨 ISO/IEC 27002 讲了太多审计而没有测量。通过关注审计，标准着重在了选择和评估,忽视了监控和测量。这一论断回应了 Lord Kelvin 和他对量化的偏好(仅是我的个人的推断):“如果我不能简单地把所见转换成数值,那就没有意义。”鉴于读者已经看到这里,我想读者可能已经猜到,我不同意这一狭隘的哲学论点。审计的定义是“系统性或策略性的检验、复查某物”,这其实非常接近“测量”的定义。当然,如果你对测量的定义是如此的狭隘以致于认为它只能包括数据和对基于一定数量的事件的分析就另当别论。

但我不是想重复阐述之前有关数字的观点,也不是想驳斥 ISO/ISC 27000 系列标准或者合规性审计的价值。我的担忧其实和其他人一样,如果合规性标准如此模糊,我们靠什么来评估(或者说审计)?有人会说这不可能,你应该折腾出一个能够容易获得的合规性框架,其中的量化绩效指标能被改装成审计者乐于见到的结果。我认为这种方法得出的是不健全的合规性和安全性,因为它忽略了许多框架文件中所看重的低层次且“客观的”度量标准。

这些小块的数据没有意义也不能光凭自身提供相关内容,这样的数据还需要经过阐释及转化才能展现出它所代表的含义。我相信如果你必须解释说明这些数据,你也会想把关于背景和含义作为测量的一部分。解释和相关背景是我们能理解每天狂轰滥炸的大量单个观察记录的途径,让我们能够把那些目标数据应用于各种情况。

弱化“人”在测量中的作用而一味看重“事实”,你就扼杀了自己的直觉和创造性,把自己的安全度量项目定位成了一组无趣的统计数据,这样也就没可能让别人愿意参与到其中了。与此相同的是,让审计环境只剩下控制列表,真正的审计应该像侦探故事一样——审计者尝试着理解并阐释合规的复杂性,而不是单纯地被控制项的表象困住。真正的测量就像科学,研究者看的是想法和理论,不是从数据直接得到结果本身。不管怎样,我们都是在探寻真理,尽管它并不总是能由事实反映出来。

如果你觉得我对于无聊的测量与审计信息安全表现得过于文艺,我也不介意。如果你的安全度量项目完全无关好奇心和怀疑精神,而只有所谓对技术性操作成功的审计和可视化,那很显然,你做得不对。

多重框架的混淆

如果很难理解如何从同一系列的标准中辨出优劣,如比较 ISO/IEC 27001 和 27002,那就考虑下与组织必须符合的多重合规性框架相关的问题(该框架可能随着整体框架的修正而改变)。理论上来说,你可以把 ISO/IEC27002 中的每个控制项都包含在内,但同时还是不符合 ISO/IEC27001 的标准,因为 27001 检测的不是技术上的控制项的有效性(它测量的是该安全管理系统的完备性和成熟性,包括了人、过程和技术)。如果想要符合标准或合规性框架,就必须明白这个整体框架的实际要求——这在不同的规范体系间有着或直接或细微的差别。

我的日常工作中要与许多涉及IT政务、风险和合规性问题(IT GRC)等相关问题的客户合作。IT GRC是一个概述的名词,描述包括IT、风险、安全管理以及涉及人和组织的信息行为规范或风险评估的领域。IT GRC涉及的问题大部分都是不明确的,它会让喜欢纯量化标准的专家们崩溃。但你不能因为IT GRC不能得出你想要的测量结果,就简单的忽略它的某些需求和动机。

今天安全环境越来越受制于各方权益相关人的影响和干涉,包括国家和地方政府(法律规章),工业协会(最佳实践案例、正式要求),国际组织(标准),甚至是合作伙伴和客户(合同、满意度和保留度)。不管你喜不喜欢,你都要知道如何评估测量这些安全,如何进行自动的日志量化分析,同时也要知道你的漏洞扫描报告不可能满足所有情况下的需求。

当我帮助客户达到IT GRC目标的时候,我关注的是怎么把不同的合规性要求整合在一起,以得到一个前后一致的要求集合。如今,许多组织处理合规性要求时,很少为了满足特定要求而把单项的工作整合起来。举例来说,人力资源部门可能会关注健康保险流通与责任法案(HIPAA)的规范项目,而安全部门却忙于为支付卡行业数据安全标准的审计做准备。这两个部门可能根本就没有沟通,也都不知道CFO办公室正忙着看萨班斯·奥克斯利法案的要求好给董事会做年报。这些项目根据各自的目标制订发展方法与度量标准,他们是企业内部的一个个“小山头”;在部门内已有特定目的成员不太可能去寻求和别的部门合作。然而在许多情况下,这些分别实施框架的控制与目标会出现大量的重复和冗余。这种分裂的结果之一就是真真切切的重复性工作和资源浪费,这些资源本可以在别处被更有效的利用。结果之二就是不同的规范最后给公司增加了风险,因为组织内部没有标准化的合规性要求。

就算你想对合规性问题应用直接、易收集的度量标准,如果不懂得实际的界限和对规范状态的特定组成部分,你也很难做成。更复杂的是,不是所有影响安全的合规性责任都是针对安全的。因此,为了从安全的角度来测量合规性,你就不能奢望把工作限定在“安全”这部分上,要涉及企业内的财务组织、法律组织,以及风险管理组织来试着满足实际的规范需求。就像很多看起来难以解决的问题一样,你测量合规性和一致性的第一步就是测量(或评估)这些规范对你的环境到底意味着什么。在此之后,你就能开始更具体地认识你所希望进一步了解的合规性度量标准。

供应商提供IT GRC的相关产品,尝试着自动化IT GRC的进程。这些供应商的办法可能很复杂,提供企业范围的治理行为管理、风险管理和规范化工作。但搞清楚哪种供应商的解决方案适合你的环境非常有挑战性,因为并不存在IT GRC软件方案到底由什么组成的共识,而且供应商们关注的方面也不同。

最根本的是，就算是昂贵且设计良好的软件，也不能为一个你自己没有彻底理解的问题提供解决方案。而且，大范围地实行商业问题的自动化处理也有自己的风险，近年来采用企业资源计划(ERP)和客户关系管理(CRM)软件方案的企业就是例证。

合规性及一致性测量项目的样例

下面的安全测量项目案例尝试着决定如何结合或精简不同的规范框架，才能达到减少冗余及重复工作的目的，之后的例子包含了测量几个样本合规性问题的一些特定方面的项目。

建立一个精简的通用控制框架

精简控制项是这样的一个过程：通过分析多个合规性框架，互相映射不同框架间特定控制要求中等价的部分。映射过程的目标是搞清楚各个框架共同的需求，然后记录下对应关系，从而让单个控制项变得可以通用于多个合规性活动。这样的控制项可能存在于安全领域中、综合IT管理中或在其他的组织管理结构中。关键是要保证协调性，从而让不同小组不再实施如此的控制项：它们本质上重叠却被管理为不同的框架或项目。

这一过程最终的结果一般是一些通用控制框架表(CCF)，一个CCF是组织内书面的概念性控制要求映射表，记录有不同框架间的等价项。CCF可被用于统一企业合规性计划的根据，满足整个组织的需求并且消除"小谷堆"浪费和不受协调的合规性计划。从安全度量的角度看，一个CCF可以被用于开发适用于任何控制或控制目标的、基于需求的测量项目。但就算在发展CCF本身之前，与合规性相关的度量标准可以被用来帮助判别控制项精简计划是否成功。

对这个项目来说，研究的实体是一个已上市的医院系统。医院系统的风险管理被要求从安全的角度出发，在目前经济衰退的大环境下，检查并缩减IT的合规性成本，但是大家却都感觉，随着合规性工作的迅速增多，不仅成本增长了，对该医院安全项目是否符合规章制度也产生了越来越多的怀疑。表8-1显示了该项目的目标问题度量(GQM)基本模板。

表8-1 精简CCF项目的GQM模板

目标组成	结果——减少，分析，产生 元素——成本 元素——精简控制项 元素——通用控制框架 角度——企业风险管理者们

续表

目标陈述	项目的目标是，从企业风险管理者的角度通过分析所要求的合规性框架的精简战略以及找出最适合公司的 CCF 模型，来减少满足整个公司多种合规性需求的总成本
问题	当前的合规性管理成本是多少
度量	满足多个规范框架的成本（人力、时间、金额）
问题	精简控制项，从而减少重复的合规性框架需求的最有效的方法是什么
度量	在不同的框架间书面记录 CCF 中等价的控制部分

合规性成本的度量

此项目最先需要收集的数据就是合规性方案的当前成本，然后，这些度量数据就可用来提供用于测量运用某 CCF 之后成本增减的基准。表 8-2 列出了用于产生这种数据的一些度量。注意，这些度量与合规性计划的表现、对审计的影响以及其他关于合规性表现的判断标准全无联系。这些只是单纯的正在被应用的合规性工作的成本。

表 8-2　合规成本度量示例

度量	注意
合规性计划的总数或者当前进行项目的总数（包括规章制度和工业标准、合同要求、内部政策）	收集此类数据往往涉及高水平的项目支持，跨越为了识别项目在整个组织实行的检测性工作，或者两者的结合。对有很多“小谷堆”的组织更是如此，但这种数据对于理解当前合规性环境的分布和复杂性是必要的。如果没有这类数据，就很难得到［粒度化指标（Granular Metrics）］。而如果太复杂，合规性计划就会局限在很小的已知框架内（就像这里医院的案例）或者特定的功能领域（如保护个人身份信息）。不管哪种情况，都必须明确这种局限性。你还必须要清楚地知道，哪些部门及合规性框架与哪些计划相关
之前几年（如前 1，2 年）完成的合规性项目总数	这种数据提供历史性的观点，让组织有了可供对比的背景（如，成本是否正在增加？）你也可以记录哪些部门及合规性框架与哪些计划相关
每个合规性项目中全职等价的员工数	虽然该平均值可被用于更不精确的情况下，这种数据却开始解释合规性项目的规模，以及每个项目应该用多少员工。这一度量也涵盖了角色、部门、顾问或承包商与内部员工间的比例
合规性项目的平均工期	通过确定特定合规性项目的工期，组织更能理解真实的合规性成本
每个合规性项目资源薪金的平均值和中位数	这种数据让组织可给整体的合规性计划分配切实的经费。相似的度量可能为空间消耗、IT 系统或其他涉及合规性计划的资源所建立，这种度量也可包含聘用顾问和承包商的相应花销

精简控制框架

精简控制框架和产生 CCF 的策略各有不同，不是每个策略都能同样的满足医院降低成本的需要，所以下一个阶段就是在与风险管理部最相关的三个合规性框架中寻找等价关系。

- 健康保险流通与责任法案（HIPAA）包括病人数据的医疗保健管理规则；
- 支付卡产业资料安全标准（PCI DSS）医院有支持信用卡交易的销售点；
- 萨班斯—奥克斯利法案（Sarbanes-Oxley Act）医院系统是公开经营股份的。

这些框架本身对这个案例来说不那么重要，但我将用它们来例证公司所考虑的的 CCF 策略。医院系统把三个互相对应的策略看做整个项目的一部分：规范、可传递、粒度化。每个精简策略都结合了自己的优缺点，都是风险评估做决定的根据。

规范控制映射 在规范映射中，要分析所有被考虑的控制框架，找出其中的等价关系，并将其映射到新的"元"框架中，而这个"元"框架则成为合规性控制的中心控制集。规范控制映射的目标是建立一个更小更精确的控制表，在涵盖所有必需要求的同时形成一个可适用于所有人的标准控制集，也不用管这些人各自关注的领域是什么。图 8-1 显示了这样一个例子，医院系统控制需求的概念性子集。

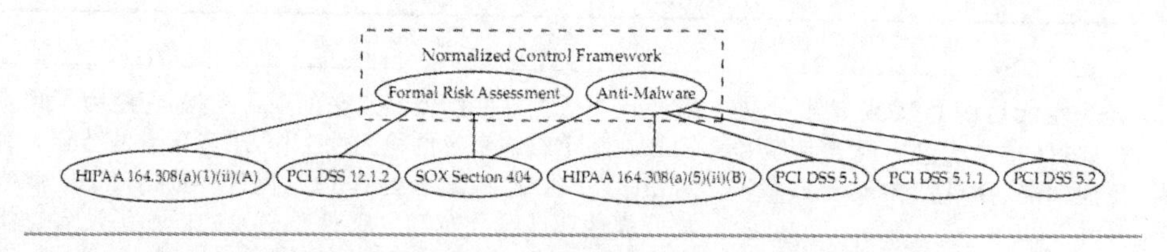

图 8-1 HIPAA，PCI DSS 和 SOX 规范性控制映射

规范性映射将等价的部分放在新的已规范框架的控制项之中。新的框架代表了公司中的每个人都要接受的统一控制的合集，不再是要求各项目侧重在 HIPPA 或者 PCI DSS 这样的特定方面。这么做的另一个优点是在处理更模糊的控制项（如 SOX 所要求的那些）时具有灵活性，使它们尽可能地满足组织的目标。

规范映射策略的局限性包括对标准的需求，有时候需要用广义的语言来阐释多个框架的控制项。这就有了一个问题：在审计环境中，审计者可能要用非常精确的术语来描述正在评估的合规性要求，这就要求医院的顾问公司精确斟酌，以及记录完备的新控制项框架，从而使新控制项映射回原框架的需求变得简单。

可传递控制映射 可传递映射策略不是产生一个新的控制框架，而是把已存在的框架中的某一个优先化，把它作为"关键"的合规要求，并根据它对其他框架进行映射。HIPAA 在这里就是一个优先框架，那么就应该把它作为核心控制集。图 8-2 显示了重设之前例子的控制项后得到的可传递控制映射图，风险管理者认为这样的策略有如下优点：它们在前端各种控制项之间的映射所需的资源更少。因为不需要新的框架，工作的主体就可以放在寻找 HIPAA 控制和其他框架之间的等值关系上。如果控制项不是重复的，它们就能保持不变，可被其他负责各自规范的小组处理。我们假定在这个方案中，主要目标是在这些重复的控制项中构建的CCF，该CCF之后会在不同的小组间进行分配与调节。

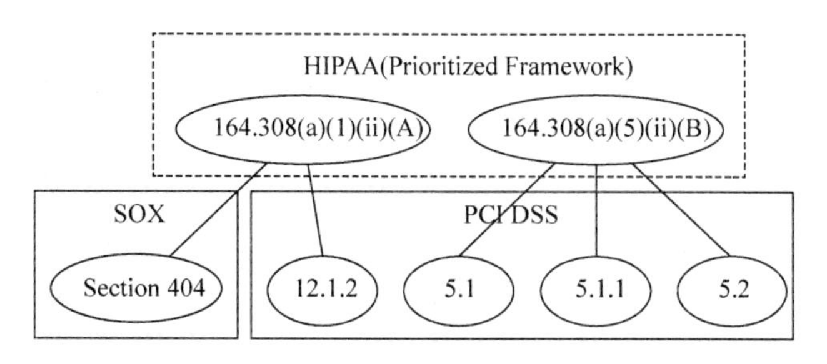

图 8-2　HIPAA，PCI DSS 和 SOX 的可传递控制映射

风险管理者也发现了可传递映射策略的一些限制因素。第一个限制涉及把不同框架映射到一起时必须做出的一些假设。当 PCI DSS 控制被映射到 HIPAA 控制中时，一个等价关系就成立了，SOX 控制映射到 HIPAA 控制时也是如此。然而，由于把两个控制都映射到同一个 HIPAA 控制项，在 PCI DSS 和 SOX 控制间也就有了隐藏的等价关系，虽然这些等价控制项并没有进行明确的映射。即使控制项满足主要的控制要求，如果它们在未被映射的情况下却被当做相同控制项实施的话，风险管理团队就会发现这些隐藏关系中存在的审计风险。

第二个限制是第一个限制的反面。仅选 HIPAA 的映射时，可能无法识别其他框架中的等价控制，因为它们在主框架中并没有对应的等价关系，这就是说冗余重复工作会一直存在于合规工作组中。这一策略的最大的限制是可能在系统中存在漏判和误判的等价关系。

粒化控制映射　粒化控制映射尝试让其框架中的每个控制项都与其他框架中的控制项构建一一对应关系。图 8-3 是粒化控制映射的例子。在粒化映射中，没有随机的内容，所有控制项间的一切关系都要被明确记录。

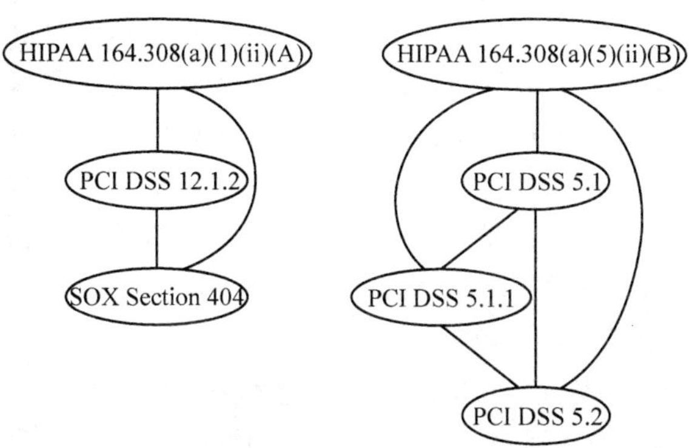

图 8-3　HIPAA，PCI DSS 和 SOX 粒化控制映射

这种 CCF 可被用于分析工作量,企业在使用的各合规性框架中的重复部分,还可以准确定位出等价关系的位置。但当处理两个以上框架的时候,分析量会呈指数增加,因为每增加一个新框架控制项,就要增加相应的 N 个贯通整个集合的映射关系。虽然这一策略的好处对风险管理团队来说很明显(控制项间的所有关系都会被正式建立),但项目小组还是很快就认为该映射策略不可行,因为完成这种映射所需要的资源太多。

CCF 映射策略的选择

映射练习的结果让医院风险管理者对选择哪个精简策略有了更清楚的判断。假如三个都可行,那其中一个(粒化映射)可以马上因成本太高而被排除。仔细分析剩下两个选项,从而决断出哪个策略更适合精简公司控制项需求及降低合规性成本。此项目的结论是选择使用优先 HIPAA 安全规定的可传递映射策略,做出这样决定的部分原因是一开始选择的框架数不大,主要工作就是把 HIPAA 和 PCI DSS 的需求对应起来,同时把 SOX 控制项的需求当做前提。项目小组的逻辑是 HIPAA 和 PCI DSS 框架足够相似,因而漏判或误判的等价关系数量将保持在一个可接受的水平,同时,精简控制项所降低的成本就能用于减少计划的分散性。如果加入新的合规性框架或者要求,那整个测量工程和映射策略就得重新修订。

这种安全分析不能满足测量和度量标准的完全量化定义,但如果硬要咬定这点,那大部分科研尝试也与严格的"测量"无关。我对安全度量定义过于简单化的不满就是它太看重收集"事实"而忽略了理解和正确解释这些事实,没有哪个科学家会用不断列出数字与方程的方法,来向人们描述探索宇宙、治愈疾病或创造更好的计算机技术这些事情的必要性。他们都是从一个让数字看起来有意义的背景环境开始介绍,通常以一个问句的形式出现,或以好奇的探寻的形式,甚至以一个相对简单的故事的形式出现。信息安全度量也应被如此对待,你不能将"度量"从其所在的测量大环境中单独分离出来,因为这会模糊你最初的意图,更有甚者,它会让你从一开始就不知道自己想做什么。实际上,不管信息安全度量的支持者们承不承认,他们也是知道上述事实的。没人会去讨论为了事实、图形或数据本身而发展的安全度量。相反,著作和文章的作者们是通过说明对安全知之甚少的问题的同时介绍一些阐明安全商业价值的故事,从而阐述和解释度量的重要性。"故事"才是重要的,事实不会变成故事,就像字典的目录不可能变成小说。我不认为刻意将事实从故事中分离出来能有助于安全测量。

把成本度量应用于 CCF 映射

本项目中的测量和分析,让医院风险管理者为合规性的某一指标提供了一个基准,估算公司合规计划的成本,探索降低成本的可替换合规性策略。表 8-3 列出了为了合规成本估算所要收集的数据。

在建立了一些有关合规性的基本成本测量和构建 CCF 的合理策略后，医院的风险评估小组就开始用后续测量的准实验控制项目来比较新的 CCF 使用前后合规成本的变化。该项目的成果不是一蹴而就的，因为它不同于只测量成本底线的项目，也不同于只评估项目小组认为最可能降低成本的策略的项目。该测量项目没有评估合规计划的进行程度，也不能评估控制的有效性。该项目看重的不是比较合规化消耗的资源，也不是正式规章或行业审查的结果。

表 8-3　CCF 项目的合规性成本数据

度量	数据
合规性计划或当前进行的项目总数	3 个与 HIPAA 相关 2 个与 PCI DSS 相关 2 个与 SOX 相关
之前(1,2 年)的合规性项目完成总数	2008-4 2007-3 2006-3 2005-1
每个合规性项目的全职的等价员工数	平均数＝7/项目 中位数＝4/项目
合规性项目的平均工期	平均数＝12 周 中位数＝6 周
每个合规化项目资源中薪资平均数或者中位数	平均数＝52000 美元 中位数＝50000 美元

虽然这些都是基于度量和测量项目适用的考虑，但要记住安全升级项目(还有总体的安全流程管理框架)的目标涉及不断增加的实时测量和分析。医院系统可以选择着手更大的测量项目，尝试去识别所列出的一些合规性表现指标，但项目越大越复杂，自然就越难管理。当你意识到自己在做的安全度量工作本身就在不断增加且从未停止的时候，你就没必要追求大型的复杂项目了。

合规性框架的映射评估

继续医院系统的例子，下面两个样本项目重心放在公司对特定的合规性角度测量评估上。第一个项目，风险管理项目小组建立的是高水平的合规性映射，该映射显示公司对三个已明确的框架(HIPAA，PCI DSS 和 SOX)合规性状态的好坏，在该项目中，数据结果来自对政策和安全漏洞两方面的评估，用来给合规性打分，以此帮助管理者决定应该将合规补救措施集中运用在何处。此项目的样本 GQM 见表 8-4。

表 8-4 控制框架映射评估样本 GQM

目标组成	结果——理解,映射 元素——合规化状态 元素——政策和漏洞的评测 元素——优先控制框架 角度——企业风险管理者
目标陈述	该项目的目标是从企业风险管理者的角度出发,基于三个已明确的优先规范框架(HIPAA 安全准则,PCI DSS 和 SOX 404)映射政策与漏洞的评估结果,从而在较高的水平上理解公司总体合规化状态
问题	哪些合规性需求还没有被已存在的政策和漏洞控制项满足
度量	政策和漏洞数据与合规性框架指定的控制目标交叉比对的结果

过去用来完成这种评估的方法是细节对比和对每个控制项先前实行政策的结果和漏洞进行评估。政策评估得到的数据和结果都是关于公司安全策略的架构和有效性,但大部分应用到测量项目的是检测过程中建立起来的细化政策目录。目录包括所有企业内与安全相关的政策文件,旁边注释了每个政策目录应用性和目的性说明(根据安全项目人员访谈得出)。政策目录提供的是一个准备好的数据集,能够与公司确定的每个合规框架主要需求做对比。

漏洞评估提供的是公司内根据供应商物理安全和逻辑安全评估得到的类似数据。这些漏洞评估结果,是针对在每个合规性框架中具体控制要求分析得到的。不管是哪个方法,主要的分析工作是测量以下两者的关系:评估的结果和必备框架的控制目标。在必要时,项目小组将问题转给公司和外部法律顾问,来确保测量得出的关系从法律和监管视角来看也是合理的。下面是一个用于分析的具体结果示例:

政策评估结果

- 没有对合规性需求相关的责任进行详细指定的正式文件;
- 没有测量有关合作伙伴安全的合同性能的过程;
- 路由器配置标准记录不足且不可执行。

漏洞评估结果

- 个人的健康数据存储在不受保护的系统中;
- 包含个人身份信息的物理媒体不受保护;
- 有多个共用的用户 ID 标识,包括系统管理员 ID。

相互参照的评估和合规数据被用于构建了几个映射,从而提供医院系统合规性状态的直观可视化图。在每棵映射树中,符合框架而给定的控制目标要求的合规性显示为浅灰色,不合规范的显示为深灰色,需求未完全达到或需要返工的显示为白色。政策映射和漏洞评估映射的三个树状图分别见图 8-4 和图 8-5。

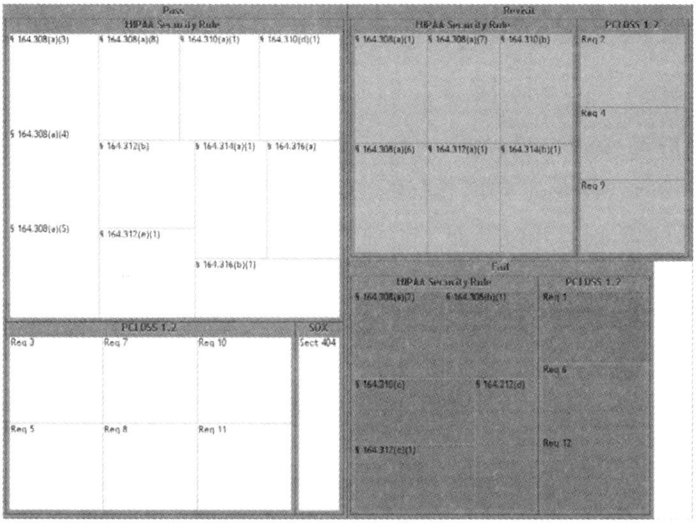

图 8-4　合规性要求和政策评估结果交叉比对映射

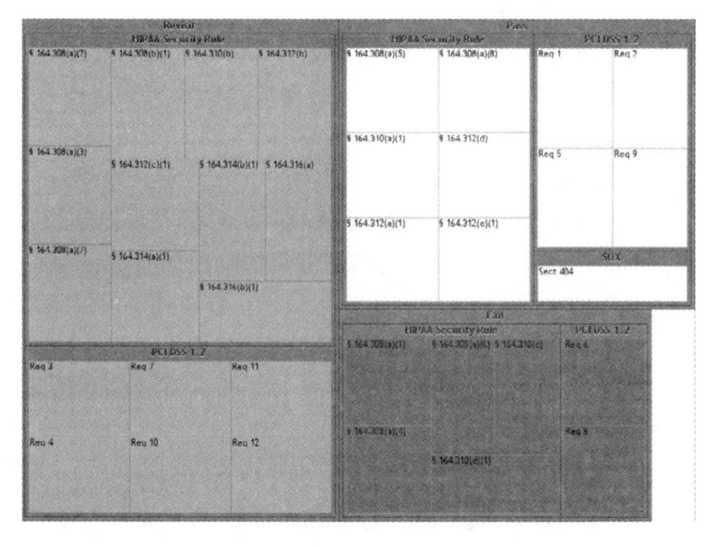

图 8-5　合规性要求和漏洞评估结果交叉比对映射

测量项目结果层次高且直观，因此，风险评估小组与高级管理层使用该结果来展示公司合规性状态的优点和弱点。项目小组仔细解释项目结果的局限：它是基于两组特定的评估数据，并未完整体现公司所负责的一切合规化要求。项目小组使用结果信息激发了其他关于可产生良好结果的类似评估方法的灵感。基于这个结果，项目小组还推荐了几个后续的测量项目，来对策略架构、漏洞和公司没有履行合规义务之间的关系做更深入的研究。

分析安全政策文档的可读性

在本章中最后讨论的安全测量项目强化了我的立场：并非所有的IT安全度量都是关于IT系统输出的，关于某种事物存在的多少，或者关于某个事件发生的频率。IT安全度量能够也应该和我们在信息安全领域发现的元素与概念一样各式各样并具有创造性。有时候漏洞是很微小的，想要找出它们就需要一双能发现创新测量方法的眼睛。尤其是在合规性和一致性所带来的挑战下，安全问题的本质就是人员、过程和技术的混杂。

我专业工作的一部分是为客户提供安全政策评估。安全策略是所有有效的IT安全程序的基石，也是它们成功的要素。如果没有有效的安全政策架构，所实施的任何过程或技术控制将缺失指导原则，缺少投入实施的期望，也就没有衡量成功的基线。或者这只是所有人在安置政策架构时会援引的一句话罢了，那些政策架构后来常常被证明从本质上来说就没有价值。

如果我们真的相信安全政策是如此重要，为什么不在搭建基础技术设施时就努力将安全策略融入其中，同时验证这些策略，并检测它们是否成功？我见过的大多数安全政策似乎都是事后添加或直接从随手可得的模板中复制，从未对组织的特定环境、文化进行个性化定制。这些安全政策是合规性功能选择的典型例子，设计它们的目的主要是为了能声称“我们是有安全政策的。”

我们用一种同样漫不经心的方式评估我们的安全政策。典型的安全政策评估就是找到一个满足如下要求的人：① 能够阅读，② 对信息安全有些了解，并且能放宽要求。他们当然可以参照许多不同的信息资源给出的指导条文以及不同组织推荐的最佳安全政策方案，但是最终，同其他企业安全架构元素一样，安全策略的开发与评估还是更多地依据个人意见。这意味着你可能在没有任何精确性或深度的情况下测量安全政策，那么，到底应该怎样衡量一份安全政策文档呢？

Johnny 读不懂(安全政策)

许多度量标准都可以被用在安全政策中，但这一项目所关注的是我特别感兴趣的部分：可读性。我为用户提供的一个政策评估行为就是对政策的可读性的测评，这些政策由用户制定并希望组织中的所有人都遵从这些政策来保护信息安全。我把可读性看做是标准之一因为它让我想到其他IT系统的可用性。我们直觉地认为很难使用的系统往往就不会被用到。但我的很多客户不理解为什么这么多员工看起来在无视组织的安全政策，他们不把自己的安全政策当做是一个需要可用性的东西。不过，大多数客户却能理解什么东西是难以被读懂的。

不管我们正试图解读信用卡公司最新的个人政策，还是安装新软件时的许可协议，或是托马斯·品钦的新小说，我们都知道难懂的文本是什么样的，这就是为什么大多数人从不读这些东西。当系统安全策略太难或不可能被读懂时，很多用户就放弃阅读和理解了。如果用户对该公司的安全政策也这样，不管他们有没有承诺阅读并理解了，不管是否承认这一行为，选择不去理解这些政策都会让公司有风险。在一名员工违反政策并给公司带来损伤之后再解雇他，只是自欺欺人罢了。如果该员工违反政策的原因是政策本身就难以被理解，那么惩罚既不公平也不及时。

与有益于我们领域的其他度量标准和数据分析方法相比，可读性的概念是新颖的，因为它还没有在信息安全中被广泛应用。但它已被用于许多其他情况之中，比如对军事指南实用性的测量(要确保 18 岁的人能看懂如何开坦克）以及医疗保健的说明(要确保 80 岁人能看懂怎么吃药)。研究表明，美国读者的平均阅读理解能力处在十年级或更低的水平。因此，许多文档都是在一个十年级及以下水平能读懂的前提下被写出来的。在一些情况下，市场会处理这个问题（最受欢迎的小说都是约八年级水平)，而在其他情况下，就必须对可读性进行强制规定(许多组织要求手册和其他流程指导被写成不高于高中阅读水平，以确保每个人都可以遵循它们)。我关于安全政策的经验是：作者写的时候根本就不考虑普通读者，而且，通常它们要求更高层次的理解能力，起码研究生或以上的水平来才能完全理解这些政策。用于评估文档可读性的方法和工具很多，包括许多免费的网络工具及微软 Word 这样的文字处理软件内置的基本功能。

把可读性测量作为合规性的一部分

虽然在典型的合规性框架中对安全策略的可读性没有正式要求，我们仍不妨假定任何有政策要求的框架，也同时要求它的政策容易被所有组织成员理解并遵循。这就意味着，安全政策越泛化就越容易读懂，因为它同时作用于整个组织中的各种成员。对于特定的受众较小的政策，包括那些理应受过高等教育的人(程序员、IT 专家或经理)，可以不在“可读性”上做太高的要求。但是若对政策的受众和用户没有深刻理解，企业就可能冒着政策失败的风险，或者更糟，企业可能因为书面政策文档的书写不当而产生法律问题。

为了连贯，我还是继续在假设的医院系统风险测量的背景下描述本项目案例。这个项目从之前所说的政策评估的结果中发展而来，在政策评估的过程中，大家发现没有标准的安全政策写作风格指南或手册，于是一个项目工作人员提出，让项目团队用医疗程序指南的风格来写。那个指南明确规定了阅读理解水平的上限，这个项目小组于是想到要去确定安全策略的可用性级别，该工程的 GQM 模板见表 8-5。

表 8-5　政策可读性评估项目的 GQM 模板

目标组成	结果——提高，评估 元素——合规率 元素——可读性和困难度 元素——安全政策文档 角度——安全政策用户

续表

目标陈述	该项目的目标是从普通安全策略用户的角度，通过评估不同政策文档的可读性和困难度，来提高公司的安全策略合规率
问题	读懂公司安全策略文档有多难
度量	可读性检测得分(Flesch Reading Ease，易读性指数)
问题	此安全政策文档的可读性程度是否适用于特定的文档受众
度量	为政策文档使用者估计阅读水平(基于已知的教育水平)

安全政策的阅读困难度测试使用了“可读性工作室”，它是一个用于分析文本可读性的商业产品。表 8-6 显示了一部分医院系统使用信息安全政策可读性检测的结果。这一政策概述了整体安全工程，并要求公司所有员工阅读并承诺他们已理解此政策。图 8-6 提供了一个对安全政策更详细的分类，细化出了难词在全文中的比重。

表 8-6　通用安全政策可读性检测得分结果示例

统计	数据
句子数	103
难句数(大于 20 个词)	47(45.6%)
平均句子长度	21.6 个词
最低文化水平(文档适用)	16.8(研究生水平)

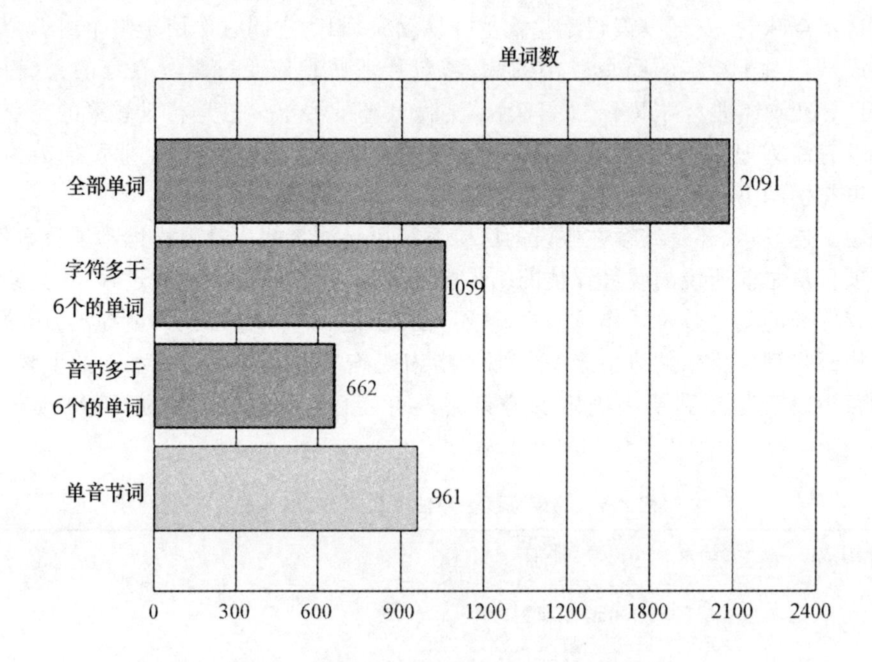

图 8-6　通用信息安全政策文档的单词分类

除了对安全策略文档词汇和语法结构的基本统计分析，项目小组还对正在审查的安全政策进行了易读性指数评分测试。易读性指数评分得分经常为政府机构使用，它已成为技术手册和其他流程文档的一种标准化可读性测试。它基于句子的长度和文本中的音节数量来计算出一个可读性测试分数，表 8-7 列出了易读性指数等级，易读性指数越高表明越容易阅读，易读性指数越低则越难理解。

表 8-7　易读性

得分	描述
90～100	非常简单
80～89	简单
70～79	比较简单
60～69	正常
50～59	比较难
30～49	难
0～29	非常难懂

如图 8-7 所示，医院安全政策的易读性测试表明该文档非常难以阅读且让人困惑。这一可读性得分，再结合其他将有效阅读文档的最低教育水平定在研究生层次的测试的结果，表明这个为公司所有人制定的安全策略存在严重缺陷。如果该医院系统处于国家行业平均水平，即大部分员工的阅读水平处于高中层面，那就算他们都承诺阅读并理解了这些政策，我们还是可以认为大部分员工不可能有效的遵守使用这一政策。

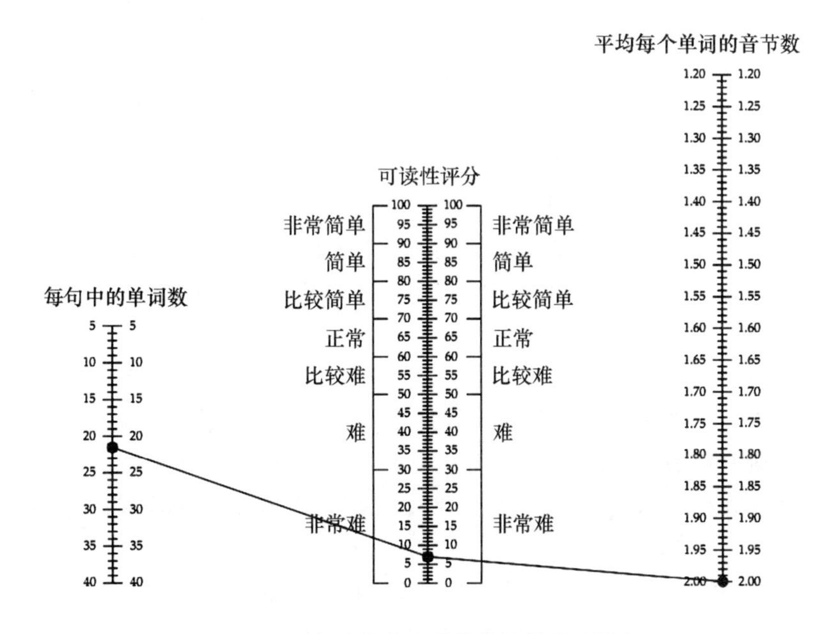

图 8-7　通用信息安全政策策略的易读性表

可读性项目结果

可读性度量结果让项目小组确信他们在处理一个可能很严重但并不常规的安全问题。对于多数在项目中工作的安全和风险管理者,传统意义上的安全政策就是被要求阅读和承认理解了政策的那些员工的责任。策略的写法甚至可以被看做是一种合同,因为他们规定了包括对违反了政策的人的制裁办法或解雇条例。

项目小组得出了这样的结论:公司创造可用合适的政策过程时所扮演的角色受到了忽视,并且这种忽视直接导致了两种风险。第一是真实的安全漏洞风险,这种风险可能是不清楚自己在安全政策中被规定的责任的员工造成的。风险管理小组认为政策的存在造成了一种虚假的安全感,因为公司假定任何违规的行为都是故意的,或者是忽视政策的结果,而不是对政策理解不够造成的。第二,项目小组认为,如果员工因为违反政策而被解雇,政策的可读性问题就可能成为公司被起诉的潜在因素。这两种情况中,可读性研究都对之前完全不明确的安全风险因素进行了测量。

作为可读性测试的结果,项目小组建议对公司政策文件进行一次彻底的检查。这次检查中,他们联系了设计政策规程的公司的法律顾问和技术文件专家,因为可读性是这些政策规程文件的重要组成因素。作为连续安全提升工程的一部分,项目小组也建议在重新设计安全政策之后,实施后续的安全测量项目,以便测定是不是更容易理解的新政策,是与公司中安全事件的减少存在关联。

总　结

IT 政务、风险和合规性问题(IT GRC)是一个复杂的挑战,它包括如何将安全问题作为一个过程进行管理,为保护特定资源选择的控制手段,以及法律、条例、行业标准、商务合同等附加的诸多要求。由于合规性框架、组织和人们对这些框架的解释之间存在许多变数和不确定性,测量合规性变得极富挑战。即使是像 ISO/IEC27001 和 27002 这样紧密联系的框架,也经常引起安全管理者的疑惑。不论你把该工作称为审计、测量还是其他名称,你的目标就是完全理解,并切实有效地达到你必须达到的要求。

在安全方面越来越普及的一种做法是使用精简后的通用控制框架(CCF),它将大量的合规性要求整合成更加容易管理和整合的控制系统。有几种方法可以精简 CCF,包括规范化策略、可传递的策略以及粒化策略,每种策略都存在优点和局限。CCF 可以用来打散组织合规工程中的“小谷堆”,帮助组织更好的协调并且积极地测量合规性工作。

除了 CCF 映射,还可以进行特定的只受组织自身创造性限制的测量项目。本章中提到的两个项目,以一家医院为背景,第一个项目根据合规性要求整合了政策评估和漏洞评估的结果，第二个项目处理了医院安全政策可读性的度量。通过在满足合规性和一致性条例的情况下，在安全度量方面采用更宽泛的方法，能使你的组织开发出涵盖各种情景和安全性能指标的测量新方法。

扩展阅读

Flesch, R. How to Write Plain English: A Book for Lawyers and Consumers. Barnes & Noble, 1981.

Hayden, L. Designing Common Control Frameworks: A Model for Evaluating Information Technology Governance, Risk, and Compliance Control Rationalization Strategies. Information Security Journal: A Global Perspective, 18(6), p. 297～305, 2009.

National Assessment of Adult Literacy (NAAL). http://nces.ed.gov/naal/.

第九章　测量安全成本与价值

使用更精细的IT安全度量最有前景的应用之一，是开发更复杂的评估方法，该方法用来评估安全成本，以及安全给组织带来的价值。在一天结束的时候，如果CISO不能明确表达安全性在有形的方面意味着什么(如金钱)，那它的价值对其他正在思考这方面的商业领袖来说就是有限的。

这并不意味着所有安全指标应该以金钱为目标，同样也不是所有指标都应该有一个定量的结果，但可以测量这些值的技术成为安全度量工具箱的重要组成部分。测量成本和价值是一项与风险测量紧密结合的活动，因为成本和价值的波动对一切从公司的底线到安全团队资源运作的能力来说都可能产生负面影响。

了解一个企业安全的实际成本的第一步，就是多少了解如何降低这些成本，以及这些钱到底购买了什么物品。如何显示安全性的价值是从事安全工作的客户问我的最常见的问题之一，但往往安全价值与防止攻击和损失的概念保持紧密联系。其他的成本和价值度量指标，如在安全技术中的成本开销和投资回报，往往都留给了供应商和分析师，而并没有进入安全小组的日常分析。

合规性及一致性测量项目的样例

本章将使用简单的例子，说明一些用于测量有趣的方法，这些方法所测量的是已经被广泛应用于其他行业并可能使IT安全项目受益的成本和价值。这些方法并不是唯一可用的测量和模型技术，但他们的确可以展示一些你可能没有考虑过的度量方法，我将介绍三种测量安全成本和价值的方法：

- 泊松分布；
- 蒙特卡洛模拟；
- 安全过程成本分析。

测量上报的个人身份信息披露的可能性

我描述的第一个安全测量项目中，采用了一种被称为泊松分布的方法，这是由19世纪的法国数学家西莫恩·泊松(Siméon Poisson)发现的。泊松分布让我们可以深入了解在一个给定的时间段、空间区域或是特定的过程或产品区间内有多少事件发生，泊松分布的特征之一是，所考虑的事件是小概率的，同时被假定为随机且互相独立发生的。

泊松分布历史和应用

最常被用来解释泊松分布，也是最有名的一个应用案例是1898年对马踢在普鲁士骑兵上致命的研究。这项研究的一个目标是,确定这些死亡的发生是否是随机的。在研究中使用的数据是20年间每年骑兵被踢致死的数量,最后发现这些数据符合泊松分布。这种分布不仅仅适用于被马踢,还能使我们能够根据过去发生的事件来量化未来事件发生的可能性。

现代人们对泊松的应用包括了解有多少人或车辆会在一定的时间内到达一个给定的位置,或在飞机机身上有缺陷的铆钉的数量。通过根据有关事件整合现有的数据,泊松分布可以用来预测未来相同类型事件的概率。泊松分布已经被应用到了一切能用的地方:从基于可能客户流量制定最优排班表,到设计更高效的停车场,再到预测在体育活动中可能有多少受伤事件发生。泊松分布着重于随机事件,对小概率事件的关注使它非常适用于测量IT安全中的特定问题。

使用泊松分布预测PII披露报告

在这个例子中,实施测量项目的公司出于监管目的,跟踪从任何来源报告的所有的个人身份信息(PII)披露。对个人身份信息的披露是全公司范围的努力,从财务、法律、IT和相关业务单元中的权益相关人形成了一个快速反应团队来调查违规行为,追踪其轨迹,并且对受影响的个体发出合适的通知。安全小组中有一位分析师在快速反应小组中代表了首席信息安全官,此人是专门为该反应小组挑选出来,并且选择的这个人完全是根据当时谁有时间来确定。该公司已收集到的数据是自2006年年初每季度上对这些违规事件的报告,如表9-1所示。根据历史数据,安全团队确定参加“猛虎队”的针对每个时间报告的平均资源成本是每名全职等价员工(FTE)40小时,包括会议、调查和报告要求。

表9-1 各季度PII披露报告的示例数据

季度	PII披露数
Q106	7
Q206	10
Q306	13
Q406	5
Q107	7
Q207	2
Q307	14
Q407	4
Q108	3
Q208	11
Q308	3
Q408	6
Q109	12
Q209	9

续表

季度	PII 披露数
Q309	10
Q409	8
最小报道披露数	2
最大报道披露数	14
平均报道披露数	7.75

鉴于联邦及各州对 PII 信息披露和违反报告的监管审查力度越来越大，董事会已逐渐开始关注违反报告流程会产生的延误。CISO 在一次场外高层管理会议之后，决定要指定一个专门分析 PII 披露工作的分析师，以确定安全组产生延误的原因，并且她要求员工给她一定的反馈信息。大约 CISO 团队的一半人员都建议她应该分配一个全职人力资源负责 PII 披露响应团队的相关职责，这个建议背后的逻辑是在一个季度内发生了多达 14 个违反事件，导致参与响应团队的平均 560 个小时的努力，这样多余的工作量足以证明一个全职人力资源会更为经济。剩下一半人员中的大多数工作人员，基于每季度违反情况的平均数(7.75)，建议给一个单一分析师分配 50%的工作。这一建议的逻辑在于每季度只发生很少的违约情况，这样一个全职人力资源则不能得到充分利用。

CISO 要确保她在董事会级别的可视性前提下妥善处理问题，但她不想她的成员造成不必要的时间浪费。CISO 的一位成员建议设立一项安全测量项目，以确定该公司将在一个季度出现 14 个披露报告数的概率，并且确定可能出现的披露报告的数量帮助 CISO 决定团队的预算时间，该测量项目的 GQM 模板表如 9-2 所示。

表 9-2　GQM PII 披露测量项目模板测量

目标组成	结果—分配、分析、计算 元素—PII 披露 元素—历史披露数据 元素—PII 披露的概率 视角—CISO 人员
目标陈述	这个项目的目标是，从 CISO 人员的角度，通过分析历史披露数据和计算每季 PII 披露报道的概率，为未来对 PII 披露报告有效地分配资源
问题	单季度披露数达到 14 的可能性
度量	使用泊松分布分析历史 PII 披露数
问题	在平均每季报告披露 PII 上限是多少
度量	使用泊松分布分析历史 PII 披露数
问题	根据报告 PII 披露可能的风险，最有效的资源水平是什么
度量	结合响应团队平均必要支持时间，PII 披露报告的可能上界

如下的公式可以用于计算一定数目事件发生的概率，使用泊松分布的方法

$$P(x,\mu) = (e^{-\mu})(\mu^{x}) / x!$$

此时，

■　$P(x,\mu)$是在样品中事件数的平均值是μ时，x事件发生的概率；

■　e≈2.7183(自然对数的底)。

因此，要回答项目的一个问题，单季发生 PII 披露报告数达到 14 的概率，项目组就可以使用公式：

$P(14;7.75)=(2.7183-7.75)(7.7514)/14!=0.01393=1.39\%$

计算结果表明，当每季度披露报告的平均数为 7.75，一个季度 PII 披露报告数为 14 的概率是相当低的。我喜欢泊松公式，因为它不是很难理解，并不像开始看上去的那么恐怖。但作为一名安全专业人士，而不是靠数学吃饭的人，我不喜欢手工计算。此外，该公式没有直观地帮助项目小组回答第二个问题，即关于披露报告事件的可能上限，这时软件就派上用场了。

Minitab 软件为泊松概率提供了几个测试，包括计算出类似于所描述事件的确切可能性值。Minitab 的泊松检验也可以用于为所有样本的真实平均值构造置信区间和边界。

应用于本 PII 披露项目时，Minitab 来计算在一个季度获得 PII 披露报告数为 14 的可能性(就像手工计算一样)以及确定披露的平均上限。先来看一下第二个问题，Minitab 计算平均 PII 季度披露报告的上限(或边界)时采用了 95%的置信度。

图 9-1 显示了 Minitab 进行泊松检验时的界面。在会话窗口中，Minitab 按季度计算了各种描述性统计结果，并计算出了每季度 95%可信的披露数上限大约是 9。这个数字可能被解释为：项目小组有 95%的把握可以说，每季度真正的披露平均数不超过 9。

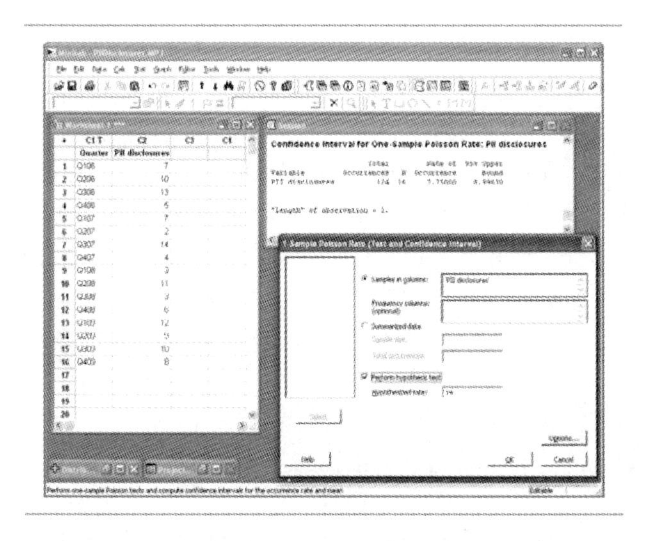

图 9-1　Minitab 的平均 PII 披露上限 95%置信度的泊松检验结果

让我们回到第一个问题，即在一个特定季度获得 PII 披露报道数为 14 的概率，Minitab 也可以提供这方面的信息，甚至可以为所有可能的值构建一个直方图来显示其概率，如图 9-2 所示。对该图表进行检查就可发现本季度获得 PII 披露报道数为 14 的概率是 1.39%，每季度披露数为 7 是概率的最高(14.4%的可能性)。从这个图上可以挖掘出的同 CISO 员工决策相关的其他有趣的见解包括以下内容：

- 一个季度内获得的披露数为 14 个或更多的可能性不到 3%；
- 在一个季度内获得报道披露数小于 5 的可能性只有 10%左右。

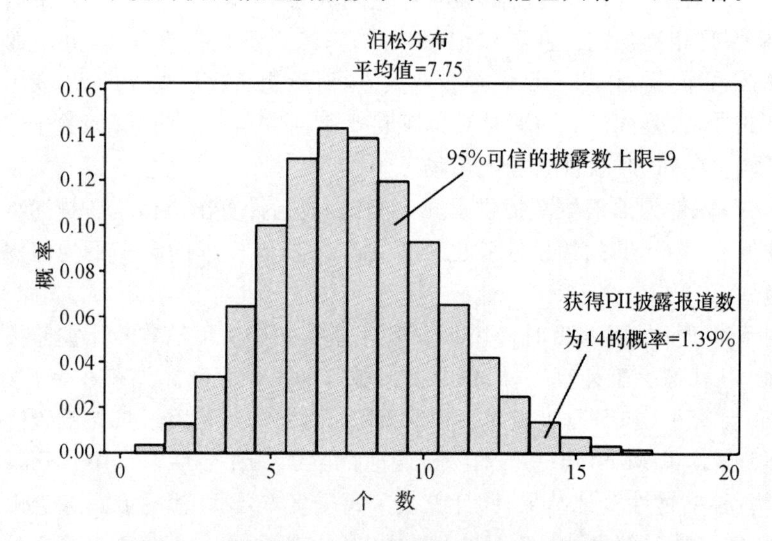

图 9-2　每一季度 PII 披露报道的泊松分布直方图

用 PII 披露项目的结果来支持决策

使用泊松分布计算披露报告的可能数目，允许 CISO 减少她配置快速反应小组员工时面临的不确定性程度。由于每季度披露报告数具有 95%可信的上限 9，首席信息安全官决定给 PII 披露项目投入 0.75 FTE 分析师，因此，有理由相信，她充分地使安全小组避免成为快速反应小组中的瓶颈，而这一人力资源在任何给定季度忙得焦头烂额或完全没有得到充分利用的可能性水平则是一个可以接受的风险。

这个例子已经有意简化了一些，如果要在真实的测量项目中考虑其他的变量，则会需要很大的工作量。同样，由于泊松分布处理的是可能性而不是确定性，并且受到新数据的影响，随着越来越多的季度消逝，首席信息安全官会想要重复的测试，以确保他的假设仍然是准确的。比如说，每季度披露报告的平均数的改变，会改变与它相关的分布和概率。

测量外包安全事件监控流程的成本效益

泊松检验使我们能够根据我们对过去事件的认识，计算未来离散事件发生的可能性。许多安全成本和价值的内容不仅是简单的测量事情发生的频率。成本可能是一个这样的因素：由一些不确定的变量聚在一起变成各式参数的复杂集合，它们超出了泊松分布的预测能力。蒙特卡洛模拟允许我们通过使用随机变量的输入，数千次地模拟各种特定情境，以此来对这些复杂的不确定性进行建模。

蒙特卡洛模拟的历史和应用

就像泊松检验和普鲁士骑兵的故事一样，蒙特卡洛模拟通过其在军事上的应用获得名望。开发了第一颗原子弹的曼哈顿计划，同时开发了蒙特卡洛模拟技术来模拟复杂的活动过程中的核反应。这种模拟技术涉及了随机可能性的大量应用，发明了它的科学家们把它命名为蒙特卡洛，以赌场而闻名的城市。蒙特卡洛模拟的历史，可以追溯到“曼哈顿计划”以前，但只有在电脑诞生以后，人们才开始认真地研究这些模拟所涉及的技术。从那以后，蒙特卡洛模拟作为不确定性和风险建模的工具已被广泛应用到许多领域。

在众多包含蒙特卡洛模拟的应用中，有的被用于辅助金融投资的相关决策，有的被用以优化生产制造能力，还有的可以估计产品相关的成本和风险。当应用于涉及大量复杂性和不确定性测量的问题时，蒙特卡洛模拟在预测决策的结果这方面贡献突出，这使得它很有希望成为一个安全度量工具箱的一部分。

使用蒙特卡洛模拟来评估外包收益

该测量项目所关注的公司正在考虑外包其安全事件的监控与响应给托管安全服务公司。CISO 知道，她的团队每月花了相当多的时间追捕安全事故，这一工作包括调查事件的源头及起因，进行必要的补救工作，并制作符合合规性要求的报告给高层管理人员审查。在项目开始前的 12 个月内，安全团队一直在跟踪和收集安全事件管理所需的资源和数据，现在已经考虑雇佣托管服务供应商来接管此功能。表 9-3 显示了关于公司 IT 安全事件收集的历史数据以及相关的描述性统计分析。

表 9-3　历史数据：每月安全事件资源的人工量

度量	数据
安全事件数 （每月）	最小值：1 最大值：30 平均值（μ，或 mu)：16.25 标准差（σ，或 sigma)：8.27
调查人工量 （FTE 小时/每事件）	最小值：4 最大值：24 平均值（μ)：14.25 标准差（σ)：5.67
补救人工量 （FTE 小时/每事件）	最小值：2 最大值：16 平均值（μ)：10.72 标准差（σ)：4.88

续表

度量	数据
报告人工量 (FTE 小时/每事件)	最小值：1 最大值：8 平均值(μ)：4.64 标准差(σ)：2.02
安全分析师的平均时薪 (内部资源)	32.00 美元

使用此数据，CISO 想了解将事件管理流程外包会怎样影响到她的盈亏总额。这个问题涉及几个“运动部件”的问题，因为所有事件管理的四个方面都是可变的。虽然在一个月内发生的事件可能较小，但是他们都可能很严重，并且需要更多的调查和补救。另一方面，在某些月份，安全团队感觉就要死于万蚁噬心，因为很多轻微事故不断地使团队成员分心，但没有一个单一的事件需要很大的工作量。评估每月安全事件管理过程成本的方法之一是简单地使用平均值：

(平均调查＋平均修补＋平均报告)×平均事故率

或

(14.25 小时＋10.72 小时＋ 4.64 小时)×32.00 美元×16.25 次＝ 15397.20 美元

以此计算，安全事件管理的团队工作的总成本，平均每年超过 184000 美元。高级安全人员认为，将这个特定职责外包可以释放资源并节省 CISO 以及整个公司的资金。在对多家供应商进行评估后，团队接受了出价为每年的安全管理服务费为 180000 美元的投标，来接管事件管理和响应，包括调查、修补和报告功能。年费是稍低于估计的整体事件平均成本，也少于雇佣两名全职分析师的平均成本。根据目前的现状，工作人员一般都认为内部事件响应过程是不必要占用三个或四个分析师的，即使外包在收支平衡的情况下，生产力也可以提高。

CISO 如何可以肯定，他是在做一个很好的投资呢？他所关注的是，无论是否过度劳累，他的员工很有积极性并且很好地管理了突发事件。引进安全管理供应商是一项未知的决定，任何成本的节省或生产率的提高不得不与风险进行权衡，因为供应商可能不会像自己的团队那样关心公司的安全状态，或者因为其他的理由与自己的团队一样高效。CISO 想知道，节约成本是否可能大到可以抵消这些可能的风险。为此，他成立了一个安全管理项目，以评估当前的和未来的安全事件数据。表 9-4 展示了这一项目的 GQM 模板表。

表 9-4　安全事件管理蒙特卡洛模拟项目模板

目标组成	结果—评估,分析,比较 元素—成本效益 元素—外包安全事件管理 元素—可能每月节省 元素—外包服务费 视角—CISO
目标陈述	这个项目的目标是从首席信息安全官的角度,通过分析每月可能节省的成本并且把它们与外包服务费作比较,为公司评估外包安全事件管理流程的成本收益。
问题	通过外包每月可能可以节省的事件响应工作有哪些
度量	蒙特卡洛模拟外包时的节省的成本(调查,修补,报告)
问题	事件管理活动外包和事件内部解决,哪个好
度量	比较可能节省的成本与事件管理外包服务的月租费,进行成本效益分析

建立蒙特卡洛模拟

蒙特卡洛模拟基于一组特定的参数(如公司的事件管理工作的可变成本)使用随机生成的数字模拟不同情境。通过随机产生一个月内调查、修补、报告一些安全时间的相关值,这个模拟创建了一个同之前估计情况类似的情境。我们之前进行估计时,所有的平均值被用来为每月的事件管理创造一个整体的平均成本。但蒙特卡洛模拟使用的不是平均值,它针对某一参数,在其可能的概率范围内进行取值,这是可以做到的,因为两者的平均值和标准差是已知的。通过均值和标准差,我们可以构造一个正态分布,去定义值的范围和任何特定值在某一情境中的可能性。然后,每个情境通过对变量进行随机组合,来模拟一个特定的情况下可能出现的结果。

在我完全陷入统计的深渊之前,让我停下来提醒你,蒙特卡洛模拟在电脑发明前一直没有流行起来,这一情况其实也有很好的理由。发明了第一个核武器的核物理学家们都不会想要手工计算泊松分布,IT 安全专家也不会想要这样。我们需要计算机不仅是因为使用随机数构建每个情境是单调乏味的,也因为蒙特卡洛模拟不仅仅是单一的方案。执行蒙特卡洛模拟涉及建立成千上万的情境,然后在这些结果的基础上建立概率模型。这就像抛硬币或者掷骰子 100 次来模拟结果是如何分布的,但蒙特卡洛模拟包含更多的参数。随着包含的情境越来越多,整体模型的预测能力也随之增加。

蒙特卡洛模拟可以使用电子表格来建立。并非所有的电子表格包含这些模拟所必需的功能,但微软的 Excel 和开放源代码的电子表格 Gnumeric 都有建立和运行该模拟功能的功能。作为更复杂的风险分析的一部分,很多商业工具都可以进行蒙特卡洛模拟,但它们中的大部分是相当昂贵的,还有许多是 Excel 的加载项。如果你是刚开始进行蒙特卡洛模拟,电子表格是你应该前进的方向;你可以在已出版的图书中或在网上找到很多资源,来帮助你找出如何构建模拟的方法。

让我们回到安全测量项目中,要运行模拟,项目小组的分析师创建了一个基于电子表格的蒙特卡洛模型,其中包括方案创建所需的所有参数并且为每个方案生成了结果。在 Excel 中, NORMINV 公式可以由一个基于每个参数的平均值和标准差生成的正态分布,创建一个随机的结果。这里我们假设外包将节省公司安全事故管理的工作量,因此,每个参数都是基于调查、补救或报告事件所花费的小时数并结合单月内的事件数,构建出的所节约的成本。表 9-5 说明了某个情境的计算结果。

表 9-5　外包事件管理节省情境示例

调查节省	修补节省	报告节省	安全事件数	通过外包节省
NORMINV 产生的小时 ×32.00 美元	NORMINV 产生的小时 ×32.00 美元	NORMINV 产生的小时 ×32.00 美元	NORMINV 产生的事件(单月)	总节省×安全事件数
9.57 × 32 美元 =306.24 美元	17.25×32 美元 =552.01 美元	5.18 ×32 美元 =165.77 美元	19.36	19825.02 美元

在电子表格被构造成可以产生随机情境的结构之后,项目分析师复制了该行 9999 次来创建一个有 10000 个随机情境的模拟,如表 9-6 中所示。

表 9-6　10000 个外包事件管理节省的随机情境

模拟方案	调查节省/美元	修补节省/美元	报告节省/美元	安全事件数	外包节省/美元
1	306.24	552.01	165.77	19.36	19825.02
2	543.11	448.74	219.57	23.61	28599.61
3	51.31	320.08	256.16	7.55	4741.08
4	550.12	502.42	163.44	9.77	11877.81
5	324.34	563.68	111.23	9.51	9501.36
6	376.50	226.12	136.91	15.03	11116.11
7	389.77	357.07	165.06	0.51	466.81
8	577.74	106.08	21.63	12.92	9117.28
9	355.61	151.03	75.14	3.56	2068.62
10	400.71	407.87	97.10	20.95	18970.70
…	…	…	…	…	…
10000	267.78	410.70	166.42	16.08	13589.73

该项目的团队现在有 10000 个直接从去年数据的统计特征中推断出成本节省的情境。在涉及可能出现的突发事件管理成本时,方案将反映平均月、极端月,以及每两种月之间各种情况,它们一遍又一遍的作为数据中的模式出现。在表 9-6 中可见,节省情境互相之间有很大的不同,包括非常低的月(方案 7,其中节省费用

低于 500 美元)和非常高的月(方案 2,节省了超过 28000 美元)。

通过使用大多数随机生成的情境,项目小组可以分析模拟结果。回想一下之前提到的公司事件管理和响应流程外包的管理服务报价为每年 180000 美元,或每月 15000 美元。如要与外包成本平衡,公司不得不每月节省 15000 美元或更多。该项目分析师使用的电子表格功能计算公司每月 15000 美元左右成本的概率,并计算了节省特定成本的可能性,如表 9-7 所示。

表 9-7　基于观测模拟情境计算的节省概率

节省	节省的可能性
每月节省少于 15000 美元	5091 个情境/10000 = 50.91 %
每月节省多于 15000 美元	4909 个情境/10000 = 49.09 %
每月节省少于 5000 美元	1113 个情境/10000 = 11.13 %
每月节省多于 30000 美元	670 个情境/10000 = 6.7 %

在图 9-3 中,通过对所观察到情境进行细分并据此构建了直方图,给我们提供了一个更直观的说明。该图表显示了所有从仿真模型中统计出的可能性,以及各节省范围内的情境数量。

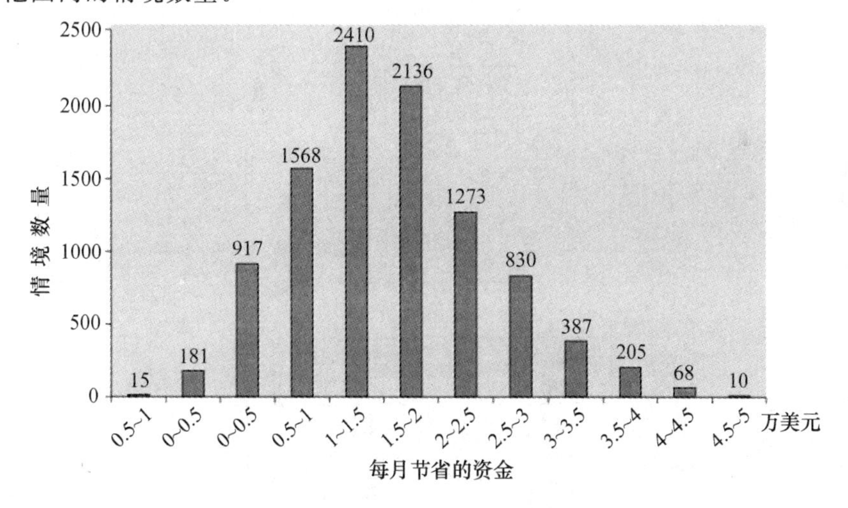

图 9-3　观察节省方案的直方图

外包节省模拟项目的结果来支持决策

安全测量项目中运行的蒙特卡洛模拟给 CISO 提供了有趣的结果,帮助他决定外包的安全事件管理是不是一个好的投资或好的主意。公司签订外包合同后能够盈亏相抵的可能性大约是 50/50。如果某个月份公司亏钱了,他们可能会在另一个月中赚回来。但是,公司签署外包合同后每月节省介于 10000 美元和25000美元之间的概率有 58%。CISO 现在可以更好地衡量外包合同的财务风险,并能根据其可能节省的成本来平衡对他自己团队工作质量的关心程度。

首席信息安全官可能已经决定了某几个月会有显著损失的风险足够低，相比之下他部分员工士气和生产力的提高就可以将这些风险抵消。他可能已经决定尝试重新谈判价格，以此使他的盈亏平衡点有再低一些的可能。同 PII 披露项目一样，随着新数据的不断加入，需要定期运行该模型，以维持它持久的准确性。在本外包服务项目中，一个恰当的时间重建模型可能要比更新或重新谈判年度服务费更重要。

测量安全过程的成本

本章的最后一个测量工程实例，较之于根据数学函数来建立成本可能性模型，更关注的是将成本映射到相应的活动中去，以此为基础改善成本效率。实现这个目标的技术有很多名称，包括业务流程的改进，统计过程控制，详细流程图如图 9-4 所示，以及其他类似的名称。从最基本的方面来说，该技术涉及创建流程图，活动和过程的可视化表示，这一可视化把一个流程分割成不同步骤，使读者能够迅速熟悉所涉及活动的每一个详细组成部分。

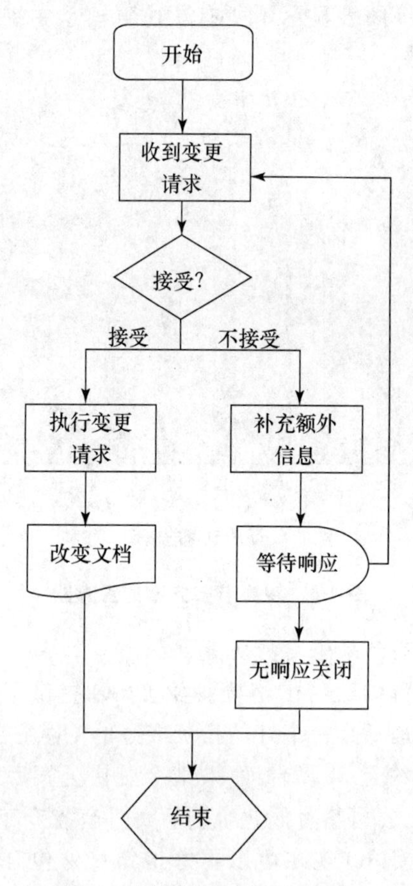

图 9-4　简化的变更请求流程图

流程图在各种行业中是无处不在的，也包括 IT 和 IT 安全。我看过许多由客户创建的用于映射安全小组活动的流程图。但是，大多数使用流程图的 IT 安全小组只触及了这些图表所能提供的安全测量机遇表层的一小部分。在第 5 章中，我说明过一个通用的流程，图 9-4 显示了一个比它稍微具体一点的流程图，不过其中对于申请和审批改变系统的过程描述的尤为简单。

我发现，安全团队制作流程图通常是出于培训的目的或为了符合公司的文件要求。但是，业务流程的可视化表示只是这些技术被开发出来的一部分原因。业务流程图更重要的好处是要找出让流程变得更有效和更合算的方法。

业务流程分析的历史和应用

创建业务流程图的主要目的是科学地解剖、测量、分析人类工业活动，从而使工厂更有效率。在第 4 章中，我简要回顾了科学管理、泰勒主义和业务流程再造的历史。测量工业生产过程的理论和技术从他们首次推出已经超过了一个世纪，一直在发展和成长，但从始至终，它的总体原则是一样的。想分析一个流程，需要把这个流程分解成尽可能多并且详细的组件（或按照手头的任务划分），然后给这些详细的组件分配数值（时间、金钱、精力等），并使用这些数据分析流程中的问题、缺点，以及如何通过改善流程中的一个组件来提高流程的整体运作。现在业务流程分析本身就已经成为了一个复杂的行业，但其核心是简单的观察可见性和分析通过哪些努力得出的数据。

业务流程分析在制造业中的应用最为广泛，从工厂的工业革命开始，向前迈进，到如今最新的技术，如六西格玛、全面质量管理 ISO 9000。但由于技术已被认为是成功的，业务流程分析已经被应用到从软件开发到服务业等各式各样的行业中去了。在这里我的目的不是探索这些技术的细节（同我在这本书中讨论的其他分析技术一样，如果你想了解更多细节是可以找到其他相关资源的）。相反，我要在 IT 安全度量的背景下定位业务流程图，通过一定的介绍使你可以考虑如何在自己的测量工程中利用它们。

修补管理活动的业务流程分析

本例中安全测量项目案例所涉及的安全组织想要在经济低迷的情况下，试图实现流水线操作。该 IT 组织作为一个整体正面临预算削减，同时 CIO 也曾警告高级职员，除非经济形势有所好转，否则不太可能得到额外的资源，也不太可能雇佣新员工。IT 安全主管在阐明安全业务在公司内部的财务价值这件事上常会碰到困难，他也知道一些其他的高级职员曾公开质疑他团队的效率。因此，如果没有正当理由，主管不可能得到提高运营效率所需的资源。他决定积极主动一些。所有的工作内容，包括安全小组成员在内，被投诉最多的是系统修补过程，其首次展示就需要持续花费数天或数周的时间。修补过程没有正式记录，并且修补是一些安全人员之间共同承担的一个额外职责。作为一个试点项目，主管决定尝试提高修补系统的效率，并成立了一个测量项目小组来实现这一目标。该测量项目的GQM模板如表9-8所示。

表 9-8 修补过程成本分析的 GQM 模版

目标组成	结果—提高，绘图，分析，理解 元素—效率 元素—系统修补流程 元素—流程活动 元素—提高效率的机会 视角—IT安全的主管
目标陈述	这个过程的目的是，从IT安全主管的角度，通过分析修补系统的业务流程活动并为其绘图，以及理解提高流程效率的一切机会，来提高系统修补流程的效率
问题	安全修补过程的详细组件活动是什么 在每个流程中以及有联系的流程之间，流程责任人与贡献者之间存在什么关系 每个系统修补流程活动或者其组件涉及的资金、人力、时间的成本是多少
度量	系统修补过程流程图 过程、责任人和流程组件之间关系的描述 每个流程组件活动的一般成本
问题	能识别并改善差距、瓶颈或者其他问题
度量	每项活动的详细成本(资金、FTE人力、总有效时间延迟)

绘制流程活动图并为其赋估计值

业务流程图涉及几个步骤和数据源。修补流程测量项目中的第一个步骤，是识别要绘制的流程并制订绘图的目的。在本例中，主管旨在提高效率，因此这个项目研究了流程成本和时间，这两个指标，可以随着时间的推移，被用来客观地评估提高的程度。从第一步开始，就可以识别出流程的几个相关方面了：

- 该流程由谁负责？
- 各项流程活动由谁完成？
- 每项活动涉及什么系统？
- 每项活动的成本是多少？
- 每项活动持续多长时间？

给这些活动赋予估计值，可能需要综合面试技巧、对流程活动的实际观察，以及收集的其他来源数据用于支持分析。在很多情况下，基于流程绘制流程图时，图表的制作工作是由一个人完成的(通常是责任人或与过程密切的人)，完成后可能会提交给其他权益相关人进行审查。正式业务流程的绘图是一个以项目为基础的活动，其中包括经验数据的收集和正式的分析技术。

修补管理项目小组在收集关于修补管理流程的数据之初，首先确定了安全修复没有单一的责任人。相反，一个非正式小组的 5 名分析师和工程师兼职地分担了相关职责，包括识别和获取所需的修补程序、测试修补程序，以及部署到生产系统中。项目小组对每个人进行了采访，采访内容包括他们用于补丁管理的时间，所涉及的任务和整个流程的结果。组员们也通过观察具体活动来更好地了解工序流程。这些数据收集完毕后，项目小组马上就开始创建流程图，其中显示了每个活动、决策、延迟或文件的产生及存储。在这一点上，流程图看起来就像在 IT 商店里的大多数进程图。

项目小组需要做的一个关键步骤是在绘制流程图的过程中，对见过面的权益相关人进行回访，给他们展现逐渐改进的过程流程图，并向他们征求对流程图改进与纠正的意见。此做法的目标是确保所有的权益相关人都承认最后的流程图准确地代表了实际的工作流程。很多时候，流程绘图工作涉及外人对权益相关人提供内容进行解释的过程，但有时，他们从来没有与相关权益人取得这样一个共识，最终的解释实际上看起来就是那些相关权益人所描述的那样，当检验项目期间发生冲突时，项目小组与很多相关权益人讨论这些问题并在必要情况下，会将未解决的矛盾升级为必须要明确分配的责任，同时试图用符合官方标准的方法解决这些冲突。

当项目小组开始给图表赋值的时候，业务流程图的作用是很明显的，项目小组是在与流程的相关权益人访谈的基础上给流程图中每个活动来分配基本资源。项目小组还利用现有的用于修补管理流程的数据源，如系统日志和实时报告系统，以确定每个活动花费的时间还有项目完成的日程表。这个数据随即添加到过程图中，从资源和成本角度来确定流程中的每个活动是如何发挥作用的。

很多工具都可以制作业务流程图。流程图可以用各种现成的套装软件创建，包括 Microsoft Office 和 OpenOffice，或者使用专门用来绘画的产品，如 Windows 系统中的 Microsoft Visio 或 SmartDraw，还有在 Mac 上的 OmniGraffle。这些产品允许你创建流程图，并且对其进行注释，以包括例如其他有关成本和资源的数据收集工作的结果。

本项目中使用的是创建流程图的另一个办法：Minitab 统计程序制造商设计的一个程序。Quality Companion by Minitab 可以被用来管理质量控制项目，并且其设计主要是为了支持六西格玛项目，也是因为这一特色，Minitab 已成为一种被广泛采用的工具。但是 Quality Companion 并不必专门用于六西格玛，它是可广泛定制的。出于修补管理测量项目的目的，Quality Companion 具有能够创建业务流程图并在其中嵌入数值型数据，以及管理项目其他方面的功能。

图 9-5 显示了 Quality Companion 的用户界面，包括项目小组的自定义区域，用来输入每个进程活动特定的成本和时间数据。其他产品是专门针对业务流程管理市场的，它们所提供类似的做图功能以及复杂的流程建模和管理功能，但这些工

具往往是与系统和工序流程结合在一起的企业套装。如果你是刚刚开始为你的安全业务流程进行绘图和分析,你并不需要(也很可能还没有准备好对付)这些庞大的解决方案。

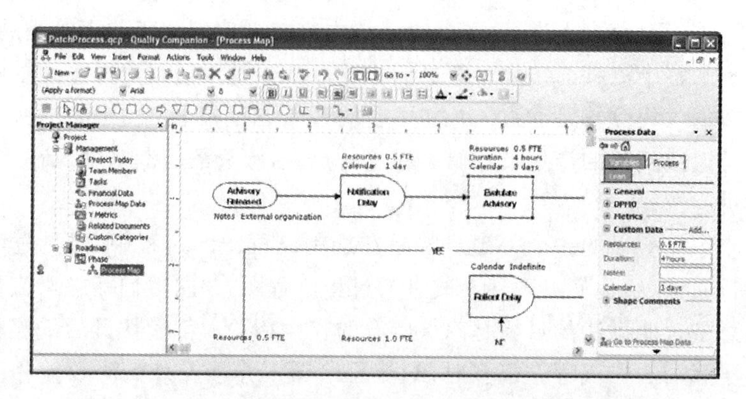

图 9-5 Quality Companion 流程图界面

使用 Quality Companion,项目小组能够在流程图上标记项目具体的活动,并给每个活动赋值,包括给活动分配资源(根据与工作人员面谈的结果),平均每个活动花的 FTE 小时数以及每一个活动的日程安排,完整的图表如图 9-6 所示。

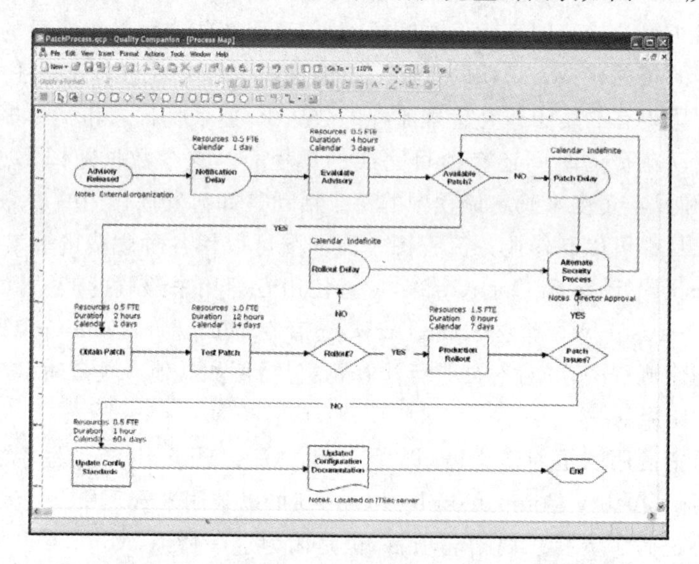

图 9-6 Quality Companion 为修补管理流程活动创建的流程图

Quality Companion 的功能是相当基本的,但从 IT 安全测量项目主管的角度来看,它具备深入了解过程如何运作的功能。此工具还可以帮助你开发流程活动的变量,并将它们用 Minitab 统计软件集成,以便度量团队可以将它们用于探索、分析或实验项目,以帮助改善他们的业务活动。在这一点上,主管对减少了一些有关公司修补管理流程的不确定性感到非常满意。

用业务流程图的结果支持决策

除了发现修补管理过程没有单一责任人这一问题之外，项目小组还发现，绘图工作中出现的数据，在帮助主管明白这个过程为什么是低效的这一方面有指导意义。由于把工作分给了几个人，没有一个人将修补工作作为一个主要的职责，并且他们之间的协调也不足以克服人手不足的困难。虚拟修补团队共享着监测和评估工作，同时主要通过 E-mail 沟通。安全咨询工作很快就进入了状态，但评估这一工作及其对公司影响可能需好几天时间，因为小组成员需要反复地研究和交流。在某些情况下，没有修补程序是可用的，并且其他用于确保安全的可替换过程也直到补丁发布才开始进行。

一旦获得了一个补丁，需要在首次推广之前进行测试，在这个阶段，就产生了最显著的延迟。补丁测试需要专门的实验时间，但是虚拟团队成员往往忙于其他活动而不能立即开始测试。总之，该公司致力于这个任务的时间量是相当于五个虚拟团队成员中一个人的全日制时间。由于团队成员发现按序测试补丁可能会产生两个星期以上的延误，导致对补丁的发布决策也有了相应的延误。当补丁未通过测试时，这种延迟可能会增加更多，因为团队不得不研究替代品，并寻找保护其他受影响系统的机制。一旦测试完成，延误就减少了，因为团队成员能够与系统所有者一起合作，将其作为他们日常职责来实施补丁。推广通常在一周内完成，让系统所有者有足够的时间来识别由补丁造成的任何问题。

绘图工作鉴定出了一处不一致性，它涉及修补工作的记录和相应配置标准的更新。根据公司政策，这项活动是必需的，但项目小组发现，在大多数情况下，需要更新的标准在修补的数月内没有完成，在某些情况下，它们从来没有被记录在案。这种忽视可能是由于有关修补的工作人员在修补完成后迅速回到其日常工作中——根据每个修补组成员所描述的感觉，修补工作主要就是把关键工作迅速做完，然后马上去做其他的优先事项。

通过业务流程分析实验提供的认识，主管开始做出关于如何改进流程的更明智的决定。他改变了安全团队的工作描述，分配了一位专职的修补工作人员，并使其负责协调虚拟团队。他还用此项目数据作为需要更多员工数的理由，向 CIO 指出，安全流程中效率低下不是经营不善的结果，而是缺乏足够的资源，从而把该公司暴露在大规模病毒爆发或作为脆弱的系统被攻击的危险之中。当然，在这个项目中的测量也引出了后续的测量项目。

后续的测量项目之一就是设计了一个围绕修补程序单点责任的分配实验。在变化实施后，流程数据定期受到重新评估，以确定任何活动的持续时间是否减少。如果这种减少的确发生了，就能通过分析来确定这些减少是流程改变了还是随机概率的结果。这是 Quality Companion 和类似的流程分析工具可以投入使用的另一个领域。

度量成本和价值中数据的重要性

这一章中的三个度量工程和相关技术有一个共同的中心主题：获取合适的数据对测量活动是重要的。之前讨论过的技术或多或少都涉及对某些安全方面的当前或未来状态进行建模的不同方式。随着你在假设中涵盖的信息越多，模型的准确性和可靠性就越高，但是你也必须在你选择合适的数据之前了解这些假设的基础。出于这些原因，安全消费项目建立了一个用于选择和界定所分析测试的 GQM 基础，向你提供了一个阐明和理解你的假设及相关数据的好方法。

当我们尝试向模型中填入过多的数据而忽略了他们仅仅是模拟而不是现实的这一事实的时候，模型就会失败。我已多次表明理解数据和分析的限制也许是度量最为重要的(也是最常受忽略的)方面。如果你的假设有缺陷，那么你的数据、模型，以及基于它们做出的决策就都是有缺陷的。然而残酷的事实是你所有的假设会有缺陷，测量的目标是，不要往度量分析中引进使你有不能接受和理解的错误，以及在做出决策或展示成果时，谦卑自觉地识别并清楚地解释这些假设和缺陷。

总　　结

测量信息安全成本和价值可能会十分困难，并且需要结合合适的数据，创造性的分析技术以及明确的目标。本章探讨了三种特定的技术，它们可被用于分析安全性的成本和价值，以及预测成本和价值随着时间的推移可能会发生的情况。

泊松分布是可以根据过去发生的概率来预测离散事件发生概率的一种统计结构，它已经被用于衡量各种可能性，比如被马踢一脚致死的概率和有多少车或者客户在某一天进入营业区域的流量。从 IT 安全度量角度来看，泊松分布可以用来根据历史数据计算例如在一定时间内个人信息泄露的可能性大小这样的事件。当结合了其他事情的信息后，例如事件的财务影响，泊松检验可以解释风险分析和基于风险的资源分配等问题。

蒙特卡洛模拟是另一种统计建模技术，它能够被用于比泊松分布更为复杂的情况，它可以模拟涉及多个变量的事件及相关结果。蒙特卡洛模拟的发展始于帮助物理学家来模拟核反应链，后来被用于从项目管理到财务风险管理等一切项目的情境模拟。应用于 IT 安全时，蒙特卡洛模拟提供了强大的工具为安全决策提供了探究方向，例如评估外包一个突发事件管理或者其他安全项目的潜在回报。

业务流程分析是一个众所周知的将构建流程图和流程图的规则提升到了一个更复杂层面的建模技术，在那些层面上它们可以统计性地分析单个活动流程的成本与限制，并找出需要改进和提高效率的地方。许多安全组织将流程图用于培训和满足文档要求，但是很少有人探讨统计流程控制和提升这些各式图表的可能性。使用专业工具并将数据与流程图组件结合起来，就像分析公司修补管理流程的案例那样，让你在安全管理领域实现更深层的可视化，并逐渐开发与度量相关的数据，以此实施可显著提高效率和效益的测量项目及相关实验。

扩展阅读

Hubbard，D. How to Measure Anything：Finding the Value of "Intangibles" in Business. Wiley，2007.

Jacka，J. Mike，P. Keller. Business Process Mapping：Improving Customer Satisfaction . Wiley，2002.

Minitab，Inc. Quality Companion 3 - Getting Started. 2009.

www. minitab. com/en-US/products/quality-companion/documentation. aspx

Winston，W. Excel 2007：Data Analysis and Business Modeling. Microsoft Press，2007.

第十章　测量人员、组织和文化

你可能会发现本章的项目案例中应用的测量和分析方法有点不合常理，如果你考虑安全及其测量问题时，总是习惯于从科学技术、定量分析或从许多安全专家最擅长的度量数据的角度的话，这一点会尤为明显。鉴于你已经阅读了前面的章节，你一定知道我并不敌视定量分析方法，尽管我的确认为定性方法在安全领域受到了忽略并未被充分利用。这种对定性方法的忽略是很讽刺的，因为我们所使用的大多数的测量方法本质上就是定性的——只不过这些定性调查通常十分随意且并不严格。(同时，一些误导性的自私的论证经常用此原因反过来证明它：由于我们采取的是定性分析因此这种调查是不严格的。)这种认为我们在模糊、主观的安全测量方法和完全采用数据作为唯一正确的安全度量方法这二者间只能择其一的想法是错误的——因为两者的区分本身就是错的，它阻碍我们尽力地去完成任务——保护组织的信息财产从而保护信息和IT所依赖的社会。

我们以另一种安全为例：假设有人要你衡量美国的国家安全。你会如何应答？你肯定会引用军队规模、军事预算、核武器数量、常规武器数量、卫星对焦的响应时间或者其他的在事故发生地收集情报的能力等。你甚至可以将这些数据与敌人或竞争者进行对比，但是这些证据能准确地测量国际安全吗？当然不能。尽管数据能启发一些关于国家安全概念上的见解，但无论对哪种单一的度量方法而言，现实都太复杂、太宽泛了。同时你也要考虑到安全定性测量的因素，比如政治稳定性，我们与别国创建或维持同盟的能力等。这些度量方法对于全局来说十分重要，但是他们并不能简单地量化，在经济安全、交通安全或IT安全也能发现类似的测量方法。事实上，最近由于一些高调的网络攻击(如2010年初，针对谷歌发起的攻击)，IT安全已经开始从国家安全角度被重新定义，因此我们对前者的认知会影响到我们对后者的分析。

为了彻底地测量宏观层面的概念，你可能要测量每个产生或深刻影响这个概念的因素。以IT安全为例，它包含的不仅仅是IT系统，还包含着组织结构、人员甚至社会和文化准则，它们影响着为了保护信息财产和信息资本而采取的行动，同时也被这些行动所影响。这些安全因素有许多都是概念性的，因此，也只能从概念层次对其进行测量。安全管理系统中不包括可以告诉你企业信仰和惯例的“文化”指令，但这并不意味着你能不去理解文化或组织(是人而非技术)行为。反之亦然：如果你要了解并有效地管理安全性和风险管理操作，你就必须了解这些因素。安全设施由人组成，并非机器，机器仅仅是人们使用的工具。这个道理同样适用于安全威胁和攻击者之间的关系。人是IT安全的核心——无论是设计出高端复杂的技术壮举的攻击者,还是试图说服我们科技能去除人的影响从而解决问题的营销人员,甚至是由于不能清楚区分广告和陷阱而点击进入僵尸网络的用户。

本章的两个项目案例旨在激发你去思考,并进一步探讨安全过程里测量"不可估量"事物的方法。这些案例利用的数据、技术和工具在社会科学和信息安全领域外的行业拥有悠久的历史。它们常常十分混乱、耗时并依赖于理解和共识。但如果使用恰当,它们能出色地提供数字或全世界的安全事件工具都无法提供的针对安全操作重要的社会、文化方面的见解。因此,无论如何都要保持怀疑精神。(毕竟,研究员的怀疑和自我反思是严格的定性研究设计中两个标志)在保持怀疑的同时,也请你考虑一下你今天收集的度量数据(定量或其他)是否能回答本章后面会呈现的问题。

人员、组织和文化的测量项目案例

下面提到的两个 SMP 都应用了新颖的测量技术来得到关于非常传统的安全挑战的发现和结论,比如如何提升 CISO 对与其他业务部门或功能的价值,如何更好地在组织文化结构中推行安全实践。项目小组依靠分析性构造(例如故事和比喻)来解释他们的安全操作。乍看,这些分析的目标作为安全过程真实元素的指示物不太科学,然而它们是我们(包括科学家们)理解这个世界的基本方式。方程是伟大的,但它们无法向你解释为何应该关注他们。当概念上的通信工具被应用于安全方面时,它们可以提供相关背景及战略性的启发——应该运用哪个更具针对性的度量方法。

测量公司权益相关人的安全定位

本案例是由一家医药科技公司和一个致力于革新的安全团队共同实施的。在公司前几年经历了几次安全事件后(其中包括一个导致宝贵知识产权流失并对年收入产生了消极影响的事件),他们启用了 CISO,此举也得到了 CIO 的全力支持。因此,安全操作小组参与了大量的公司活动,包括建立安全标准、制定安全政策并进行审计评估等。这种状况的一个缺陷是公司上下对安全小组越来越不满,他们觉得安全小组的活动产生的干扰太大并且 CISO 的行为像是要建造一个"王国"一样。针对安全费用的抱怨越来越多,老板则告诉 CISO 一些业务部门向他告状——"安全官僚主义"已经影响到了公司的竞争力。

创建一个安全推广计划

CISO 非常认真的对待这些抱怨,因为他意识到 CIO 的支持是他完成之前提出的安全计划的最主要因素。CISO 十分同情受到安全活动影响的其他业务活动,他也相信公司中的很多人都厌恶安全性要求并迫切希望恢复到以前对安全更加放松的态度，虽然以前的态度使公司易受到攻击与损失。很明显，不能重蹈覆辙，但CISO明白，他的团队需要在推销自己和展现保护信息财产的重要性上多费些功夫。

为了完成这个目标，CISO 为公司建立所谓的“安全扩展服务”项目。在 CISO 的大力支持下，安全小组开展了一个项目，旨在将安全小组从警察或监督者的角色转变成公司不同部门的重要合作伙伴。这种转变需要两个策略：CISO 需要教育那些批评他们的人并使他们相信关注安全性实际是在支持而非限制他们的操作。但在定义策略时，安全小组意识到他们并不了解其他部门对安全的需求与顾虑。CISO 的团队之前只规定了安全指令和安全要求，然后将其传播开，这些指令是“放之四海而皆准”的，里面的标准和要求则需要所有人都去遵守。结果，CISO 意识到他首先应该对他的团队和自己进行教育，看看他们声称安全性支持其他公司权益相关人的论调是不是正确的。如果安全性的确影响到了生产率和效率，CISO 必须先了解这一点才能做出决策。为了获得支持，CISO 意识到他的团队需要更多地去倾听。

进行信息审计

为了评估组织其他权益相关人独特的信息安全需求，CISO 建立了一个测量项目进行信息审计。与关注系统的 IT 审计或探索安全整体情况弱点和缺口的安全审计不同，信息审计是一个专业的、来自于信息管理和信息政策发展领域的评估，其目的是了解信息财产在组织内的状态，以及组织成员如何使用信息流。

通过与一个精通信息审计的顾问合作，安全测量项目小组想采用信息审计方法去理解公司内部其他权益相关人的信息优先级。审计与安全不直接相关，但旨在了解不同团队中有哪些信息资产和信息行为存在。有了这些数据，项目小组就可以提出一些建议，主要针对如何改善安全小组和组织权益相关人之间的合作（不仅基于 CISO 自己的优先级，还要根据其他部门的想法）。信息审计项目的 GQM 表格如表 10-1。

表 10-1　信息审计项目的 GQM 表格

目标组成	结果—了解，识别，开展 元素—信息资产及使用 元素—独特的权益相关人的要求 元素—改善的安全操作 角度—CISO，公司权益相关人
目标陈述	本项目的目标是从 CISO 以及公司权益相关人角度，了解信息资产及公司权益相关人目前对信息的使用，并识别不同权益相关人的独特要求及优先级，从而为公司部门开展更恰当、高效的安全操作
问题	什么是信息资产以及不同部门内目前的信息流
度量	包括调查、采访及聚焦小组数据在内的信息审计结果
问题	公司内目前最重要的信息处理过程、资产及信息流是什么
度量	包括调查、采访及聚焦小组数据在内的信息审计结果

续表

问题	不同部门安全相关的关注点及优先级是什么
度量	包括调查、采访及聚焦小组数据在内的信息审计结果
问题	若想要吸引各部门成为合作伙伴，安全小组要如何向他们提供更个性化的支持
度量	部门间优先级对比以识别安全推广机会

信息审计是通过一系列的焦点小组与不同的公司部门合作进行的，随后单独采访特定权益相关人和信息用户。小组和单独的数据采集工作有双重目标：识别信息资产的特定类型和数值（无论主观或客观）；识别最易被 CISO 所施加的安全需求直接影响（通常是消极）的信息活动。这些问题和交流并不针对安全，而是让参与者谈论如何通过信息实现他们的活动以及什么样的信息问题将破坏他们的业务流程。

信息审计的结果是得到了大量的数据信息，这些数据显示了组织内部信息是如何创建、使用、转让并共享的。因为这些问题并不局限在安全问题上，而且顾问的存在添加了一个中立的元素，许多参与者受到鼓舞，更广泛地与人分享了信息对团体和个人工作的重要性。

在顾问的帮助下，安全团队开始分析数据和其他权益相关小组的回应，并识别向外延伸的模式和机会。这并不容易，因为几个测量项目成员已经感到不满：安全相关信息太少，安全小组的任务是保护 IT 系统而不是分析组织其他的业务操作。CISO 与顾问试图利用这些现象作为教学工具，并将项目团队的不满与公司其他人的不满（当人们发现他们出于对安全小组的负责而必须去做某些事情时的不满）相比较。重点就是，让这两部分权益相关人互相帮助对方了解更多他们所从未想到过的顾虑优先级。

评估参与团体的安全定位

在本案例中，他们试着利用信息审计数据去测量并标出公司的安全定位，基于那些团队对信息资产和行为的总体评价，它被用来定义公司内部其他小组的优先级和关注度。小组和个人参与者需要回答下面这样的问题，这些问题没有明确涉及安全，但却是为了识别与安全相关的问题。这些问题包括：

- 如果竞争者能得到信息资产“X”，将会产生多严重的后果？
- 是能迅速地使信息个性化、用户化更重要，还是能确保所有信息都来自于可靠的信息源更重要？
- 如果 4 小时不能使用电子邮件或网络将会产生什么消极的影响？

他们用了一个商业化的定性数据分析工具分析参与者对这些问题的回答，来识别数据主题及模式。他们基于不同的回答建立了一个分类体系，从而将大体上回答的信息归入一定的主题中，根据这些主题 CISO 的团队就可以开始将它们与特定的安全功能和职责相联系了，下面就是所分出的两组类别：

- **信息资产相关**　这些回答反映了参与者对不同类型的信息资产的风险和

要求的思考；

- **信息行为相关** 这些回答反映了参与者对信息使用方式及参与者如何处理信息资产的思考。

对每类而言，从响应数据中可以衍生出多个主题。表 10-2 就分别展示了两个类别的一些子主题。

表 10-2 信息审计的与安全相关的分类及主题

信息资产相关	信息行为相关
合规性 处理或保护特定信息资产的监管、产业或合同要求	**保密性** 保护数据不被未授权者访问
数据丢失 特定信息资产的失控或披露所带来的影响	**完整性** 保护信息不被未授权者访问修改
正常运行时间 特定信息资产中断的影响	**实用性** 确保信息是可获取
恶意软件 病毒、间谍软件和其他终端威胁的影响	**灵活性** 系统能个性化满足业务和权益相关人需求
发展 平衡安全编码实践的需求与创造新工具和应用程序的需求	**灵敏性** 迅速改变，更新系统，或响应问题
	自治性 不受干涉地制订策略并管理系统

为了分析参与到信息审计团队的安全定位，焦点小组及采访的数据都受到了评估，从而决定特定的类别及子主题在对信息环境及信息优先级的回应中出现的频率。这个案例所采用的度量方法是测量表现了某类特定顾虑的参与者数量的百分比。利用雷达图，以上的结果可以构造两个类别的安全定位图形。参与到项目中的四个小组资产的定位图形如图 10-1 所示，四个小组信息行为的定位图形如图 10-2 所示。

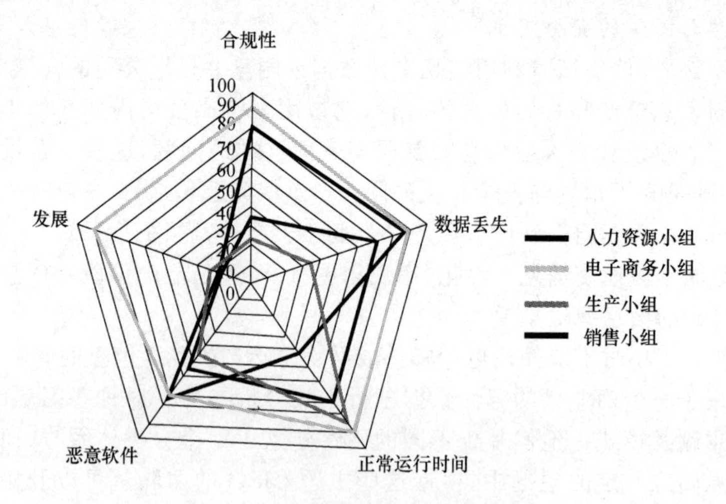

图 10-1 信息资产的安全定位图

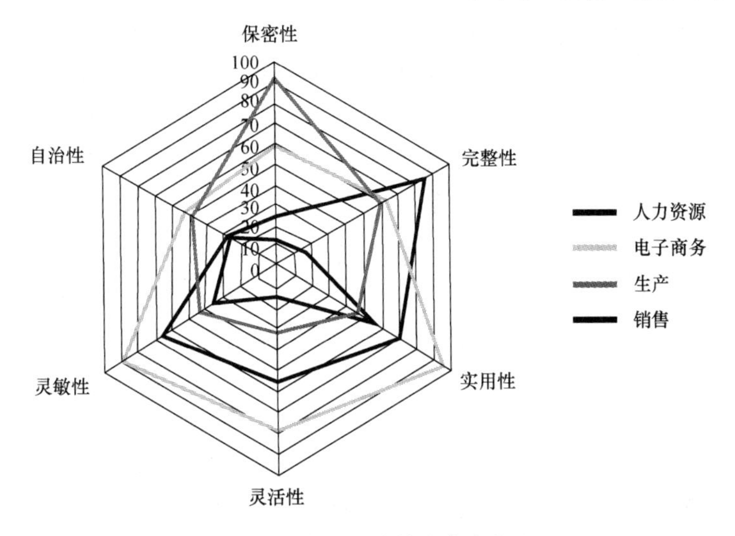

图 10-2　信息行为的安全定位图

解释结果并开发推广策略

分析图直观表示了四组的定位差别，并反映了公司内部不同优先级和关注点的差别。为了能成功地与其他小组合作，CISO 需要进一步理解这些差距并采取相应的安全操作。

项目组立即发现了一些事实，或许可以帮助 CISO 针对不同部门建立内部合作关系：

- 电子商务部门表达了最广泛的顾虑，表示安全在他们操作的许多方面扮演了一个重要的角色，从支付卡行业数据安全标准（PCI DSS）的合规性需求到对操作的灵活性和灵敏性需求。实际上，缺乏灵活、灵敏性是该部门投诉最多的内容，因为安全组给人们的印象是在安全标准和策略上太不灵活了。
- 生产部门很少关心安全。只要产品系统不用停机，他们很乐意让安全小组推动安全标准和策略。他们的一个投诉是工人被强迫要求参与过多的安全操作，而他们则宁愿放弃对系统的控制和管理，只要他们所关心的系统正常运行时间内不会有问题就行了。
- 在那些大多数参与的小组都感到相似顾虑的领域中，机会是普遍存在的，例如数据丢失和完整性的问题等。在这些情况下，就可以给这些小组提供普遍适用的标准和技术。与之相反，CISO 可能想要针对电子商务部门的顾虑开展一些特殊的方法，包括发展标准，以及对异常情况和该部门的一些特殊配置进行更明确的协调。

所以这个项目是测量什么的？被当成测量项目的一部分而被分析的数据是焦点小组和访谈的回复，这些回复是真正地被观察的事物和经验数据（尽管他们并不能被直接定量分析）。根据测量项目小组和顾问的推理和判断，那些通过分析数据得到的分类或主题都具有归纳性与解释性。经验数据和解释分析相结合，提供了对 CISO 所需要的合作伙伴（权益相关人）的观点及态度的认识。项目的结果也帮助安全操作组看到未来测量项目的机会，其中包括使用传统安全度量方法更大的可能性，因为其他部门已将安全问题当做全公司需要优先对待的问题了。

作为项目的最终可交付成果，CISO 决定这个结果要在安全组以外进行公布。他创建了一个推广策略作为他推广计划的一部分，用于向其他部门和权益相关人明确指出公司内部对安全不同的角度认知及其造成的矛盾。他没有将这些新知识收藏在“小金库”里（如此一来只有安全小组才能享受其成果），CISO 采用了“客户服务”的方法鼓励安全部门以外的人向安全小组分享他们的顾虑及独特的挑战，并允许项目组以一种更灵活和更灵敏的方式回应这些看法和挑战，并各自比拼对于一个“好”的安全性的想法。

物理安全实践的民族志研究

物理安全，甚至超过了 IT 安全，在当今 911 事件发生之后是人们普遍关注的事。虽然我们已在探讨“数字珍珠港”的威胁或者网络成为一个新的战场，但信息丢失的影响无法与物理威胁产生的实实在在的影响相提并论。物理安全问题带来的人身伤害也不能简单地用科技来进行消除（不过，在信息安全领域，虽然供应商会说科技一定可以解决问题，但它的效果其实也没有特别好）。物理安全使我们想起在物理空间和人类活动（它可以影响传统 IT 安全，也可以影响人们基本的恐惧、安全、信任等情感的所有事物）相互混杂时，保护还是存在的。

以下测量项目描述了在一次 IT 安全事件之后，一个 IT 安全小组和一个安全小组的设施储备联合起来试着测量和理解他们的物理安全挑战。这一事件涉及对公司 IT 基础设施的攻击，它被一个物理连接到该公司内部网络的流氓装置追踪，流氓设备的来源已经无从得知，但是在调查的过程中，公司明显遭受物理安全挑战，这些挑战能轻易导致外部攻击者在出现问题处安装攻击箱。对 IT 安全设备和安全组来说，最令人沮丧的是，为了回应围绕安全设施和物理资产的几个合规性要求，公司已经投入了大量的资源进行物理安全意识宣传。对此，公司开展了一个安全改善合作工程，但是与本章相关的部分仅涉及了其中一个实验性项目，这个项目通过对公司的物理安全行为进行民族志式的回顾，以一种独特的方法来解决问题。

实践中的民族志研究

民族志是一种定性研究方法，它主要被人类学家和社会学家所使用，包括对某一个团体或社群详尽的、身临其境的观察以及对被观察事物的行为和价值进行分析和理解。其最终目标是建立组织共同的社会实践的描述及解释，从而描述整个社会的文化特征。文化体现在宗教仪式、宗教信仰、形式化的社会关系以及其他展示人们是如何形成复杂动态社区的一些方面。民族志不仅仅用于学术分析，整个产业已经越来越多地应用民族志来掌握公司客户是如何在日常环境中使用产品或他们对一些新设计、新功能可能会有怎样的反响。

民族志研究是一项艰苦细致的工作，它需要训练有素的观察员以及足够的时间来熟悉需要观察的环境。它也具有道德维度，由于民族志研究的开展需要观察者与他们所观察的团体建立信任关系，至少受到某种程度上的接受。但从实际调查角度来看，民族志是定性研究的基础之一。

民族志研究的目标与能够诊断操作流程的统计和关键性能指标截然不同。民族志学者需要了解整个复杂的系统是如何以人类为中心运作的。一些民族志工作者会认为那些说他们在测量某种事物的观点冒犯了他们，相反，他们却同意定量分析阵营的观点——他们所观察的事物是无法测量的。然而，一个民族志学者不会把测量过程等同于理解过程，她反而会说她是在为所观察的事物找寻一个比任何统计学评估所能提供的更丰富、更细致入微的理解。

观察物理安全

通过聘用外部的专家——一个研究民族志的学者，公司设立了一个安全测量项目，它能细致入微地、比之前任何研究都更深入地观察公司内部物理安全的运作方式。这位专家将与设施组和 IT 安全团队的几个成员在三个月内进行合作（公司员工以兼职方式加入了项目组，以免影响他们的日常工作）。该民族志学者被授予了临时员工权限，并分配给了企业安全主管，同时她具有完全访问公司的社区和资源的权利。她将她的活动与项目团队中任一在职人员进行协调。

民族志学者的任务是在评估过程中作为公司的成员，但她同时具备一个特殊身份：她需要观察、探索公司员工是如何参与到物理安全中的。她在公司中参与活动是公开的，公司鼓励员工去接近她（如果他们愿意这么做的话）。她被分配一个隔间，总的来说就是公司的一名员工。在项目收尾时，她需要给出一份有关她的分析及发现的报告。本项目的 GQM 表格如表 10-3 所示。

案例发现：尾随事件中相互竞争的描述

民族志研究提供了大量的可用于重建社会及组织性实践的数据，并探索组织中的成员是如何观察、理解那些实践及特定活动的。为了给出民族志研究所得到的发现，我将以一个物理安全测量项目的结果为例，并加以说明对“尾随”事件的描述。

一幢所有入口均由电子锁和证件识别器控制的建筑由一个设备安全团队进行核心管理，然而公司内却存在尾随问题。当一名已授权的员工开启入口并允许其他人不经识别地进入到内部时，尾随问题就产生了。这个流氓装置被安装在了一个距建筑大门外30英尺内的空间内,在当时那个事件发生后,人们强烈怀疑那个在公司网络外围安装了攻击盒的攻击者就是通过"尾随"方式进入了建筑内部并接近了内部设施。尽管每个入口处都有警告牌声明不允许未经识别者进入,同时还有一些培训和危机意识项目强调"尾随"极具危险性并在公司安全政策下是禁止的,"尾随"仍然被安全小组认定是一个普遍现象。

表 10-3 物理安全民族志项目的 GQM 表格

目标组成	结果一了解、观察、引出、改善 元素一物理安全实践及行为 元素一员工的解释及观点 元素一物理及 IT 安全状态 角度一物理及 IT 安全小组
目标陈述	本项目的目标是从物理及 IT 安全小组的角度,通过仔细观察物理活动并引出员工对这些活动的解释及观点,了解公司发生的物理安全事件及其行为,从而改善物理及 IT 安全状态
问题	在公司里发生的物理安全事件及其行为是什么
度量	对公司设施及员工活动进行的民族志式的观察
问题	为什么会发生物理安全事件及行为
度量	观察、采访并与公司员工及权益相关人进行讨论
问题	公司成员是如何理解并实行物理安全体系的
度量	对民族志数据进行的定性分析以识别公司内物理安全事件的分类、模式及主题

在项目进行过程中,民族志专家有很多机会尾随进入五个社区建筑中的一个,无论她是一个人还是跟着当值的安全小组成员。除了通过参与其中来观察尾随的过程,专家还需设法使其他人谈论尾随事件,无论是在尾随事件发生时还是在其他社交场合(比如咖啡厅里)。她需要解释她在公司中的职责,并用友好的方式请求与公司其他人聊聊在公司的生活。虽然很多员工对此并无回应(有些甚至报告上级来确认她是否为合法员工),专家仍能从将近30个员工那里收集采访数据。当把这些数据添加到对经理和安全从业人员的采访数据中时,他们使用了电脑辅助定性数据分析软件(CAQDAS)对这些数据进行定性分析。

关于尾随事件的采访获得了不同内容的故事,包括:"尾随"事件为什么会发生,为什么相关人员有过(或没有)尾随或为什么会允许其他人这样做,以及为什么它是一个危险的做法。这些版本都有可能形成一个连贯的个人说辞的情节、人物和事件,而且描述者凭此理解或使他们本身的行为合法化,并将这些说给别人听。考虑到这些解释说辞的本质,民族志学者建议项目组使用描述性分析来更好地理解"尾随"是如何在公司发生的。这些说辞或描述就可以被用来创建更正式的使用案例以及可通过安全操作得到改善的尾随威胁因素。

描述性分析是一种在公共政策、组织通信以及更"硬"的传统学科(如医学)上广泛使用的、正式的研究方法。就像其他定性测量技术一样，描述性分析试图理解事件更细致、更能说明问题的方面，而这些方面是无法通过目标统计假设测试显示的。描述性分析在多个描述者或多种版本同时存在、彼此之间又互相竞争的情况下尤其有效，这种情况在事件双方都对事件有着不同版本理解的公共政策中时常发生。这些故事可以将双方的描述组织成一个能与其他人的描述与信念竞争的论点。这种竞争也存在于商业和工业，这种情况，存在于公司办公室政治斗争和竞争性驱动的大背景之下。描述性分析并没有掩盖事件真相，而是帮公司看穿这些相互竞争的版本，并为实现克服矛盾的目标而合理地评估他们。

项目采访数据的分析揭露了一系列解释尾随在公司内部如何运作的不同版本的说辞，这些版本是从采访和讨论的直接回答中构造出来的，并被加以分类以确定回答的主题及模式。表 10-4 展现了识别出来的 9 个主要版本。

表 10-4 尾随的说辞版本

陈述版本	解 释
“信任使然”	公司形成了一个充满信任的社区性环境，与警卫、屏障和监视摄像头格格不入
“避免对峙”	员工不希望因为要求看别人的出入许可证而被看成是一个粗鲁、具有攻击性的人
“出于方便”	如果不尾随会更费事且效率低下
“盗窃和损失”	尾随使公司面临个人和公司财产损失的风险
“保证人民安全”	确保暴力犯罪或恐怖攻击不进入公司，在当今社会环境下，是每个人的责任
“黑客”	物理访问允许计算机入侵者穿越保护公司 IT 周边最重要的技术控制
“抑制成本”	升级证件识别器系统或者设置更多电子眼和警卫在当今经济条件下太昂贵了
“缺乏相容性”	不同防护门和证件识别器的存在使得在不同建筑间管理物理访问十分困难
“地理因素”	一些地方鼓励尾随

这些说辞的解释透露了提供信息的人不同的担忧和优先级。为了更好地识别出这些说辞间的联系，项目组分析了这些数据来找出哪种解释更受欢迎，换句话说，当在同一采访中出现时，描述者间就有了联系。随着这些联系的建立，不同的说辞被归纳成一个“元描述”组，它是围绕尾随事件定义一个全局的合理化解释。这些“元描述”包括如下：

- 尾随是可以理解的；
- 尾随必须禁止；
- 尾随很难被阻止。

最终，描述版本、元描述和访问数据间的关系表现在如图 10-3 所示的网络分析图中。大圆圈代表元描述，小圆圈是数据定义的特定描述，连接线代表数据收集的参与者所描述的版本间的联系。

该项目关于尾随事件的结论

公司内部的描述性网络显示了有关尾随事件的三个不同版本，每种都或多或少与其他版本不一致。虽然安全小组坚信必须阻止尾随事件，描述中的一个版本要求管理层投入大量的资源用于张贴标识、开展训练和宣传，另一个描述出于资源和有限的预算考虑而无法采取更有效的防御措施，这与尾随事件的严峻性形成鲜明对比。尾随问题十分严重，它需要引起足够的重视，但还不至于严重到要优先于预算。

虽然“必须阻止”和“很难阻止”的描述间存在些许联系，但这不代表它们和尾随现象如此普遍的现象有关，公司鼓励信任的存在，但这同时也有它消极的一方面——员工不会无缘无故怀疑他人有恶意。甚至连社区的地理位置也会在尾随事件中充当一个重要因素（比如，餐厅的入口正对着一个进入另一个社区的无警卫入口），其结果是：拿着午餐餐盘的人们在好心的、保持开门状态的员工的“帮助”下进入公司，造成了大规模的尾随现象。

我要重申一个之前的观点：描述或者其他形式的定性分析并不会提供统计学上的确定性，更不要说事件的真实情况了，但他们却能帮你减少复杂环境中的不确定性。物理安全民族志项目的重要发现，作为尾随事件的描述性分析的部分结果，包括以下几点：

- 在实践中，物理安全对两个安全小组成员通常意味着不同的事情。虽然 IT 安全条例把信息资产优先考虑，公司安全条例却围绕着保护生命和财产安全而设立。在这两种情况下，每个小组都倾向于将对方的目标看成更简单、更容易完成的任务。对彼此的了解，让他们明白了对方操作的复杂性及各自领域对双方任务会产生的影响。
- 双方的安全经理（设施和 IT）都表达了强烈的挫败感——为什么无论花费多大努力来强调，像尾随这样的事件仍然持续发生？这个项目不仅启示我们，员工日常的优先级和活动是如何由大环境中的问题产生的，还启示我们安全小组的实践及优先级的设定深受复杂的组织动态（如预算和法规遵从性）的影响。
- 正如对环境进行广泛质疑的工作一样，物理安全民族志项目引发人们对其他项目和测量过程的大量思考，很多后续被提出的项目变得更具针对性且有定量的本质，用于测试、评估定量测量工作产生的发现和见解。

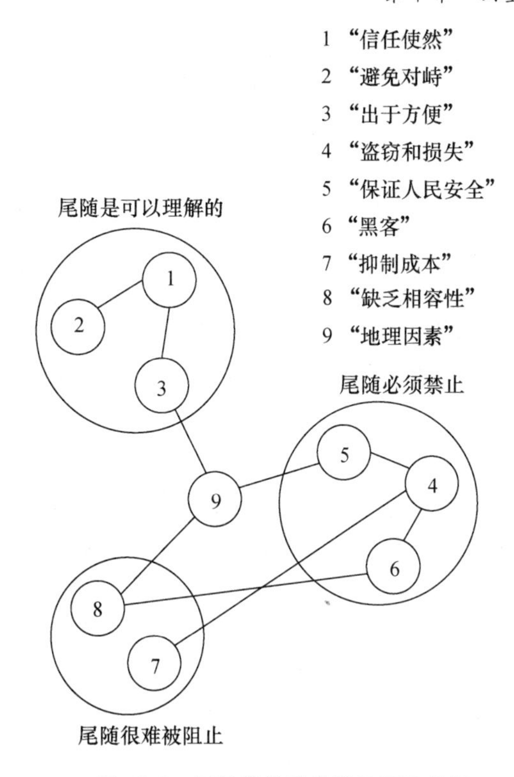

图 10-3 尾随事件的描述性网络分析

总 结

从 IT 安全角度测量人、组织和企业文化不能仅通过统计学方法或利用定量数据完成,然而探索并理解这些因素是必需的,因为它们能使我们的安全程序变得尽可能的有效。随着这个想法的不断渗透,“人、过程和技术”这句术语已经在安全产业里日益流行,但是对它的测量仍是一个挑战。测量“风险承受能力”就是一个很好的例子,风险承受能力是企业文化和人格特性的功能之一,它就像是基于经验数据的财政或组织风险的定量测量。

本章回顾了两个强烈依赖正式定性方法进行安全测量的项目案例,与众所周知的定性安全或风险评估的定义不同(二者经常用来作为一个包罗万象的词语来描述一些没有经过严格的数据收集、分析标准就产生评估意见的项目),定性数据分析可以是高度经验化以及严格化的,不过可能需要特殊训练和专业知识才能如此执行。本章讨论的两个案例都采用了外部咨询来完成项目。

信息审计是一项信息管理和信息政策发展领域采用的组织性研究技术。传统上讲,信息审计的作用是帮助企业和其他组织评估信息资产的用途及流向,在本章的案例中,信息审计技术成为了 IT 安全扩展计划的一部分。在该计划中,CISO 试图收集更多关于权益相关人围绕信息使用和信息安全上的理解和实践。通过测评其他权益相关人的观点,CISO 能够开发更有效的策略使得 IT 安全成为助力,使 IT 安全小组成为其他部门的合作伙伴而不是作为一个业务的敌对对象或官僚障碍。

民族志和描述性分析都是一种定性分析方法,它们可以应用在很多领域,用以评估会对业务造成影响的组织性、社会性的实践或关系。民族志方法经常用于评估产品用途,或者评估新产品的设计或特点,它需要研究者作为被观察对象的一员,对团队、组织或社会实行近距离的观察。本章项目所采用民族志的方法,是为了寻找人们对物理安全事件的观点,其中既包括设施安全因素也包括 IT 安全因素。项目的分析之一就涉及了陈述或说辞的采集,采集关于尾随现象在公司是如何进行的。描述性分析提供了证据,证实了竞争的优先级、环境因素以及两者所关联的说辞之间存在的平衡和妥协,这个情况使公司很难避免尾随现象。最终的发现使得项目组成员了解到他们的努力集中到哪里才有意义,集中到哪里却可能会毫无效果。

扩展阅读

Boje, D. Narrative Methods for Organizational & Communication Research. SAGEPublications, 2001.

Creswell, J. Qualitative Inquiry & Research Design: Choosing Among Five Approaches. SAGEPublications, 2006.

Henczel, S. The Information Audit: A Practical Guide. K.G. Saur, 2001.

McBeth, M., et al. The Science of Storytelling: Measuring Policy Beliefs in GreaterYellowstone. Society and Natural Resources, 2005.

Merholz, P., et al. Subject to Change: Creating Great Products and Services for an UncertainWorld. O'Reilly, 2008.

Orna, E. Information Strategy in Practice. Gower, 2004.

案例研究 3　网络应用的漏洞

Caroline Wong 的一个关于软件漏洞度量方案的讨论是本章我提供的众多例子之一。她的研究主要显示，想要掌握信息安全度量，并没有单一的、教条式的方法。Caroline 是一名我们领域中公认的度量专家，而她关于衡量软件风险的工作也有着自己独特的挑战。

这本书为安全度量提供了一个框架和一些例子，但是你应该只把这些当做起点来看待。当你研究你自己的组织和你自己的安全工作时，可以吸收这些观点。Caroline 的案例利用了一些我已经描述过的技术，但是想要完成这个项目的目标要依赖于她自己的专业经验和项目的背景，没有其他办法。

在项目层面中信息安全度量操作是一个无法被言语描述的经验。你可以阅读有关的书或研究相关的方法，但是这些资源的作者无法在你面前进行这个项目。说到底，你必须学习这些知识和技巧，然后把它吸纳为自己的东西。这意味着将要理解一些在课堂上没学过的新理念与技术，以及放弃那些对你想要完成的东西没有用的"规则和工具"。本章通过 Caroline 提供的一个和我的例子既相似又不同的案例完善了这本书。她的贡献可以帮助你思考关于如何更好地吸收这本书的课程，将其融入自己特定的实践活动中。

案例研究 3　网络应用的漏洞(作者：Caroline Wong)

在这个例子中，CTO 是公司的执行者，负责监控几个完全不同的业务单元的网站发展。CISO 负责这些单元的安全，CTO 和 CISO 已经建立了很好的工作关系，尽管 CTO 不是安全专家，CTO 相信 CISO 在这个领域的有关安全的专业建议。

CTO 向 CISO 索要关于每一个站点的安全状态信息。事实上，CTO 对能运用安全度量来改善每一个站点的安全很感兴趣，可以通过每个月追踪这些安全状态，以此改善站点的安全。

目标问题度量(GQM)方法是完美的起点，因为这个安全组织开始为度量方案定义目标。

- **目标**　方案的目标是理解并可视化不同业务单元的网站达到安全状态。为了改善每一个站点的安全状态，这些内容将会每个月向 CTO 报告。
- **问题**　主要面向顾客的网站的各个功能有多容易受到攻击呢？各个更小一些的业务单元网站又有多容易受到攻击呢？
- **度量**　网站应用漏洞的数量。

源数据和规范化

网站的复杂度和规模很不一样，一个业务单元的网站比很多业务单元的小型网站更为复杂，拥有更多行的代码，一些开发团队为主站点写代码，然而一些最小业务单元只有几个开发者为其服务，因为原始站点不断在改变，代码的行数也随着时间在改变。

为了在不同的商业单位间规范化认证的度量——网站应用漏洞的数量，安全组织决定通过对每一个网站数百万行代码的划分，来实现对网站应用漏洞数量的规范化。这使得它们之间的比较变得更简单，也能更好地理解每个站点的相对安全程度。图1展示了规范化后的结果。

	BU 1	BU 2	BU 3	BU 4	BU 5
# Web App Vulnerabilities	500	100	90	50	300
# Million Lines of Code	20 M	5 M	3 M	1 M	15 M
# WAV / # MLOC	25	20	30	50	20

图1　规范化后的数据

结果、时间表、资源

我们安全组织要完成GQM方法所强调的目标，下一步是定义度量如何变化才反应网站安全状态的改善。这个方案的目标很明显：漏洞越多，网站越不安全；漏洞越少，网站越安全。一旦确认了漏洞的数量，就需要定义一个产生良好结果所需的改善等级。

注意　漏洞的严重性并不包含在这个特定的度量项目中。严重性和数量是两种完全不同的度量维度。在此处探讨的项目之外，一个后续分析或安全度量项目可能会涉及漏洞的严重程度。

我们需要考虑一些因素，包括修补之前已存在的漏洞的速度以及对开发小组用于补救措施的工作量的预期，该度量项目的负责人会见了开发经理，探讨了过去漏洞多快能被修补，以此来大致了解未来有可能发生什么，在度量项目开始的时候就进行这一讨论保证了确定具体结果的可能性，我们确定项目的结果应该可以降低网站20%的漏洞。

完成这样的产出需要时间和资源，这些时间和资源也在项目之始就已有了具体估计。我们安全组织确定了为多种功能写代码的开发经理，并同度量的权益相关人士进行了讨论，保证能合理地使用资源去完成这项工作，我们还制订了一份时间表并测量了一条最初的基线。我们认为，网站应用的漏洞下降20%这一目标可以在一年内实现。

图 2 展示了这个安全度量项目在特定时间表上的结果。

	Baseline	5% reduction	10% reduction	15% reduction	20% reduction
# Web App Vulnerabilities	500	475	450	425	400
# Million Lines of Code	20 M	20 M	20 M	20 M	20 M
# WAV / # MLOC	25	23.75	22.5	21.25	20

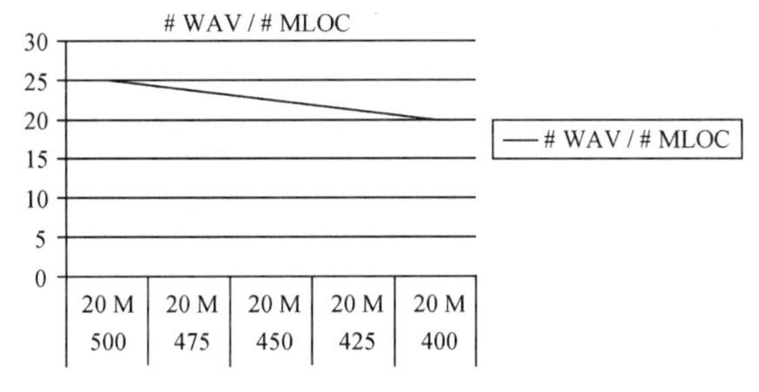

图 2　结果与时间表

对“脏数据”的最初报告

我们确定了负责修补漏洞的小组成员，并与这些责任人确定了完成这个工作所需的资源。我们发现在初始网站上针对每个功能都有一个开发经理，并且每个小业务部门的网站也会有一个开发经理。因此，我们计划得到以下的安全组织数据：

- 每个主要网站功能中每一百万行代码中现存的安全漏洞的数量；
- 每个业务单元的小型单位网站中每一百万行代码中现存的安全漏洞的数量。

在结果、资源和时间表被制定之后，下一步是开始收集和清理数据。这个环节会产生非常多的问题，以下是我们遇到过的一些挑战。

模糊的数据

有时候由于数据分类的方法过于宽泛而导致这些数据没有用处，对于这个项目，我们寻找的是最大的业务网站上功能的名称，例如搜索、上传、更新资料以及进行交易。但是，我们最初认为这些分类都在一个名为“站点范围”的分类之中，这就是数据没有用的一个情况，因为并没有办法将一个特定的开发经理分派到任何一个功能上去修补漏洞。

一旦模糊的数据被查出，我们需要清理它并将它正确分类，从而更准确地为责任人分配任务。我们的小组需要彻底检查每个补救任务并重新将这些责任人不明的任务分配到更为具体的类别中。这需要很多时间，但是我们将它看成是测量项目一个有益的副产品，这个混乱的报告发现了我们进程中的不足并提供了修补它的机会。若是没有明确的责任人，想要修复这些漏洞是不可能的。

图 3 和图 4 分别展示了脏的数据和干净的数据。也可以将它们看成是整理之前的数据和整理之后的数据。

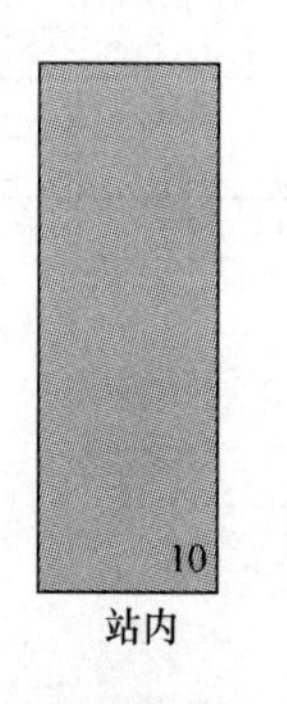

图 3　模糊数据示例

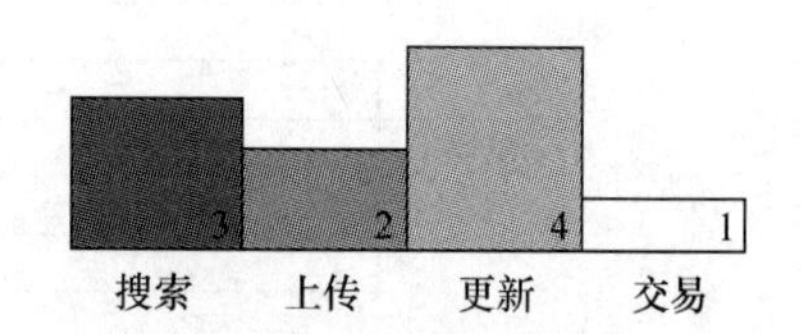

图 4　对修补而言更有用的分组

决定使用哪些信息

当选择要从哪些信息中抽取度量数据时，我们面临很多选项。为了选择正确的来源，我们决定仔细研究漏洞管理过程中的不同步骤。该过程如下：

(1) 通过应用漏洞扫描系统，渗透测试以及其他手工发现方法来发现漏洞。

(2) 自动或者手动地将漏洞输入至信息安全管理漏洞追踪系统。

(3) 自动或者手动地识别漏洞修补的责任人，并与每个责任人明确其承担的修补措施。同时，确保此项数据被记录在信息安全管理漏洞追踪系统与开发者漏洞追踪系统中。

(4) 当开始修补漏洞时对其进行追踪，并在信息安全管理漏洞追踪系统和开发者漏洞追踪系统中关闭相关标签。

我们发现，可以从三种资源系统中选择一种来抽取度量报告数据：漏洞扫描系统、信息安全管理漏洞追踪系统和开发者漏洞追踪系统。图 5 展示了上述每个系统以及它们在多步骤过程中所扮演的角色。

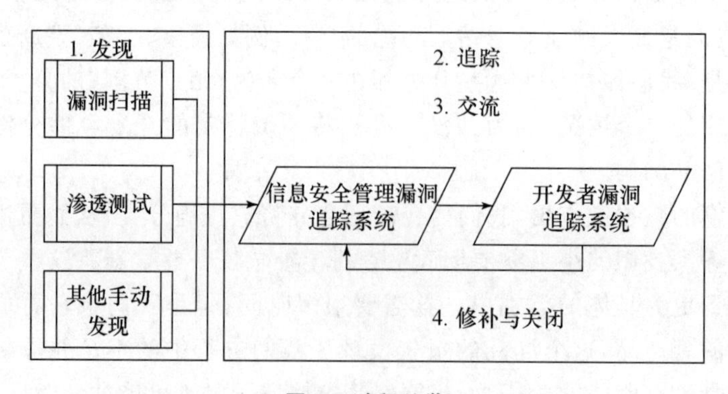

图 5　过程总览

发现、追踪、交流和修补漏洞所要求的特定过程对于每个安全组织来说是唯一的。在本例中我们发现，即使一个过程已经完成了，它并非一致的或者已被记录完整。这对于安全组织，特别是在开始安全度量或者安全过程优化工程之前，是经常出现的情况。小组内成员执行的方法会有细微的不同，这取决于参与的成员以及他们所受训练的程度。

在这个例子中，安全度量项目的领导人开始收集和分析从每个资源系统中获取的数据。我们发现在它们之间，漏洞数据被捕获、追踪和管理的方式各有不同：

- 通过扫描自动发现的漏洞被自动地被输入至开发者漏洞追踪系统；但是，它们是手动输入至信息安全管理漏洞追踪系统的。
- 通过渗透测试发现的漏洞被手动输入至信息安全管理漏洞追踪系统。
- 通过其他手动方法发现的漏洞被手动输入至信息安全管理漏洞追踪系统。
- 在信息安全管理漏洞追踪系统所使用的数据输入表格中，有多个不同的输入项可能指向了漏洞的责任人。图 6 展示了这一特点。信息安全小组利用了一个被很多不同的公司小组使用的标签类型，随着这个标签的发展，它已经积累了一些冗余的数据输入项。
- 通过在信息安全管理漏洞追踪系统中勾选一个选项，可以自动地在开发者漏洞追踪系统中创建一个标签。但是，做过这个步骤的各个小组成员们却不会一直都勾选这一选项。

Information Security Vulnerability Management Ticket #12345	
Requestor: Caroline Wong	
Date: 12/19/2009	
Discovery Method: Penetration Test	
Business Unit: Primary	
Site:	
Domain:	
Vulnerability Information: Cross Site Scripting Vulnerability located at http://BU1website.abcd.html	
Criticality: High	
Check this box to automatically create a remediation ticket in the developer bug track system	☐

图 6　数据输入表格

在项目领导试图从标签中各个可能的输入项中获取基线数据并根据网站划分漏洞类别时，这些差异被发现了。通过收集和重新审视这些数据，项目领导发现这些数据毫无意义。因此，大家也就明确地知道了数据收集与追踪的过程不一致。

下一步是去与负责执行过程的小组碰头，向他们展示度量项目的发现，并与他们一起清理该过程及数据。

和权益相关人一起实施数据清理

这个度量方案在分析源数据时发现了一些指明过程中不一致之处的差异，到此为止，这个过程已经被认定为不一致或者记录不完备了。尽管这些挑战导致了最初没想到的延迟，我们并没有把它们看成是度量项目的失败。事实上，我们把这些不完善的过程当成是项目的一个巨大且有益的意外后果来看待。我们不仅要获得正确的数据，而且我们还要讨论、分清、记录和修补这个过程，这总体来说会带来更好的安全性。

当过程的责任人认为情况都好的时候指出这个过程的不完善之处可能是个挑战。但是，我们发现这样的付出是值得的，尤其当过程负责人在问题被修补好之后对过程的一致性和有效性有了更多的自信。

我们对负责执行过程中不同步骤的权益相关人进行了一系列采访，并仔细记录了不一致的地方，然后我们小组一起讨论这些差异，这一举动带来了关于实行过程最佳方法的良性辩论。我推荐了一名有良好沟通、记录和项目管理技巧的成员去负责类似事件的记录和讨论准备工作。

在过程被定义、记录，且被责任人认同之后，我们就要重新去清理那些残留在不完善的过程中的数据。我们为项目经理写了一份笔记，提醒他们在未来的计划中完成这些工作所需的时间和成本，我们还在新版的过程中保留了训练时间。

我们决定使用业务单元输入项来获知哪些小型业务单元网站和大型网站的功能被网络应用漏洞所影响。在图 6 中给出的网站和域名因为冗余而被删除了，今后不再作为数据捕获的项目了。

我们发现彻查现存的、输入时没有一致性的标签日志是很值得的，它使我们可以获取更多的精确度量和报告数据。彻查附加的历史数据的优点是这些最初缺乏清晰的责任关系的标签现在有更清晰的责任人。责任关系是修补漏洞的关键，清晰的数据使得我们可以收集更多精确的基线，图 7 展示了这些新的基线。

	Baseline	5% reduction	10% reduction	15% reduction	20% reduction
# Web App Vulnerabilities	500	475	450	425	400
# Million Lines of Code	20 M	20 M	20 M	20 M	20 M
# WAV / # MLOC	25	23.75	22.5	21.25	20

图 7　确认基线

同权益相关人以报告和讨论的方式跟进

在这个过程中最后一步是报告基线数据、目标和时间线，并和关键的权益相关人进行讨论。这些关键的权益相关人包括最终负责修补漏洞的开发经理以及包括CTO和CISO在内的赞助者。

在基线数据被获取、清理和被认定精确以后，CISO会见CTO来交流存在于业务单元网站中的网络应用漏洞的数量。负责补救漏洞的信息安全经理会见开发经理来交流彼此领域漏洞的特定信息。由于开发经理从信息安全小组和CTO两处得知的信息是一致的，即每个参与者都意见一致，我们现在就能够成功地减少网站上漏洞的数量了（同时也是改善网站安全状态）。

每月，CISO都会与CTO开会，而信息安全经理也会与开发经理开会来报告漏洞数量减少的进展。规范化数据的一个优点（以每一百万行代码为单位来显示漏洞的数量）是，信息安全小组、CTO以及开发经理十分清楚哪些网站的漏洞最多，当开发经理来不及补救（在年底减少20%）的时候，这些度量报告使得项目领导可以与CTO和开发经理公开讨论配置更多资源和提高安全修补项目优先级的问题。

吸取教训：修补过程之后自动化

对于刚开始的新度量项目或者技术密集型的安全组织来说，他们有时候会犯过快自动化的错误。他们相信，一个自动的过程可以节省时间和创造效率，也相信一旦自动化后，总会有机会去修补不完善的过程。以下是一些典型的在修补不完善的过程之前冲动自动化的步骤：

(1) 最初，信息安全小组管理一个过程，这个过程是手动操作的而且是不完善的。典型的手动过程包括信息安全小组成员的手动操作并为了管理、追踪和报告而收集数据将其输入一个系统。手动过程经常包括在不同地方收集和以不同格式储存的数据。一个不完善的过程可能没有明确的角色和责任，可能没有被一致地执行过，或者缺失一些步骤或者一些步骤没有被正确执行。

(2) 信息安全小组对自动化和改善过程很感兴趣。自动化可能减少对信息安全小组成员要求的手动操作数量，让他们有更多时间关注其他高优先级的工作。减少手动操作的数量也可以减少错误，手动过程自动化的其他优点还包括将所有数据保持在一个单一的、有组织的、一致的格式里，也包括快速搜索和管理数据的能力。

(3) 开发工作是一项硬性要求,它发生在将手动过程自动化的过程中。现在小组有了自动化过程带来的优势,然而这个过程仍然是不完善的。

(4) 这个不完善的过程甚至在自动化后仍有负面影响。一旦这些负面影响达到一个特定的阈值,就可能被风险评估或者审计所发现,然后它们的修补会获得更高优先权。

(5) 必须对过程进行检查从而发现问题,而这些问题必须经过讨论。角色和责任还有过程中的步骤必须与执行步骤的过程权益相关人一起讨论。任何事都应该被记录下来,从而保证即使小组成员改变,这个过程仍可以被一致地和正确地完成。记录也保证在外包工作的情况下过程的执行仍会是一致的和正确的。

(6) 在这个过程被修补之后,附加的开发工作必须开始把过程修整转入到现存的自动不完善的过程中。

然而,有一个更好地修补和自动化不完善的手动过程的方法。这个推荐的方法有如下步骤:

(1) 开头相同,信息安全小组正在管理一个不完善的且手动的过程。

(2) 不完善的过程负面地影响信息安全项目。在这些负面影响达到一定的值之后(可能由风险评估或审计发现),它们的修补将会有高优先级。

(3) 首先修补这个过程,继续手工操作这个过程,甚至当这个过程已经修补了之后,手动操作这个过程也能保证没有其他的改变。

(4) 当这个过程被修补、记录、被关键权益相关人认可,同时也能手动地操作时,采取完成自动化过程的工作。

图 8 展示了这两个方法的比较示意图。

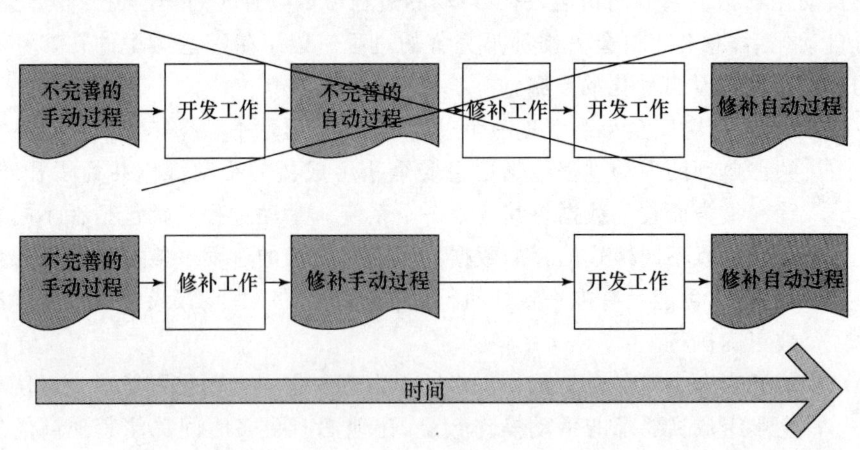

图 8　修补和自动化一个不完善的过程的两种方法的比较

第二，推荐的方法只需要三步而不是五步就能达到同样的效果。在自动化之前修补过程有两个关键的优点：更少的工作量和更好的安全性。

安全组织经常处于要完成的工作多于他们已有的资源的情况下。这个推荐的方法节省了时间、资源和金钱，因为开发工作只需要完成一次而不是两次。图9描绘了更少工作量的优点。

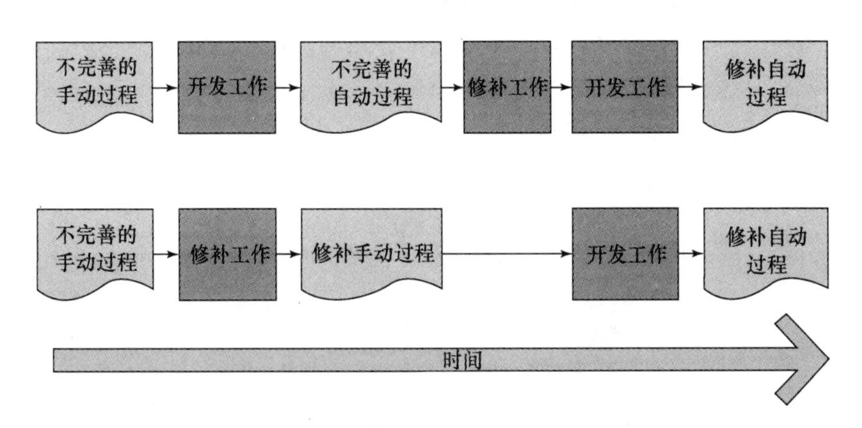

图9　优势一

在第一个方法中，时间不断流逝而过程仍然是不完善的。在这段时间内，我们无法一致地或者正确地执行步骤，角色和责任可能不清楚，即将发生的安全工作可能不会以信息安全小组想象的等级发生。在第一个方法中，过程不完善的时间可能持续更久，而第二个方法中，这个过程更快地得到了改善。即使这个过程在一些时候是手动的，第二个方法中我们能获得更长时间的良好的安全性。图10描述了更好的安全性优势。

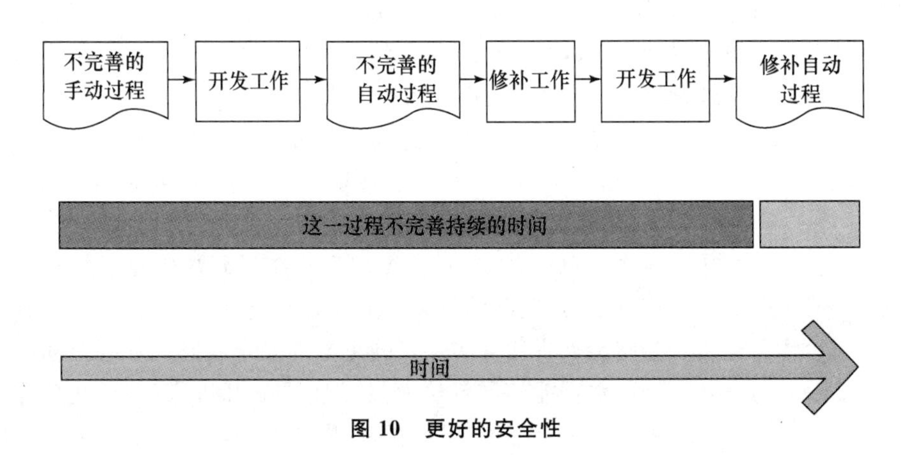

图10　更好的安全性

经验教训：不要在报告前等待完美的数据

很多组织试图在开始报告给任何人之前获得最精确的数据。这个方法的好处很明显：权益相关人对更准确的数据会有更好的反响，同时最准确的数据还可以描绘出最清晰的安全状况。但是，一个主要的缺点是，用来获取更好数据的付出可能永远无法停止，因为数据源是不停地在改变和升级的。如果一个小组在开始报告前等待完美的数据，他们可能永远都无法等来这一天，而且对于已有数据（经常是足够好的）的报告无法开始，图 11 就描绘了这个情况。

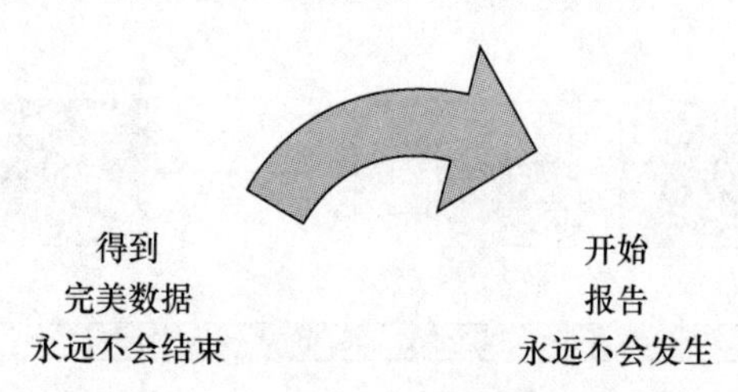

图 11　对完美数据的等待永远不会停息

考虑到数据质量，值得推荐的方法是马上开始报告。我同时也建议要好好地考虑一下报告的听众，如果听众是负责过程和收集数据的安全小组成员的话，早报告数据总比晚报告要来的好（即使最初的数据质量比较差）。这样一来，负责清理数据的小组成员工作起来会更快，因为他们想保证向更多人报告结果时的数据会比现在的好。

总的来说，我建议安全度量领导立即与负责执行过程的小组分享最初的包括低质量数据的报告。一旦清理开始进行，这些报告也可以与 CISO 分享来帮助提升数据的清理过程。另外一个方法是与一个负责的小组讨论一个特定的日期来向 CISO 展现数据报告，如此一来，他对时间线会有个认识，而且在向更高层管理者展现数据报告之前可以拥有获得更好、更准确数据的机会。

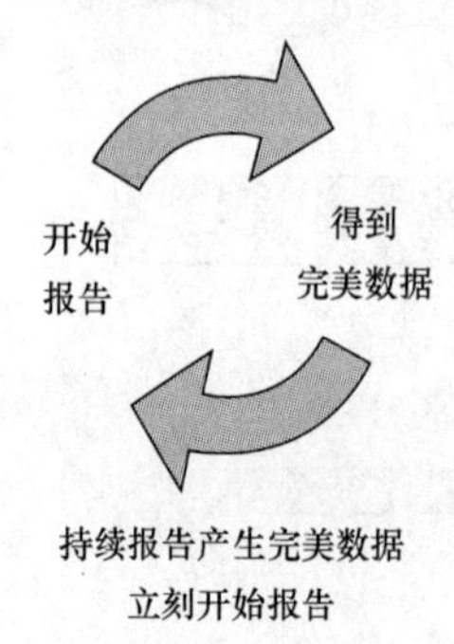

图 12　持续报告

如果信息安全小组需要依靠另一个小组来获得质量数据，这一个向小组管理层展现报告（或者规划时间来展现报告）的模型可以被应用于信息安全小组之外。举个例子，在这个案例中，如果开发经理没有在漏洞被修复后持续地关闭标签，这些漏洞将会作为网站新出现的漏洞出现，导致报告将会展现比真实存在的更差的安全状态。如果最初不准确的数据能够展现给开发经理的小组和管理层，度量方案可能会从开发经理那里获得积极的响应，从而发现问题所在。

总之，报告经常会带来数据质量的提升，这可以成为一个不停地带来更好数据的循环，因为此时恰当的听众会知道最新的信息。图12展示了这个循环。

总　　结

本章展示了关于网络应用漏洞度量项目的案例研究，以下是这个项目从头到尾的步骤：

(1) 定义项目的范围，该范围包括在一名CTO管理下的几个不同业务单元的网站。

(2) 用GQM方法定义目标。

  a. 目标：方案的目标是理解并可视化不同业务单元的网站安全状态。为了改善每一个站点的安全状况，这些内容将会每月向CTO报告。

  b. 问题：主要面向顾客的网站的各个功能有多容易受到攻击？各个更小一些的业务单元网站又有多容易受攻击？

  c. 度量：网站应用漏洞的数量。

(3) 我们决定该如何规范化不同业务单元中的数据。我们按每个网站中每一百万行代码的数量来区分网络应用安全漏洞的数量。

(4) 定义具体的结果。目标是使每个网站中网络应用漏洞的数量下降20%。

(5) 定义具体的时间线。在一年内使每个网站中网络应用漏洞数量下降20%。

(6) 识别出模糊的数据并认真对待它，对这些数据进行清理以正确地向责任人分配任务。

(7) 我们决定数据收集的最好来源。为了做这个，我们制定了管理网络应用安全漏洞过程的每一步。

  a. 使用应用漏洞扫描系统，渗透测试或者其他手动操作方法来发现这些漏洞。

  b. 自动或手动地将漏洞信息输入至信息安全管理漏洞追踪系统。

  c. 自动或手动地为漏洞的修补确认责任人并与他们交流还有什么需要完成的。保证这个数据记录在信息安全管理漏洞追踪系统和开发者漏洞追踪系统中。

  d. 当开始修补漏洞时对其进行追踪，并关闭信息安全管理漏洞追踪系统和开发者漏洞追踪系统的相关标签。

  e. 接下来，找出过程中不一致的地方，以便展现给负责管理这个过程的小组。

(8) 我们采访小组成员和其他权益相关人来找出并突出现存过程中的其他问题,希望这些问题可以被讨论解决。

(9) 我们定义并记录这个新过程,以及获得过程责任人和其他关键的权益相关人的支持。

(10) 我们与关键权益相关人一起来完成数据清理。这个包括彻查历史数据来清理和跟进新的过程来保证数据输入的一致性。

(11) 我们获得了每个网站准确的基线数据。

(12) 我们和关键权益相关人一起报告基线数据、目标和时间线。

(13) 我们对关键权益相关人进行每个月的跟进。

我还展示了一些相关的经验教训:

- 先修补过程再使其自动化,这样带来更少的工作量和更好的安全性。
- 不要等到有完美的数据后才开始报告,不停的报告可以促使数据不停地改进。

第四部分

在安全度量之外

第十一章　安全改善方案

第七至十章描述了多种安全测量项目，每一个项目都利用了目标、问题和度量，并且每一个项目都旨在提供数据并深入了解组织的操作安全性。以项目为中心的安全方法也许和你观察自己安全业务的方法其实也没有很大的区别——除了这些项目具体的目标会不同之外，它们全部明确地包括 IT 安全在测量方面的不同和特点，以及一些经常采用的方法(现今在安全行业中并不常使用定性描述性分析作为一种了解安全状态的手段)。

在我业务咨询期间拜访的大多数公司中，安全管理都是以项目为基础，无论这些项目的目的是评估、开发还是实施。我们都理解安全项目，但我的许多客户都抱怨说安全项目只能满足他们的部分需求，甚至那些在安全方面能力很强，并且拥有众多项目来保护系统和信息的机构也发现他们几乎处于无论付出怎样的努力来理解和改进其状况，风险和安全事故还是会发生的境地。这愈加体现了这样一种事实——风险是不可能消除。相反，我们必须学会管理风险，要管理风险必须先对其进行测量，同时我们也必须确定多少风险是我们愿意接受的以及我们能付出多大努力去减轻它。

从项目到方案

项目是一个有明确的开始与结束的、有界的、集中的、有限的工作，并且拥有一套相对明确的完成与成功的标准。当你设立一个项目时，你知道你试图完成的任务是什么。也许它是一个特定的操作系统或应用软件的最新版本的升级，又或者它是你公司的安全业务某一特定方面的测定，就像我一直在写的那样。无论目的是什么，项目的性质都是开始、发展、结束，就像它贯穿整个人类活动的历史那样。以项目为中心解决问题的方法的核心特征是项目(和运行它的人)不关心长期记忆和背景的意义，项目思考的内容是关于项目内部管理，是不超出时间和预算的风险，是控制完成项目所涉及的规模和资源并且是在项目完成后转移到其他优先事项。

另一方面，方案在乎的就是记忆和背景，并包括任务、章程、愿景和战略。方案是以协调各种往往独立且不同的活动为目标，并使得这些不同的努力和活动达到更大的超过任何单个项目目标的广泛举措。以方案为中心的解决问题的方法和战术与项目不同，并没有相同的对日常活动的可见性的级别。相反，项目管理专注于一个企业的总体方向，其中每个单独的项目可能只是发展道路上的一小步。

如果在执行的道路上保持前进，而不只是兜圈子，你一定要注意每一个项目是如何融入一个宏伟计划的。举一个简单的来自军事的例子：一个单独的班或排可能被训练来执行一个非常特别的任务，他们对战略或更大一些的军力交互的可见性基本没有关注，但要确保该班或排处于需要它的地方从而最大限度地发挥其价值，将需要对许多其他像它一样的个别部队进行广泛的协调。在最近几年我看到过关于支付卡行业数据安全标准(PCI DSS)的明确指向安全的例子，它给了许多公司方案级别的战略目标(通过未来的审核)，驱使他们在一个更加全面理解的方式下去查看他们的安全项目(网络划分、加密策略、政策制定等等)。

对 IT 的治理和合规性方案影响的经验研究表明有意正式创建这些方案的公司都提高了基本利益，如增加收入、客户满意度和客户忠诚度提高，成本、产品交付和服务的改善。如果你仔细想想，会得到直观的感受。如果你花时间和精力去找出究竟你在做什么和为什么做这个，你将有机会看到可以改善的地方，然后你就会开始更好地做这些事情。随着 IT 安全成长为一个成熟的产业功能，更多的重点将被放在安全管理如何推动利润、生产效率和经营效益，甚至是在那些与安全不直接相关的领域。

使用安全改善方案管理安全测量

在第四章安全过程管理(SPM)的文章中我开始讨论了安全改进方案(SIP)。SIP 被设计用来理解和引导安全测量，这样在安全操作测量上做出的特别的努力得到的指标和数据可以被用于战略以及战术。在那一章的图 4-3 中，SIP 被视为一连串随着时间推移相互连接的安全测量项目。在这个模型中，每一个项目都是知识循环中的一部分，其中上一个项目的工作和结果被专门用于向下一个项目提供信息并对其进行引导。像这本书中的许多想法一样，这绝不是一个革命性的概念，而是组织知识管理的核心宗旨，但是经过多年的安全方面的管理和咨询，我发现此类知识的收集和再利用通常不是安全机构会优先考虑的。我曾看到过重复进行多年的安全工作，但就算是那些相似或重复的努力也从未被探索过。相反，这些项目只有在年度活动的检查表上需要被勾选的，这一态度即说明了参与安全工作的供应商的问题，也说明了聘用这些供应商的公司的问题。

第四章 SIP 的图片本身是过于简单的，它主要关注随着时间的推移重复项目之间的联系。一个更准确的，但还是很简单的该概念的扩展如图 11-1 所示，它显示出了数年间多个项目之间的关系。从图中可看到，2007 年进行的一个安全测量项目(SMP)导致了随后几年中的项目重复，但它同时也衍生出了被第一个项目带动的相关项目。随着越来越多的项目被加进来，项目之间的信息流增大，它们的结果开始显示出整体安全实践真正的复杂性。SIP 概念最重要的方面是图中的箭头,代表了独立项目之间的知识关联。项目是企业中完成事情的方式,但是方案是这些努力可以形成一个大于各部分之和的东西的方式。在 IT 安全测量中,SMP 可以提供数据和见解,但只有通过 SIP 方案化的办法,这些独立的测量工作才可以作为一个真正的业务流程来测量和安全管理。

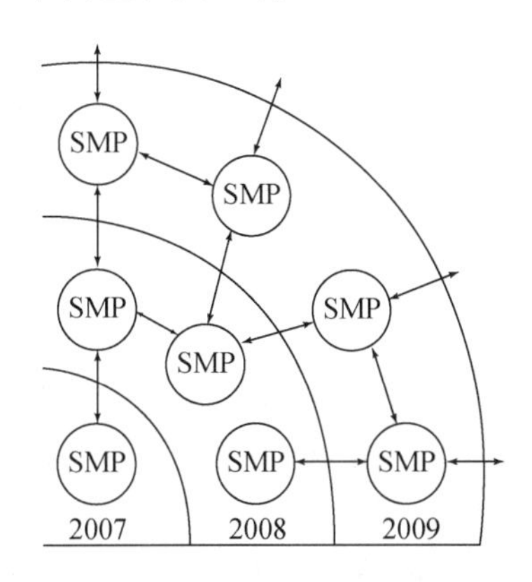

图 11-1　数年内多个 SMP 与扩展的 SIP 概念

安全测量的治理

我在 SIP 中建议的是一种治理安全度量活动的方法。定义、管理和改进 SMP 之间的合作与关系和操作这些项目是不同的。治理是关于大局的管理,在一个更高的层面上它是目前产业的一个热点话题,因为从政府到行业组织,再到股东和客户,对公司经营业务的方式要负更多责任的要求越来越多。治理往往和合规性条例和公共机构或公开上市公司的管理相关,但治理在有效战略的制定和执行方面有更广泛的定义。然而,正如我在本章前面提到的,有证据表明高等级且有效的治理基本能明确影响各级组织的效能。

如果你考虑一个单独的 SMP,如我在前面的章节中所描述的那样,你可以明确你用来定义、限制和约束项目的目标、问题和度量。GQM 模型的一个主要目的是为了创建更小的、更易于管理的项目,以避免范围蔓延,从而使得每个项目涉及的测量和数据尽可能的具体且有意义。在一个 SMP 中,你深度钻研,但所关注的并不广泛,这在你想细节化的探索一个安全问题时具有优势。但是,如果你想跨越企业范围的复杂性和相互关联的要素去改善安全,若你没有想过如何将所有项目的结果集合到一起,这种对个体的专注会变成劣势。你最终会获得很多有趣的专业数据和信息,但不是很了解作为一个整体来管治组织风险意味着什么。由此产生的项目和测量之间的不确定性会有显著的风险,看见一些点和将这些点连接起来创造一个有意义的图形是不一样的。更糟糕的是,如果你所知道的只有你自己的点,你可能会错误地以为你有完整的图形,而事实上你却只有一个狭隘的视野,治理是要在足够高的地方来看那些从只关注细节的低层看不到的模式、风险和机会。

治理的核心是关于战略的，而它不适用于任何单独的事物。当你实施你的安全度量方案时，不仅需要去评估应该如何测量你感觉重要的安全性的那些方面，还要评估如何去决定什么是重要的以及这些决定怎样嵌入到整体安全战略中。除了最基本的常识性建议之外，我无法告诉你如何去对特定的挑战区分优先级或者如何去决定什么对组织来说是重要的。我可以告诉你的是治理是关于定义什么并记录这些决定的，这样若有人问起，你不会停在那里，像个车前灯光中的鹿一样。

定义什么构成一个组织内的风险和安全往往看上去十分基本，基本到很多人都懒得去做这件事。但是，对于这个问题很多安全管理人员都无法给我一个明确的答案，你的风险是什么？当然，他们有很多关于他们面临的问题或挑战的想法，但这些问题和挑战所具有的正式的定义和分析还不足以开始用任何精度来衡量它们。实施正式的 SIP 来支持你的安全度量方案的目的是，提供必要的治理结构来帮助保证你承担的 SMP 所支持的不仅仅是组成项目的战术目标和问题。

SIP：仍然和数据有关

如果你的 SMP 是关于收集和分析数据以支持你为每个项目设立的目标和问题，那么 SIP 就是关于使得那些数据对更多的人在更多的情况下更加有用。IT 安全度量至少有两个价值：第一个价值是马上测量需要数据完成项目目标的项目；第二个价值是对于项目团队、经理和其他人来说的，当他们之后复制这个项目、进行相关的项目或试图通过审查案例和历史证据获得对安全问题更广的理解时，将受益于度量数据。

复制的或重复的项目

在许多情况下，SMP 不是一次性项目，而会定期重复，比如漏洞或风险评估，每月或每季度的审查，或者关于预算或人员的决策支持项目。你可能会认为，这里所有的例子中，这些类型的重复项目将受益于 SIP 提出的相类似的治理结构。毕竟，这些项目在一段时间内被同一些人所预计、安排和执行。

不幸的是，即使这些项目也往往被视为独立的工作，或多或少和之前发生的或与未来可能会遇到的断开了连接。造成问题的部分原因可能是采用了安全检查表的方法。在这个方法中列出了每年进行的安全活动。进行这些活动可能是基于正式合规性要求，也可能是因为某些最佳程序规定要求定期地实行特定活动。当项目因为这些原因被执行时，去了解项目实际完成了什么的动机（知道什么样的任务已经完成，所产生的变化，而不是单纯完成任务，并勾选检查框）会远远小于当项目是作为安全改善方案的一部分时的作用。我见过很多每次最终交付的版本都和以前几乎一样的、重复的安全性评估的例子，这暗示着真正的安全收益具有表明评估已经完成的能力。

另一方面，一个SIP方法，将集中于任何单一项目的直接结果，而不是试图决定安全是否因为所有SMP工作的结果而正在改变。通过衡量项目之间纠正或改善安全问题工作所缺乏的进展，SIP可以提供对安全操作真正功能的有价值的深入了解。

后续或相关项目

一个SMP，特别是一个是有界的、具体的项目，往往会发现显而易见的问题，但这些问题不会被那个SMP产生的度量和数据直接解决。这种带来后续项目机会的几个例子在前面的章节讨论的项目中就存在，在这种前提下，如果想要有效的利用这个机会，那么就必须具备两个能力：

- 从一个SMP到一个全新的SMP中，处理问题和需求的能力；
- 校正并绘制项目中相关SMP结果的能力。

在这种情况下，对有效度量治理的需求尤为重要，因为这些项目很可能跨职能或跨组织。例如，如果在一个渗透测试中，发现了在笔记本或工作站中的知识产权被广泛盗用，那么很可能会有人提出以下疑问：到底是流程上哪里的缺陷，导致这种敏感信息缺乏保护？然而，网络安全团队，可能因为没有被授权或者没有能力在其他业务部门内进行安全度量项目的推广，因此无法了解为什么这些敏感信息传播得如此广泛。在这些情况下，如果有一个专用的SIP能对其加以恰当的管理，可以确保我们采取合适的行动。

历史性项目或探索性项目

人们曾说，历史不会重演，但它有迹可循。在我工作了超过20年的公司里，每个被提出的新举措，它们往往旨在提高某种特定操作的效率。如果你在一个机构待了足够长的时间，当你遇见新措施时，你很有可能会问："难道我们现在做的不是五年前，被称为X的项目吗?"这种情况也适用于安全领域。随着技术的变化及发展，我们好像转了一圈回到了从前曾遇见的挑战和解决方案，这些方案如此怪诞，同时又让我们回忆起过去见过的种种。有时候，这种重复是直接发生的，工作人员直接将旧思想作为新的举措提出，因为很多人都没有意识到这些想法曾被提出并实施过了。有时，目标和想法都是全新的，但过去的经验可以在风险和收益这两方面提供指导，这些指导对新的尝试会有极其重要的影响，在这两种情况下，如果没有相关数据和以前经验的支持，项目的进展将会变得十分缓慢。

SIP原则的应用，可以为我们提供机构的历史和数据的存储仓库，通过对过去不同项目资料的重复利用和循环使用，可以使安全性变得更加灵敏。在开始一个新的项目之前回顾过去的成果之时，就探索安全改进中未开发的领域这点而言，记录齐全并且部署完好的SIP可以为我们提供帮助。更普遍的情况是，SIP还可以帮助打破安全功能和项目团队之间的数据"小金库"，同时鼓励组织中的安全小组间进行更积极地合作和经验分享,建立这样的知识体系和意识是企业改进研究方法、保证新措施质量以及在谷行各业持续发展的核心。我会在第十二章中介绍一些相关研究的报告。

对 SIP 的要求

在我们建立有效的 SIP 管理和支持安全度量活动时,通过使用以下几个关键原则,可以保障我们的努力能够真正提高组织的安全性,而不是简单地去收集相关的数据。这些原则中很多都是组织工作通用的常识,但如果我们再仔细考虑一下,就可以利用它们解决我们度量项目中特定的需求和挑战。

SIP 理念的三个核心原则:

- 记录安全测量的项目和活动;
- 共享安全测量的结果;
- 保证项目之间的长期合作。

开始前的准备

正如我们在工作之前应该先理解 SPM 框架中的相关成分一样,我们在工作之前还应该先进行有关注意事项的考虑。SIP 活动对我们的帮助在于,我们能够在实施新举措前了解到这些注意事项如何影响我们项目的运作。

管理支持和赞助

几乎在所有的新安全措施中(无论是事实上的还是书面形式的),管理支持都是一个关键问题。从长远的角度来看,如果管理层不能对我们的努力提供直接支持,成功的可能性是十分有限的。无论是 ISO 27000,信息及相关技术的控制目标(COBIT),还是信息技术基础设施库(ITIL),每一个我们可能应用到安全程序的高层框架,都强调管理层的支持和承诺是成功的核心部分。然而,这样的承诺是很难得的,并且它的优先级往往不高。

我对管理支持的建议是不要空有雄心壮志,而要稳中求进。我宁愿有一位支持新安全措施的董事或经理,他们能够定期交流并参与该措施的执行,而不愿从备忘录中看到 CIO 曾经承诺,公司的安全级别将达到第五级(然后该话题戛然而止,直到下一届股东周年大会又再次提出)。中层管理人员的支持一定程度上限制着我们当下可以达到的成果,但这些支持也会使我不断进步,拥有更加敏锐的洞察力,提高财务和业务方面的能力,最终引起 CIO 的注意并向其证明我的价值。我建议大家找一个等级尽可能高的、会积极并定期支持 SIP 的赞助商。这个赞助商通常是 CISO,但他也可以是一个较低级别的经理,甚至也可以是个项目负责人。项目的改进在最开始通常是由一个人的努力推动的。

建立一个有效的 SIP 的伟大之处在于，只要符合三个核心原则，它就可以尽可能严密地或是概括性地进行运作。随着 SIP 的成长，坚持这些原则所需的能力也变得较为复杂，当然，对于大多数安全度量方案，实行一个 SIP 对于安全操作小组来说还是在管理能力之内的。建立文档、共享和协作举措确实需要对 SIP 所代表的那种方案层次的思考和活动有一个保证。

用于支持 SIP 的人员配备和资源

SIP 的有效进行需要合适的人员及资源方面的支持，而且想要满足这种支持也不一定会很麻烦。SIP 完成的大多数任务都是确保信息能够被提供给更多的受众。这个目标的实现需要有组织，有文档记录以及要专注于实施信息共享而不是光在嘴上说说。现在的企业环境在协作和信息共享方面达到了前所未有的程度，这使得方案开发方面的目标更容易实现。

SIP 人员和资源分配很大程度上依赖于机构的结构、规模、安全小组的组建以及现有人员的技能水平。因为在最开始的时候，即使是一个专业的员工也不可能有效的实施与 SIP 相关的活动，至少要有一个人来专门确保特殊测量项目的结果被记录与保存，就如同项目分配给完成活动的中心责任带来了保障。安全改进方案领导要对于确保单个项目的协调负责，并且应该生成合适的文档存储以备将来使用，对于方案结果的报告应该定期完成。

发展 SIP 员工的一个策略就是接触公司现有的知识管理团队（如果公司里有的话），因为这些团队已经知道了信息共享的重要性并且他们能运用合适的技术和工具得到类似的共享信息。如果公司内部没有一个正式的知识管理部门或团队，那么就应该去了解公司信息是如何通过其他途径散播出去的，例如通过信息管理系统还是通过公司内部的网络。管理这些基础设施的群体同时也能成为重要的建议来源，他们可能会知道如何制造、储存以及管理 SIP 的各 IT 组成部分。

SIP 的元素和目标的定义

正如安全测量项目要获得战术上的成功需基于定义和目标，SIP 要求你要真正努力地去理解你想要在战略上完成的是什么。这些定义将提供框架故事和环境，在此框架内，你的测量项目活动可以进行校准并为更大的方案目标做出贡献。在某些方面，SIP 层面的定义能够与曾用于建立 SMP 的 GQM 模型相媲美。但是与通过收集和分析数据来回答关于安全性的问题相反，SIP 会试图去判断这些问题的答案如何能跨项目地支持更大程度上的安全性策略。

定义安全性　如果我们想对安全改进方案这一术语的意义进行分析，如果我们要了解我们正在完成的任务，就必须正式定义几个要素。我已经定义“方案”的意义：一个系统的方法，用来管理多个项目和计划，随着时间的推移，这些活动的结果会被记录和共享，并且能够成功地被用在不同的团队和工作中。但是另外两个元素是什么呢？那让我们从“安全”开始，它是如何定义的呢？当你谈论安全性，你所表达的意思是什么呢？安全是经常被使用到的术语，常用到它在上下文中已经渐渐失去了某些特定的含义，其实，安全就是我们所做的事。如果你负责一个隔离区，安全就是要保证没有人可以渗透到你的隔离区。如果你是一个人力资源专家，而且正在为公司的网络编写一个可接受的使用策略，安全也许就可以保证你公司的员工不会用公司的网络做一些它所禁止的活动，如果他们做了一些不利于公司的事情，安全就意味着你有能力采取措施保护公司免受连带责任。

局部定义是安全世界中存在的一个事实，它可以高度专业化，但会使人们难以测量自己区域之外的安全。当你建立了一个 SIP，来管理和协调可能来自不同分区功能的项目时，你会发现越来越有必要精确的定义你想表达的安全意识，在后面章节描述的内部威胁的案例分析中，安全被正式地定义为一个公司的员工将会有意或者无意地成为安全事故的根本原因的可能性。这种对于安全性的定义使得 SIP 能协调和管理多个 SMP 工作，而这些 SMP 专注于防止内部安全事故的发生。对于该项目是否可以测量公司内部人员成为安全隐患的可能性的这个问题来说，测量项目是否涉及人员、流程和技术则成了次要问题。

定义改进 同样你也需要定义“改进”的概念。安全管理者经常讲的安全，更多地指是一种“零或一”的游戏，在这个游戏中要么有安全事故(失败)要么没有(成功)。这个二元分野的安全观通过阻止更加细致的保护方法的实施，对安全方案造成了大量的破坏。

举个例子，我参加过许多漏洞风险评估，当我们能够使用一个漏洞获得系统管理员访问权限，从而危及此系统时，评估中就会出现一个常见的问题，对这个漏洞而言，有一种解释方式倾向于夸大事实，即该系统的安全性允许完全的泄露，也不管系统是否拥有重要的或能够损害该组织的信息。在许多情况下，漏洞测试的实质是这样的，就是测试人员没有办法知道一个特定的漏洞的实际影响，因为这些漏洞只是在一个特定的安全级别上起作用，而这个安全级别只关注系统的配置是否会导致系统受到威胁。因此，改进的措施只能在单个系统中的技术漏洞的水平上进行测量，而不能在对实际业务的影响上测量。这往往会造成缺乏远见以及对安全性的不完整的看法，使用了这个判断标准，安全仍然是反应滞后和保守的，以至于组织很少有机会提前发现问题。

当构建 SIP 目标时，需要在更大的背景下考虑“改进”的定义。改进不仅仅是纠正存在的问题，还要找出这些问题的根本原因，从而当这些问题以不同的形式出现的时候，可以减少出错的概率。改进也与建立基线和 SIP 级的度量有关，通过这样来使你确定你是否实现了改进以及改进到了何种程度。在后面章节的案例研究中，对于内部威胁的安全方面的改进被定义为用不同的基线使组织确定其是否正在取得进展。

记录你的安全测量项目

建立一个有效的 SIP 的第一个核心原则是给所有你所从事的安全测量活动提

供相关的、可靠的、有记录的可用信息。这是一个挑战，特别是因为大多数的安全程序对于许多基本的操作活动都没有正式的记录文档，对于支持这些操作的项目和实施内容来说，记录文档就更少了，而缺少文档的原因既可能是简单的缺少时间，也可能认为文档是一种图有其表浪费时间的活动。但不管是什么原因，在安全方案和活动中缺少足够的文档就意味着你的活动不够成熟。

支持能力的成熟度

能力成熟度这个概念被开发出来主要是用于研究防御举措的，能力成熟度已经被应用于军事行动以及系统和软件的开发，以及许多需要讨论能力成熟度的模型和框架中。这个概念主要指临时的、不受管理的和冲突的过程与活动转变为日益成熟的过程与活动，前者的特点是不成熟的，而后者是标准化的、正式的可管理和测量的，并可以通过协作和协调进行同步。一个组织或功能所展示的成熟程度决定了其如何从自身工作中汲取教训，以及如何有效地运用这些经验教训不断改进和进步。

从 IT 的角度来看，最耳熟能详的例子可能是能力成熟度模型以及其后续版本的开发。此开发是在一家软件工程研究所中进行的，这家研究所是美国国防部资助的机构，由卡内基·梅隆大学运作。软件工程研究所的这一能力成熟度模型也曾经被其他人采用过，包括信息及相关技术控制目标(COBIT)框架的一部分，由负责 IT 治理的信息系统审计与控制协会(ISACA)开发。国防部机构已经将能力成熟度的概念应用于军事和情报活动的指挥和控制系统的操作上。

但是能力成熟度不仅仅是用于协调项目或者军事活动上，知识和科学进步的组织结构也是能力成熟度的一种测量方式，它也是几个世纪科技进步的基础。举个例子，图书馆和信息科学(LIS)领域的主要任务就是组织和传播信息，以此来确保整个社区和社会能够提高效率和增长速度。

SMP 项目的存档基础

尽管测量项目也许会比升级安全性或者一个新系统的实施要求更多的情境信息，但是大多数的安全项目都有某种程度的记录。幸运的是，如果你正在为你的测量项目建立 GQM 模型，那么你已经完成了文档的一个基本组成部分，GQM 模型强迫你去定义范围和目的，并且制定正式的数据收集和分析机制，GQM 模型最起码也会记录项目的目的和成功的标准。

随着 SMP 过程的开展，记录项目的进展就会有很多不同来源的机会：

- 项目团队的电子邮件和会议记录；
- 文档、备忘录和项目展示；
- 分析和项目调查结果；
- 权益相关人以及项目组成员的反馈。

你应该首先考虑项目团队应该如何管理和收集能够充分记录 SMP 的数据，因为这可以帮助你避免从人们的记忆和其他不太可靠的来源获得重建文档所需的事实。SIP 的基本文档组成包括以下一些部分：

- 一个 SIP 概述模型，用来识别、描述以及定义改进方案的目标；
- 一个项目目录，用来追踪与各个 SMP 相关的目标、问题以及度量；
- 一个度量目录，用来记录你已经实施的测量活动的种类和类型；
- 一个分析目录，其中包含可能对其他测量项目小组有帮助的结果、经验教训以及机遇与挑战；
- 一个项目日志及其他获得知识的工具，以便收集不包含在目录或者最终项目报告中的具体项目信息。

分享安全测量结果

在记录项目之后，收集到的信息以及项目结果必须可以提供给相应的受众。鉴于特定的与安全相关的数据的敏感性，如果仅仅将漏洞评估的结果甩到公司内部网络上也许并不是非常合适的。但是隐藏或者将能够支持其他的安全测量活动的项目信息隔离也同样没有价值。

共享测量数据的注意事项

最低限度来讲，关于项目、度量、分析和经验教训的一般信息应该作为 SIP 的一部分被广泛使用，我甚至推荐在安全团队之外共享这些信息。安全运营的可见性可以帮助非安全领域的权益相关人更好地理解他们应如何支持公司的信息防护策略以及如何从中获益，通过创建关于已实施安全工作类型的大体目录数据，能够保证无须暴露细节即可让别人参与安全进程，暴露那些细节也许会构成对 IT 系统额外的威胁。持续增加的透明度同样可以帮助其他的负责合规性及公司风险管理的权益相关人更容易参与到安全小组中，基本上，共享安全测量结果并不意味着仅仅在负责公司安全的部门中分享这些测量结果。

无论你选择如何分享你的度量结果，你都需要考虑一些事情：

- 将文档存储在何处？
- 文档如何组织？它们会有索引且可搜索吗？
- 文档将被施加什么样的访问控制？需要有访问文档的审批程序吗？
- 文档将被存储多长时间？它们会保存在公司的记录保留计划中吗？它们会被归档吗？
- 如何追踪文档并且建立其真实性呢？

文档和信息共享的工具

文档存储和管理应归入到企业内容管理这个更大的话题中，这已经超出了书本所提及的范围。现今，大多数的公司采用复杂程度各不相同的企业—内容管理系统，从静态网页和文件共享到全面的企业内容管理套件，这些套件还包括协作和工作流管理的功能。你选择的管理文档的工具与你对管理这些数据的投入程度相比是微不足道的，一个简单的方案是只要有 SMP 内容存在就使用与文件共享相结合的专用电子邮件名，它可以为共享和传播它们提供一个足够的平台。

长期开展跨项目合作

就像文档管理一样，协作本身已经成为一个行业，包括各种技术和工具，这些技术和工具本身就是实施框架和相关书籍的主体。近些年的许多研究都集中在如何在工作场所中促进和鼓励更多的协作，虽然技术可以在鼓励协作行为方面发挥重要的作用，大多数人都认为技术不能创造一个协作环境，协作本质上是一种社会功能并且要求鼓励用户进行有效地互相分享和探索（并且接受培训以便明确如何有效且准确地做这件事）。问题的关键不在于你是否在安全项目方面选择以下方式进行协作，通过电子邮件、维基，还是一个在软件方案中包括这些方式的协同工作环境系统。相反，你应该把重点放在让你的组织乐于接受这样的价值观：应该创造、传播、交换信息与内容。

培养协作的安全测量环境

在考虑技术问题之前，你可以采用一些方式在你的 SIP 中鼓励更多的协作。谨记 SIP 的关键是提高特定测量项目和活动的意识，同时邀请可能会在今后进行类似项目的团队参与进来，使以后新的项目会更加有意义和更加有效。在目标为增加并改善针对特定问题的知识的学术界和工业界的研究环境中，以上这些原则是根深蒂固的。我之前在书中曾经给出过类似的建议，即使用科研项目作为比喻可以给安全度量项目带来一些好处。在 SIP 中，首要的任务就是从林林总总的个体测量工作合成并分享知识，使用科研性的方法是可以事半功倍的。

可以通过以下几种方式来鼓励协作：

- **管理支持**　管理部门应乐于并且明确地支持协作，而且不仅要在口头上给予鼓励，还要提供协作工具并且对员工进行培训，使其了解如何更有效地分享信息。
- **公开文档**　当易于访问时，我前面提到的文档库和目录更有可能被其他人使用，与贵公司的内容管理团队一起工作可以帮助找到一些安全地发布并宣传安全度量数据的方式。
- **消除“小金库”**　以积极的姿态面对其他个体和团队，无论是在 IT 安全部门内部或是针对该公司的其他部门，都可以在消除协作障碍方面产生重要影响。
- **自然地协作**　在日常活动中增加协调机制，像会议议程和项目计划是非常有用的，因为，他们有助于在日常活动中保持创建并分享内容的需求。

协调工具

我们非常幸运的生活工作在一个每天都可以看到新的协作工具出现的时代中，有许多开源的和免费的软件工具可供使用，并且这些工具可以被用来建立或者补充你的SIP协作需求。在这里列出所有可供选择的工具是不太现实的，但是你也许在你的环境中已经有了如下的基本工具，这些工具可以用来提高协作能力：

- **即时通讯** 电子邮件和即时消息(IM)在大多数的公司中已经变得无处不在(如果你已经有IT安全计划，那么你可能已经集合了电子邮件和即时消息)。如果你将这些工具作为协作的主要手段，那么一定要考虑你将如何存档并分享你创建的内容，以使这些内容随时可用。
- **网络日志和视频共享** 一些企业已经开始鼓励员工使用网络日志或者博客，甚至是共享视频以便沟通，创建内容，并且通过协作分享经验。如果你的组织内部可以建立起一个博客机制，那么你可以考虑一下建立一个安全度量博客向多个受众分享你的度量结果。
- **头脑风暴和思维导图** 用来记录概念和组织项目与概念之间联系的软件已经越来越复杂和强大，并且能够使你利用相关想法的层次结构来探索核心概念。
- **Wikis及同行评议制度** 这些工具可以通过以下方式使人们协作，让个人可以更加容易的创作、编辑和审查其他人的工作，同时保证版本控制以及随着时间的推移跟踪变化和进展的能力。

测量SIP

就像安全的其他方面一样，SIP也应经受测量与评估，并且你应该考虑如何对SIP相关行动的有效性进行评估。你可以通过两种方式来查看SIP的效果：那些与改善计划相关的活动运作的如何，以及由此对你整体安全性产生怎样的影响。

安全改善是习惯养成的过程

即便可以随时使用一座武器库的技术和工具，安全性也不能神奇的自我改善。就像减肥、戒烟，以及其他任何习惯性行为的改变一样，只有用新的习惯取代旧的习惯才可以达到改进的效果，安全性改进是在日常基础上建立新的组织习惯的过程，这个过程的最佳起点就是从改变构成我们安全性计划的日常行为开始。如果SIP是一个“大局”的过程，并且只会在项目行将结束时才予以考虑，这样产生的效果将比 SIP 结合到日常活动中差的多，这些日常活动可以是员工会议、项目计划以及绩效评估。通过让越来越多的人感觉到如果想要对 SIP 做出贡献，他们就有责任将记录和协作任务纳入自己的安全性活动和项目中，那么随着时间的推移，你将会在彻底改进安全性方面取得更大的成功。

SIP 有效吗？

测量 SIP 的有效性包括更多具体的和面向计划的度量，这里测量的对象是 SIP 的使用频率，以及 SIP 所需的条件。改进计划度量的意义在于确定有助于长期改进安全性的日常活动和习惯是否形成。这些度量的例子包括以下一些方面：

- 多少 SMP（比例）包括了对以前的相关测量项目进行正式审查的步骤？
- 多少 SMP（数量或比例）已经被记录在案并且可以向其他组织提供可用的内容？
- 与 SIP 相关的活动或者度量被列入到会议议程中的频率是多少？项目计划中呢？管理简报中呢？
- 多少员工将安全性改进目标纳入到了他们的职位描述或绩效计划中呢？

安全性提高了吗？

当然，实施 SIP 的主要目的就是随着时间的推移，通过协调多个项目和计划来改进安全性。为了做到这一点，度量必须十分到位，以此来判断 SIP 是否具有预期的和所需的效果。如果 SIP 的设计是正确的并且安全性和改进这两个概念的定义也是正确的，那么接下来就需要确定一个基线，来确定安全性是否真正地改进到位了。

安全性改进只能通过时间来丈量，这强调了以下工作的重要性，即确保 SIP 的活动是连贯的并且定期进行的，以便可以建立纵向数据的存储和项目之间的相关性。如果对以前的项目结果不进行重新审视和检讨，也没有基于基线对其效果进行测量，那么这一方案能达到的就只有静态的、单方面的推断了。正在进行的对方案对比的审查需要责任心及反复的努力，这在任何组织中都是不容易做到的，但它确实是真正持续的安全改进的核心。

由于具体的度量标准不易于阐述，同时又考虑到基线取决于你独特计划的需求和测量，你应该搜寻以下几种类型的证据来证明 SIP（乃至于 SMP）是有效果的：

- 基线会随着时间而改变吗？在每个后续的项目之后，你的安全度量活动的质量和数量会有不同吗？区别大吗（不只是随机概率和噪声的产物）？
- 有更多的项目被增加、审查并且纳入到 SIP 中吗？你参与的测量活动导致了反复的活动并且同时激发了可以提供更多见解的促进安全测量的新活动吗？

- 在你的公司中，安全性变得越来越明显了吗？“小金库”有没有被消除？有没有向其他的权益相关人更好地解释安全性的价值？
- 你的安全性测量活动是否减少了你的不确定性及其相应的风险？安全度量的结果以及你的 SIP 有没有帮助你做出更明智的决策(包括传统情况下，安全性并不会涉及的决策)？

案例：作用于内部威胁测量的 SIP

为了说明如何构建一个 SIP，让我们来看看美国阿科美公司(ACME)的例子。该公司在经历了一个潜在的具有破坏性的安全性事件之后开始关注其内部威胁。在解雇 IT 部门的一名员工之后，该公司将会收到一些报告，这些报告指出该员工过去曾经拿着专利信息和知识产权与该公司的竞争对手进行过接触，该员工希望出售这些信息或是以其为资本来寻找新的工作。

对于以上这个事件的调查指出，公司的前雇员可以提供一些并非其工作所涉及的敏感信息，并且在其被解雇后该雇员还可以提供类似信息，这有力地证明了雇员仍然具有访问公司网络的权限，并且能够使用该权限侵入公司系统并窃取数据。虽然在解除该员工的劳动合同后已经终止了其官方访问的权限，但是该员工还是可以使用来宾账号获得访问网络的权限，并且能够找到脆弱的内部系统以窃取公司的数据。调查还发现，该员工之所以这么做，部分原因是因为其沉溺于赌博欠下债务。沉溺于赌博也是该员工绩效不佳的根本原因，而这最终导致了该员工被解雇，同时也趋使其向公司“讨一些公道费”。

对于该安全事件的调查使该公司从多个层面上重新审视其安全性操作的规范问题，同时，提出并实施了一些安全测量项目：

- 找出内部网络中允许跨权限访问网络和窃取专利数据的漏洞；
- 重新审定安全策略的体系架构以及保护公司数据的需求的合规性要求；
- 评估安全性意识及公司内部的保护文化，用以建立更好的培训计划；
- 提出评估其他数据丢失的途径(如电子邮件)以及测量公司雇员帮助计划的实施情况及有效性，因为帮助计划本来可能在危机之前帮助缓解雇员的赌博问题。

鉴于这些 SMP 活动的相互关联性，该公司还开发了一个 SIP 用于协调 SMP 的结果，并确保采用了整体和全面的方法来预防未来的内部威胁，SIP 有指定的赞助者和责任人，并战略性地管理着各种内部威胁项目。SIP 的目的是为了确保计划和项目组件能够维护他们的内容，这些内容可以用来构建组织的知识和经验，公司开发了一个 SIP 概述文档并利用一个受保护的维基设置了存储仓库，使各项目团队可以交流思想并发表他们的结果。该方案的 SIP 概要文件如表 11-1 所示。

表 11-1　关于 ACME 公司内部威胁的改进方案的 SIP 概述文件

SIP 文档标号	SIP 2008.03-01
SIP 描述	SIP 包括 ACME 公司内部与内部威胁管理相关的安全测量项目公司
SIP 执行赞助者	John A. —首席信息安全官 Lisa B. —VP 企业风险管理 Henry C. —VP 人力资源
SIP 责任人	SusanD. —数据保护分析师
SIP 目标	确定最可能的风险和影响最大的破坏内部安全威胁载体 基线：已定义的内部威胁风险的数目和类型 基线：威胁载体对业务的影响
SIP 目标	评估目前内部威胁活动的水平 基线：源自内部的安全事件的数量 基线：恶意与无意事件的比例
SIP 目标	确定的内部安全风险的根源以及潜在的缓解策略 基线：已确认的内部风险的根源的数量和类型 基线：内部威胁缓解的有效性
审核时间	每季度
审核过程	CISO 每季度审核的进度报告

除了概要文件，SIP 对以下内容提供了分类：项目、度量和通过维基分享的结果。通过正常的项目管理和汇报渠道对单个 SMP 进行更新报告，在季度审查期间，SIP 责任人会与 CISO 讨论方案层级的结果与发现。项目之间的关系可以从一份详细的项目目录文件中获取，如表 11-2 所示。

表 11-2　ACME 公司内部威胁的改进计划的 SIP 项目目录

SIP 文档标号	SIP 2008.03-03
总体项目数据	已经完成项目:3 活动项目:1 计划项目:2
安全测量项目 A	
项目名称/标号	内部网络的漏洞评估 SMP 2007.05

续表

项目赞助者/领头人	Sponsor：John A. —CISO Lead：Susan D. —数据保护分析师
项目启动时间/结束	开始时间：04.09.2007 结束时间：04.27.2007
SMP GQM 的目标	从 ACME 资讯安全业务的角度，识别并了解现有的内部网络系统的安全漏洞，包括漏洞的严重性和产生危害的风险
SMP GQM 问题/度量	问题：多少 ACME 内部系统易受到来自网络的攻击 度量：基于供应商自动化地扫描，找出的安全漏洞的系统数目。 问题：内部系统漏洞有多严重 度量：系统 CVSS 值的平均数与标准差 问题：由内部网络系统危害带来的业务风险是什么 度量：系统漏洞对业务影响风险的专家 CI
SMP 调查结果	在内部系统中发现了许多(有时还是系统化)的漏洞。建立了严重性等级，且 CVSS 平均分较高，业务风险及影响被认为很高。若要完整的报告细节请找 SMP 领头人 Susan D
跟进 SMP 后学到的经验教训	这是一个开始在内部系统中正式实施漏洞测试的初始项目。建议了一些跟进 SMP 来重复每年测试的漏洞并针对本次发现的漏洞测试改善情况
安全测量项目 B 　　项目名字/标号	 安全政策结构和合规性评估 SMP 2008.03
安全测量项目 C 　　项目名字/标号	 安全意识和文化调查 SMP 2008.09
安全测量项目…	

SIP 责任者同时发现保持项目之间关系的可视化绘图结果十分有用，通过使用一个开源的思维导图程序 FreeMind，她建立了示意图来表示各种项目及他们的状态、组成成份、赞助者和他们之间的相互关系，图 11-2 就是一个用 FreeMind 完成的示意图。

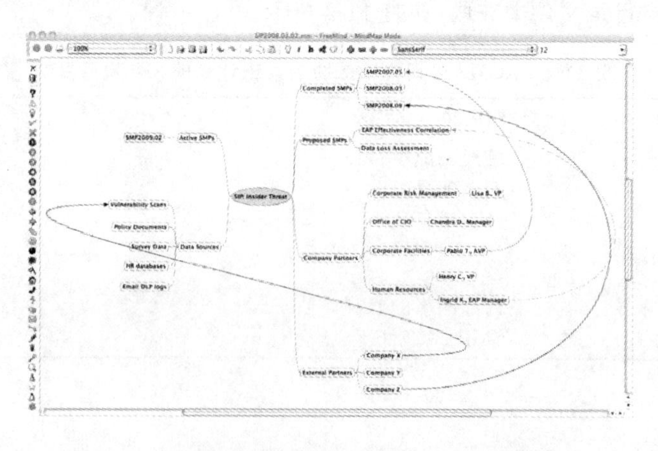

图 11-2　FreeMind 制作的内部安全 SIP 的思维导图

在 ACME 案例及一般情况下，SIP 的目标都是创造并引导组织习惯，使其保持客观存在性，并对复杂的活动有可视性。这个概念不是新的也没有特别的革命性，但发展的协调项目可以帮助管理项目，鼓励跨职能的文档，为了改善提高在业务流程中的有效安全性，合作是绝对必要的。

当然，在任何安全组织中总有一个协调的水平标准，没有任何项目可以完全在"真空中"进行管理。但是，在几乎所有我经历过的安全环境中，跨项目合作和记录的水平是达不到理想值的，多数情况下，在对单个项目和计划的管理上，公司忙于应付有效记录，更别说理解和定义这些项目的相互关联性和在战略层面上对他们彼此进行借鉴了。

SPM 框架中的 SIP 阶段是一种将战略水平的思想添加至原本高度战术化和高度动态的活动中的尝试。想要成功，SIP 的工作并不需要很复杂或者精致，最重要的是在管理安全度量项目中的信息和数据时需要有意识地保持一致性和持续性，这些不同水平的信息和数据随着时间的推移，会不断增长。

总　　结

SPM 框架中的 SIP 这个部分的目的是引导你从个人安全测量项目的战术管理上升到致力于统一目标的 SMP 群体的战略管理上。SIP 方法对度量和 SMP 过程中收集的数据来说，仍然是最重要的，它也寻求在其中融入多次测量的结果，不仅从个人结果中总结成果，也从它们之间的关系和相互作用中总结出深刻的见解。这些深刻的见解，包括基于关联数据更高的水平安全知识，它们可能会创造出安全测量的目标和活动的新方向。

想要成功地实施一个 SIP 需要仔细考虑和制订计划，在开始实施计划前，要先考虑到管理层的支持，适当的人员和资源分配的问题。同样，SIP 也需要你仔细考虑安全的定义和目标，因为有了这些才能定义 SIP 的协调策略。

随着时间的推移，SIP 的主要活动包括文档、信息存储、共享和合作。在许多方面，SIP 应用知识管理原则来管理安全度量计划，你可以通过组织里现有的内容和知识管理团队提高你做事的效率，从而来帮助你建立、启动改进方案。通过建立合适的文件，创建组织信息，鼓励对它的使用和再利用，SIP 可以成为一个组织学习并使各项能力逐渐成熟的强大工具。有各种各样的商业和开源工具，可以用来帮助你管理 SIP 活动，例如电子邮件和即时消息这样的传统交流技术，也可以使用新的信息交流工具，如博客、维基和一些鼓励支持协作的群体应用程序。

SIP 本身也受限于测量和评估，安全过程的管理和改善的主旨并不是革命性的飞跃，更多的是日常组织习惯的变化和创造这样一种活动：它们具有规律性和稳定性，并将安全改善摆在优先位置上。度量可以被当做 SIP 的一部分，这一部分不仅追踪方案的成效，也可以与那些已经建立的定义和目标相比，得到一个基线数据来判断你组织的安全性是否按照之前确定的定义和目标得到了真正改善。

扩展阅读

Archibald, R. Managing High-Technology Programs and Projects, 3rd Ed. Wiley, 2003.

Rosen, E. The Culture of Collaboration. Red Ape Publishing, 2007.

第十二章　安全性的学习方式：安全过程管理的不同内容

很早以前我就描述了如何测量 IT 安全性以及为何需要进行更好地测量，安全过程管理（SPM）框架是架构安全度量的一种方式，如果得以严格正确的实施，这个框架能够极大地提高理解和保护信息资产的能力，但这也可以说是众多其他安全框架和模型的一种，秘诀并不在于策略本身，而在于策略被正确认真地实施以及随着时间的推移不断对策略进行微调的过程。SPM 框架是基于我多年的经验、调查研究以及理解所做出的对如何有效测量 IT 安全性的尝试。

即使你接受了我全部或部分的建议，并决定在你的组织机构环境下使用这些 IT 安全度量，你自身的经验、知识和解释也是独一无二的。因为公司是独一无二的，同样，你进行安全测量的文化氛围以及用以建立度量计划的资源也是独一无二的。

由于 SPM 框架不仅要求包含度量标准和数据，而且也要包含你所在的公司从这些标准和数据中得来的知识，你需要决定如何调整测量和度量标准以应对特别的挑战，每一个人都有自己的学习方式，为了使安全度量高效并且成功，你必须学会准确地描述数据和研究结果的真实价值，仅仅描述安全性是不够的，你还必须说服公司的其他人基于这些描述和分析进行决策并将你的见解纳入到他们的业务工作中。

组织的学习

许多学术和行业研究已经对组织和机构学习适应不断改变的环境的方式进行了分析，一些研究是在知识管理和企业合作的领域进行的，这些我在之前的安全性改善方案（SIP）相关的章节中已进行过讨论，但一些研究的理念略为超前，着眼于如何进行组织建设，并以创新的方式共享并使用知识。

我总是对从机械和技术的角度过渡到组织的系统运行方式的研究很感兴趣，组织的运行超越了组织这个概念，甚至更像是有机体的运行方式。当解剖某种事物时，损失掉一些观察角度，但同时又能获得新的角度。如果你在生物课上解剖过一只青蛙，你就知道相比从池塘里观察青蛙的跳跃、泳姿和叫声而言，识别其内部器官难多了，但是哪个是真正的青蛙呢？一个类似的问题也可以在电子邮件或组织机构中提出：电子邮件仅仅是比特串和数据包吗？或者还包括词语、意思和目的？公司就是机器、人员和建筑组成的单独部分吗？或者它是成长、竞争和取得成功的实体？当一个安全事件发生时，它只是硬件损坏或是个人责任？还是公司本身被攻击了？

建立学习型组织的时候往往把个人的见解分享给集体并进行反馈，然后利用这些结果做出更好的决策。当个人见解和集体意志发生冲突的时候，组织内就会问题频发。我们很清楚在哪些方面公司的集体意志和雇员的个人意志完全不同。(这些类型的冲突给“呆伯特”漫画的作者斯科特·亚当斯带来了财富。)要克服这种紧张局势，在听取个体意见和对个体进行命令间找到平衡点，是一个真正的学习型组织的重要特点，可能多数组织都已经做到了这一点。学习型组织的建立一般参照途径为：从关注个体如何获得新知，如何将其运用于工作，到企业如何获取并使用新知，并且使自身变成一个有机的学习型组织，而并不仅仅是个人的经验和技能的集合。

没有一个让企业变成学习型组织的特定方式，本章就企业如何学习和认识环境以及这些东西如何在IT安全度量和持续改善安全过程等方面发挥作用的方式提出了一些看法。我之前说过，每个人学习的方法都各不相同，组织也一样，每个组织都面临着内部和外部环境，它必须理解与安全相关的各种信息，思考组织如何学习和适应，以及在适当的环境内实施一个适当的SPM框架，这都是衡量一个测量或度量成功或失败的标准。

IT安全度量的三种学习方式

下面的例子提供了三种组织学习的方式，这些方式建立在现有的工具和概念可以支持IT安全的基础上。这些例子都是非常通用的，大多数组织将能够组合运用这些方式来满足他们的需求；同时这些例子也确实可以说明，在对SPM框架进行持续性改进的过程中，公司需要什么样的企业文化去满足工作需求。

由于框架是用来实现的，安全测量项目(SMP)本身就更需要执行，其结果也需要分析和解释，你需要理解这些结果如何在更大的企业范围的安全中发挥作用。如果你的公司受到严格的监管，或者处于非常保守或竞争激烈的环境之中，分配和严格控制度量是否更为重要？还是你的业务是否在一个重视迅速适应能力的环境里运行，并将越来越多的权力和自主权下放到机构基层来确保最大程度的灵活性？在你决定如何评估和改进你的安全状态的时候，上述这些都是需要探索的重要度量标准和需要解决的重要问题。

标准化测试：ISO / IEC 27004测量

2009年底，国际标准化组织和国际电工技术委员会(IEC)公布了一项新的建设安全度量项目的国际标准：ISO / IEC 27004，其包括了“信息技术—安全技术—信息安全管理—测量”，它是为了补充ISO / IEC 27001而设计的。ISO / IEC 27001是一项关于在组织内部建立信息安全管理系统(ISMS)的标准。ISO / IEC

27004 基于 ISO / IEC 27001 的需求，描述了一组测量 ISMS 结果的最佳方法。由于 27001 是所有标准中唯一可认证标准，这意味着 27001 也是唯一可用于审计的标准。27000 的其他标准也被整合到了认证需求的模块，它们还都能被用于通用最佳方案的指导。

标准的定义要求每个人都必须用同样的方式使用它们，因此，它们往往都是使用非常结构化的方法来获得结果。在一个基于标准的学习型组织中，进步的定义是一遍又一遍的测量同样的事物来看它们是否得到了提高。你或许会称之为"不落下一个公司"，它继承了公立学校标准化测试的所有优点和理论。好的一方面是，标准化测试（基于行业标准的审计）的结果给一项明确定义的基线提供了一套可靠、可重复的数据，成功的定义是明确的。当然，也有消极的一面。当数据非常罕见或者无法反映现实时，你就会有是否要接受这组数据的压力。你也会遇到类似"教学实验"的问题，因为相比于实际的质量或提高，公司可能更担心是否能通过测试审计。

在 ISO / IEC 27000 标准下，标准机构认识到每个组织都是独一无二的，该标准无法向所有采用 ISO / IEC 27001 的组织详述 IT 安全的每一个细节。因此，27000 标准并不会告诉你每件事应该怎么做，但只要是它能告诉你的，它就一定会非常具体的描述出来。如进行风险评估和定期的安全计划等某些活动是必需的，正如在 ISMS 标准下需要某些关键文件。该标准还规定，符合要求的组织应该为 ISMS 定义度量和测量过程，虽然 27001 没有具体说应该怎么做。

ISO 27004 具体说明了如何为 ISMS 建立信息安全管理体系，包括该体系获得的成功所需的目标、模式和标准。该标准定义了如何进行测量，如何收集分析数据以及如何记录测量过程并集成到 ISMS 中，该标准非常结构化，重视定量性，它所建议的衡量标准要求度量和测量结果非常简单、容易获得、并且容易理解。这种诊断安全的方法非常适合解决日常有关谁、什么、何时、何地的问题，但它却不可能为怎么和为什么提供很深入的见解。

ISO / IEC 27004 是组织学习的典型，它最重视数据，然后是知识和清晰可重复的度量，最后是创新和探索。这并不意味着 27004 的学习风气差，标准是用来为一系列如安全或质量的操作设置结构的，它们通过预定义的标准把操作流程规范化来完成设置结构的目的。在此背景下，测量就是为了进一步确定基线，改进是过程的一部分，但根据这些标准的改进往往非常保守和缓慢。

ISO / IEC 27000 认为控制高于一切，基于 27004 的测量程序很可能是最有价值的，它所处的组织环境往往最能实现无比集中的控制和权力的需求。有的公司寻求建立结构化安全业务来改善现有的临时操作或混乱业务的局面，有的公司在高度管制或低利润的行业运营，而在这些行业安全事故就成为决定成功与失败的关键因素，因此相比于实验新思路，这些公司更关注业务是否运作正常。

也许因为它们反映了许多安全组织的当前状态，因此这些类型的度量方案是目前行业中被首要考虑的。安全性问题日益严重，即使是在把保护信息资产看作关键操作的大型复杂的企业中，普遍都认为安全措施做得不好。即使安全度量专家的建议不如 ISO/IEC 27004 结构化、机械化，但他们大多数都建议实施使用简单、可重复的数据，而不是深入回答安全问题或者创建为什么安全性是如此情况的理论。

实施标准化测量需要自上而下的管理承诺，并且要有能力在整个企业结构中实施、维护控制与进程。对于那些很少有或者没有安全度量能力的企业，简单地实施一项可持续的度量项目对企业本身也是非常有创新性和革命性的。

最后，一步一步进行安全度量活动是不会错的。很多时候，当一个组织不自量力尝试任何项目或创新后，往往会发现采纳适度而可行的方法不仅更简单，而且也更有效率和价值。

生活课堂：Basili 的经验工厂

你可能会回想起 Victor Basili 是目标—问题—度量（GQM）方法的创始人，我在 SPM 框架的 IT 安全性中采纳了这种方法。设计 GQM 是为了创建更多有效的度量，Basili 同时为组织学习创建了一个模型，叫做经验工厂。像 GQM 一样，第一次提出经验工厂的概念是为了支持软件质量工程，但 Basili 和他的研究员同事们扩展了该概念，将它运用到了一系列的机构中。

经验工厂的目的是为了收集、存储和传播组织所有的经验，一般是关于一项特定的主题或活动的经验，并把这当做一项正式而结构化的活动。一个经验工厂作为某个大组织中的专门致力于相关问题的小组织而存在，该组织由负责为他人提供内部学习结构的专家组成。经验工厂的隐喻来自于这样的思想——工厂将组织中包括测量计划的成果、公司信息或产业环境的所有领域作为输入，将来自各种公司的性能指标数据作为原材料。这些材料随后被处理，被赋予某种价值，然后被用来创造可以在公司的其他部门传播和重用的经验产品，这些产品能够支持企业战略，这样就创建了一个企业范围内的反馈循环，使得针对个人的或专门功能的数据能更容易地发展成有用的知识，并向所有决策者提供价值。经验工厂产品可能包括定期报告、信息点播功能以及内部咨询服务，以满足业务单元和部门的需求。

经验工厂概念是有关在公司范围内培养一些相关能力，我们可以在提供行业分析和市场情报的机构例如 Forrester、Gartner 或者 IDC 中找到这些能力。相比 ISO/IEC 27004 而言，经验工厂的概念缺乏具体安全规范，它不依赖于需要推送到公司并进行审计的高度结构化的度量基线，经验工厂需要收集度量标准数据和观点，这些数据和观点来自于许多不同的数据源和不同的角度，其中包括对标准的审计，用它们来支持决策和策略的制定。在这种环境下测量很少与自上而下的控制有关，而是跨职能的合作。也那就是说，经验工厂是一个需要来自组织机构的资源和投入的真正的机构。工厂的创建和管理进行授权并确保其能够被使用是有必要的，但是一个成功的经验工厂，通过它提供给组织的产品和得到的相应反馈，会越来越不需要外界力量的直接干预。随着内部权益相关人开始利用共同的组织经验，他们变得依赖于经验工厂的产品，一旦没有了这些产品，权益相关人会发现自身的决策能力受到了阻碍。持续不变与必须通过组织不断强化的标准的概念是相当不同的，因为标准本身的价值仅仅被一小部分权益相关人所知，而组织机构的其他成员主要通过审计才能发现其价值。

经验工厂反映了一种组织学习模式，即更多地强调建立基线之间的联系而非建立基线本身。我们稍微对工厂的隐喻进行一下扩展，如果组织没有准备好需要操作的原材料（数据和经验）的来源，那么它就没有可以附加的价值也不能产生任何东西，就像一个制造商没有原材料就不能生产部件一样。组织机构创建经验工厂首先必须为数据提供供应链，在 IT 安全领域内，SPM 框架的组件就能够提供这样的材料。事实上，经验工厂建立在 SIP 的概念之上，创造了获取度量数据的能力并利用数据为整个组织机构形成安全经验产品。

专注：Karl Weick 和高可靠性组织

最后的这个组织学习模式的例子也许对习惯于技术、定义基线和定量标准的安全专业人士而言是非传统的，但是那些专业人士可能会惊讶地发现，在 CISO 和安全管理人员每天都必须面对的情形和环境下，这种学习模式是非常适合的。这个例子来自于密歇根大学的学者、组织理论学家 Karl Weick 的工作。Weick 已经花了几十年的时间研究组织机构如何使用和共享信息，以使组织作为一个系统和社会实体而运转、学习和成长，以及它们是如何理解它们所处的环境和业务流程的，他的书《组织的社会心理学》被评为十大商业书籍之一。其中有一个 Weick 的最有趣的想法，同时也是对 IT 安全性非常适合的想法，就是专注的概念以及它在高可靠性机构（HRO）中的角色。

Weick 和他的同事研究了诸如航空母舰、核能发电厂和消防队等组织机构，所有这些机构都运行在一个复杂而极度动态的环境下。在这样的环境下，突发事件和故障发生的概率很高，一旦发生故障，可能会导致异常的风险和对组织而言灾难性的后果，包括死亡和身体损伤。简单的数字似乎表明，如果组织的故障发生率大于平均水平，而故障带来的潜在危害也大于平均水平，那么组织会遭受比故障相关损失更大的损失。但相反，Weick 发现这样的组织事实上比其他企业经历更少的故障，并且也比一般企业更可靠，导致他们被指定为 HRO。Weick 试图研究 HRO 在故障发生可能性更高的环境下仍然保持低故障发生率的原因，研究结果揭示了许多关于组织学习模式的信息。

简单地说，HRO通常比其他组织有更少故障发生率的原因是，一旦故障发生，后果将是灾难性的，组织机构的故障很可能意味着组织的部分或全部运行停止。Weick的研究提出HRO被迫以不同方式运行，以形成提高可靠性和性能的不同流程和业务结构。Weick发现HRO在某些方面与其他组织机构有着结构上的不同，但其更成功的真实原因与运行过程关系不大，而与组织看待自身和世界的方式，以及如何基于不同思考模式进行决策更为相关。这个区别的核心就是Weick所说的"专注"学习方式，在这种学习方式中组织机构持续保持对发生状况的跟踪了解，对专注型组织而言，尤其有利的是他们对可能会经过一段时间累积而演变为严重危机的小事件保持时刻的警惕。

Weick列出了几个能在专注型组织中观察到的主要特征：

- HRO将故障作为成长的契机，而不会将故障看成是不允许发生的事；相反，其认为故障必然发生，但应当在故障仍然很小的时候就进行识别与修复。
- HRO接受复杂性并且相比其他组织机构更少去过度简化活动或环境。
- HRO关注操作弹性，也就是说对每天的、日常的、保持组织正常运转的活动很感兴趣，并且很擅长对这些活动可能出错的方式进行头脑风暴讨论。
- HRO允许权威和决策依据经验和专业知识在组织结构内上下流动，就是说相比对问题有最好的解决方案而言，等级和职位对决策的影响力更小。

Weick的研究非常适用于IT安全，在该领域内的许多安全团队看似与HRO相反。我常常发现安全管理者们因为超级黑客和零日攻击而感到压力，然而却忽视譬如密码、最小特权原则等更可能导致故障的日常运行问题。问题被简化(用户，合规性，技术)成解决方案(策略，审核清单，更多技术)，当故障发生时，常常伴随着指责和对谁来承担责任的反控，安全常常看起来不像是一艘航空母舰而更像是一个不太和睦的家庭。

Weick对组织要取得成功所给予的处方是学习并模仿HRO的运行方式，结果不是为了更多的改变企业结构或强化控制，而是为了改变组织的心理和文化，后者显然更为困难。在IT安全度量的背景下采取专注型的组织学习方式可能对已经建立度量标准方案的公司是最适合的，同时这也是一种共享经验的手段。在这些情况下，SPM框架能提供已定义的测量和操作基线来解决对安全性进行经验评估的问题，这个经验评估需要伴随组织在IT安全方面向高可靠性进行转变。

最终想法

思考组织的学习方式和心理看似超出了建立IT安全度量项目的范畴，但这不仅仅如此。这本书所描述的一切都是关于在某种方式下的组织学习，我坚信随着21世纪数字时代的到来，测量安全活动是组织实行的最重要的工作之一，但是仅仅交给学生一把尺子并不能使得他成为一名成功的科学家，仅仅告诉你东西的长度而不提供其他答案的人也不能成为成功的科学家。这本书的开头，我探讨了开尔文男爵和一个观点，这个观点就是无法用数字表达的东西不能被理解，以及这个观点在安全度量领域的活动中被广为接受。我要告诉你的是，完全只由数字就能解释的东西事实上并不值得去理解，并且这些事情几乎不需要信息关联，因为它们很可能并不会改善什么。

测量是关乎学习和理解的，而度量是测量的基本要素，但并不是测量的全部。测量是关乎优先级、共识、象征意义和实际含义的事情。在这些章节中，我试图建立一个度量框架，包括实际的和基础的然而又不缺乏对一个事实的深入观察，即在任何你进行的测量活动中，都有着人与人之间的协作和解释。事实上，无论你有没有假装否认这件事，它们都藏在你的数据和图表之中。

总　结

安全度量应该考虑组织学习的环境和你的企业使用和重用的功能，以从你的测量工作所得信息中受益。组织的学习风格可被评估运用于安全度量中，并尽量让你的企业文化及企业环境与如何衡量安全以及分享结果相适应。这里讨论了三种组织学习的风格：包括诸如 ISO / IEC 27004 的标准（ISO / IEC 27004 国际安全标准中的一部分）；创造了 GQM 方法的 Basili 开发的经验工厂理论；组织理论学者 Weick 建立的高信赖组织中的关注理论。每个风格都有其自身的特点，一个成功的安全度量项目会基于特定公司和企业的学习方式，考虑如何将度量数据和调查结果更好地运用到组织策略和决策支持上。

扩展阅读

Basili, V. , et al. Implementing the Experience Factory Concepts as a Set of Experience Bases.

www.cs.umd.edu/～basili/publications/proceedings/P90.pdf

Basili, V. , et al. The Experience Factory.

www.cs.umd.edu/projects/SoftEng/ESEG/papers/fact.pdf

Weick, K. The Social Psychology of Organizing. Addison-Wesley, 1979.

Weick, K. , K. Sutcliffe. Managing the Unexpected: Assuring High Performance in an Age of Complexity. Jossey-Bass, 2001.

Senge, P. The Fifth Discipline: The Art & Practice of the Learning Organization. Broadway Business, 2006.

案例研究 4　为安全度量项目提供管理支持

Craig Blaha 是我多年的朋友和同事，作为一名安全专业人士，他也会加入我们针对社会科学研究的日常工作中的交流。研究公司领域的 IT 安全和学术研究完全不同，有一个同事能够一起探讨或抱怨诸如定型方法的不足、工业研究中的有效性和可靠性，或是测量安全中更严苛的需求，是一件非常开心的事情。Craig 和我还有一个共同见解，这正是他研究的核心：事实上全球的政治气候可以使企业的形象看起来像一个嬉皮士。在学术界，共同的目标如收入增长或股东价值是外来的概念，扩展、共识、买进等概念也可能难以看到。在学术环境中，你会发现一起工作实际上会被视为对长远利益是有害的事情，而且被许多人认为是一个零—总和的游戏。

克雷格的案例研究关系着一个研究项目，旨在衡量和改进支持一所大学的 IT 环境，这是最前沿的一课。在我们的 IT 安全活动中，我们都面临资源和地位的竞争，而克雷格的观点也受到了认同，即变成我所谓的："安全外交官"是成功的必要条件。就像任何优秀的政治家都掌握的那样，推进你的目标的最好方式就是了解别人的目标，并且告诉他们，他们自己的目标就是你的目标。

克雷格的案例研究是这本书最好的结尾，因为他的观点正是安全过程管理(SPM)的核心。IT 安全在一个缺乏可见性和可问责性的环境中迅速失去能力，无论你的组织心理学和解决安全挑战的方法如何，你都需要其他权益相关人的帮助，克雷格关于如何得到其他权益相关人支持的见解可以帮助你更好地思考如何得到你自己的支持。

案例研究 4　为安全度量项目提供管理支持
（作者：Craig Blaha）

信息技术，无论在私营部门还是高等教育中，有一个共同点：技术是比较容易的部分。过去 15 年，我在不同机构的工作，一直使权益相关人相信我所选择的方向是正确的，无论是安装一个新的软件包，对现有软件进行重大改变，或改变过程。我不仅要说服人们相信我们正为组织选择正确的方向，而且我还要证明此举无论对特定的部门还是个人的职业生涯都是最有利的。我也曾在美国企业和高等教育部门工作过，而我大部分的时间都花在高等教育上，我有一系列的责任，从史无前例地建立一个信息安全组织，到执行建设一个事件响应团队，再到发展成为一个 IT 政策部门。

我也曾在一些重大项目中担任重要的角色，在这些项目中我大部分的时间是用来提供证据、建立关系，然后作报告，并说服人们相信 IT 部门知道它自己在干什么，我正在攻读联邦信息策略的博士学位，主要研究信息安全、隐私和记录的保存。这种多元化的背景让我不仅能够探讨度量项目的实施，而且能够探讨如何让这个项目一直坚持下去。

有了这些经验，我发现在 IT 行业工作最难的是让人们相信你做的事情是值得的，让人们相信你和你的团队，然后有效的沟通，告诉他们什么对他们而言是最重要的，让他们知道相关的安全知识和技术。为了说明我的观点，在接下来的案例中我会讲述一段我作为一名研究员的经历。我们研究的是在不同的利益群体中，什么 IT 度量在起作用，最终结果可能会让你大吃一惊。但首先，我要讲一个信息安全领导成功驾驭政治和社交名人的例子。

CISO 攻击了我的电脑

在参加 SANS 领导力课程时，我听说了下面这个故事。Will Peregrin 是纽约的网络安全和关键基础设施协调办公室主任，他与 SANS 协会及 AT&T 合作开发了一项提高网络欺诈意识的程序，这个程序有两个可选的部分：意识提高计划和他们简称为“预防”的部分。提高意识的初始阶段包括向 10000 名员工发送一封提高网络欺诈意识的邮件，然后大约一个月之后，预防阶段就开始了。向同样的员工发送一封钓鱼邮件，向员工索要他/她的用户名和密码，17%的目标员工填写了用户名和密码，然后就会向这些人发一封邮件告诉他们测试失败了。

测试失败意味着你需要坐着看一段训练视频，然后回答一些有关网络欺诈的问题。在第二个训练阶段后，又会开始钓鱼测验，这一次，只有 8%的员工会说出他们的用户名和密码。

通过 17%和 8%我们能很容易看到安全度量的作用，这些数据能在一定限度上帮助讲述这个提高安全意识项目是如何工作的。让最后 8%的员工避免泄露自己的用户名和密码可能会是一个收益不大的案例，但度量数据能帮忙讲清楚这个故事。现在想象一下，如果 Peregrin 在尝试做预防之前，首先没有高级管理层的确认，他们不仅没有意识到这个项目，并且也未许可利用他们的私人时间进行这些测试，或者 SANA 和 AT&T 在 Peregrin 不知情的情况下分别进行预防测试，那么该公司的领导者们就会竭力反对，让高级管理层和重要的权益相关人支持不仅对职业生涯尤其重要，对你的 SIP 的长远利益也尤为重要。

什么是支持？

支持不是批准。一位经理或同事能够批准一项活动，而不必共担风险。实际上，在一些高度政治化的场合，你会发现一些领导会批准一项战略或一个项目，尽管他们完全希望它们失败。有时，一个项目的失败有助于他们达到一些长远的战略目标，这也是以牺牲目前的安全团队为代价的。

支持不仅仅是批准，它既是同意你做正确的事，也是对那项活动或策略的成功性的投资。只有当你公司的其他领导者信任你，同意你为了完成公司的目标和任务而使用组织或公司的资源，这才是支持。

支持有很多种重要的原因，即使是在经济状态乐观的情况下，每个公司的金融资源都是有限的，因此这些资源就不可避免的需要根据权重进行划分，随着如今金融时代的挑战越来越多，竞争也进入了白热化时期。假如你恰好是一位领导者，过去你曾合理地分配过公司的资源，那么你能在竞争的环境中保护这些资源的可能性就更大。假如你能说服一大群员工都支持你的创新，而且他们会公开支持你的项目，尤其是如果支持你会让他们自己花在保护项目和创新上的资金减少时，那么你就更有可能获得他们的支持。这就形成了一个利益循环，下一次出现竞争的时候那些成功的竞争者就能提前做好打算，这样他们就有机会获得更多资源，但是只有在你能不断的获得员工和高层管理人员的支持的条件下，这个循环才会持续下去。

在进行改变前获得支持，需要从你的公司获得足够的资金支持和政策支持，这样才可能获得持续的支持；另一方面维持支持也能让你的权益相关人知道什么时候出了问题。这样能让他们知道内情，而不是在偶然和 CIO 交谈时对出现的问题大吃一惊，这只会让他们处于不利的政治处境。一旦你发现问题，就要让主要人员知晓，这样在他们与别人交谈的时候，他们就能代表你发言。

随着时间的推移建立这些关系网，建立信任，让你的目标与公司的目标、主要高层领导和关键员工的目标一致，这样即使是在经济不景气的时候，你也能继续自己的项目。如果因为没有建立这些关系网，导致你无法说服主要的决策制定者相信你的项目会给公司带来利益，那么你很可能是在糟蹋你的公司。如果你公司的高层领导者面临艰难的经济决策，那么他们将无法完全知晓公司的安全需要，因此他们也无法基于现实做出决策。

公司与大学：谁更疯狂？

高等教育是组织策略的“大联盟”，各种各样的资金、目标、政治和规章制度造就了大量不同的权益相关人，因此当你在大学里进行一项测量项目时，你就需要考虑各种不同的人。其中的任何一个权益相关人都能让你的项目停止，即使你的项目和他们的活动没有一点关系，这样环境中的政治现实迫使你要么在所有人注意到项目已经开展前就完成项目，要么在之前就获得支持，成功管理风险。

相比于大学，公司有一个很大的优势：目标一致，公司的每一位员工都能把利润当做重要的驱动因素。大学生甚至连投资回报率都不会算，投资是可以估算的，但回报应该怎么衡量呢？能招更多的学生吗？提高学校的排名吗？吸引更多炙手可热的教授吗？这些目标彼此格格不入，也没有可接受的定量方法来衡量回报。这种文化支持个人贡献和贡献者，它给予个人机会来支配重要资源，就算他们这样做损害了公司的整体利益。

正是因为大学的过度政治化才让这个个案研究这么有价值。你可能不需要在你项目或程序中解决案例中的所有问题，但是意识到这些问题，你一叶障目的可能性就更小些。

大学个案研究

我们已经讨论过支持是什么，它为什么重要，以及我们如何从大学高压的政治环境中学到些经验教训来用于现实。除此以外，决定哪些需要度量，如何度量，以及把结果向谁汇报更是一门艺术，而不是科学。目前讨论过的所有因素都源于过去一年中对四所重点学校进行的研究。这项研究需要关注与安全和 IT 有关的机构、社会和政治各层次的内涵，不仅是一项学术研究，也是一项商业研究，关注于持续测量对 IT 度量项目实施的管理支持度。

原始案例的设计是为了完成三个不同的目标，第一个目标是查明每所大学所有的 IT 成本，寻求节省成本的机会；第二个目标是找出每所大学的 IT 中心机构提供的与 IT 服务有关的主要度量数据；第三个目标是找出 IT 中心机构提供的主要服务。

调查开始时很多人关注于定量测量 IT 服务，但是随着对不同的权益相关人做出调查，项目的范围也相应地发生变化。很明显，支持是无法定量测量的，调查不同的权益相关人的诉求，有时使用非结构化的会谈方式能得到一些非常清晰的主题，从而帮助我们弄清楚应该采取什么样的措施来确保我们的度量方案能够获得持续不断的成功。

项目概览

原始的项目有一些壮志雄心的目标：给每所大学解释所有的 IT 成本，为每所大学中心 IT 提供的服务开发目录，找出目录中服务的主要度量数据并且数据需要对服务提供商和客户都有意义。这个研究的最主要的问题之一是如何使用度量数据向学校的股东描述 IT 和安全性的重要，因为整个项目的整体范围都是有关 IT 的，因此我本人的背景和经历让我对以下这个问题格外感兴趣：如何能具体的将研究的发现与安全度量项目的支持联系到一起。我们希望开发的基于研究的度量是从客户角度对 IT 效率进行测量的，这个目标能同时应用于与 IT 的安全相关和不相关的方面。

科研团队的方法是在 IT 中心机构之外调查主要的权益相关人。每次的会谈会涉及以下几个问题：

- 从你的角度看，为了让大学拥有更好的学习工作环境，你努力达到的目标、策略或任务是什么（哪些是重要的）？
- 你采用什么标准来衡量是否达到这些目标（你如何认为你是成功的）？
- 从你的角度看，IT 怎么样帮你让你的工作更成功？（IT 的角色）
- 你认为 IT 应该衡量什么？为什么？

主题

我们注意到回应我们的回复中，共有三个主题：

- 运营目标（我们正试图做什么）；
- 阻挠实现这些目标的障碍（是什么阻止我们做这些）；
- IT 在达成目标的过程中起到了什么样的辅助作用（我们认为你可以帮忙做些什么）？

不出意料，每个小组所进行的访谈都获知了受访者及其部门的运营目标，除此以外，受访者能够快速找到什么是阻挠他们达到目标的障碍。最后，受访者通常非常清楚 IT 在除掉障碍与帮助达成目标时所扮演的角色，对我们来说最重要的信息是他们对数据安全感到害怕与迷惑。

运营目标

如表 1 所示，每个区域的运营目标五花八门，教学部门的目标主要围绕教授们和领导们教学经验的提高开展。重点培养学生的推理、道德和伦理思考的技能，以及广义上的计算机能力。除了这些基础的技能外，教学的领导们还强调：为了学生的长远发展，要培养他们解决问题、团队合作与合理沟通的能力。

管理部门的代表们提出了两个广泛的目标：支持联合大学的研究、教学和服务，并充分利用大学的人才来帮助合作企业完成研究和发展、提高地位，并希望以此提高大学获得的赞助费。

管理部门希望继续大学所创建的教育社团和文化性质，这似乎和我们通常听到的只是尽可能榨取更多校友的钱相矛盾，但是我过去一直和各种校友会以及发展部门的领导密切合作，奉献最多的那些人都说筹款是他们工作的一项副作用。一所大学往往会给它的学生形成一定的世界观，通常这是由老师所创造的学术文化和学生所创造的校园文化共同推动的。如果这段经历对一个学生来说很宝贵，他往往希望通过支持来确保她喜欢或觉得有价值的文化持续下去。无论是出国留学、使用计算机实验室还是由一位最喜欢的经济学教授授课，捐钱都能使之前的学生继续参与讨论这个世界应该是什么样子，最好的校友和教辅工作人员应该确保校友能参与这样的讨论。

表1　运营目标

运营单位	运营目标
教学	推理、道德和伦理思考 计算机能力 解决问题 团队合作和交流
管理	科研、教育、服务 发挥大学的人才作用
科研	科研资金与合同、出版著作 积极的教育与经济影响 合作
行政	效率、透明、整体性 合作与沟通 节约

科研小组确定了三个主要目标：首先是提高科研资金和合同，以及出版著作的质量和数量；第二，在科研小组想对大学能力创造一个积极教育化和经济化的影响；最后，增加合作是该科研小组为自己设定目标中最困难目标之一。随着数百或数千的科研人员都在自己特定兴趣与问题的领域内工作，围绕他们新的发现有很多的质疑，加强合作成为了一个艰难的社会和技术问题。

行政小组的几个人在交流中表现出的目标是完全不同的，行政小组比其他小组更专注于将运营、效率、透明度和完整性位于其列表的顶端，协作和沟通与减少成本的目的也被他们所提到。

无论何种行业，你借助 SIP 试图保护的运营单元，对运营单位目标的理解对你来说是很重要的。为了说服这些单元配合你的努力，使他们了解你想要实施的整个程序，你需要会讲他们的行话术语和准确理解他们试图完成的任务。

障碍

每个部门也提到了阻止他们达成目标的障碍，这些障碍在某些程度上限制了他们的成功或是让他们的努力付之一炬，表2展示了类似的障碍。大家最常提到的障碍就是经费，这个问题对在追求利润的世界中谋求资源的人来说也应该是十分熟悉的。

表2　操作障碍

运营单位	操作障碍
教学	许多老师已经习惯了老旧的教学模式 学生与老师比例过高 经费

续表

运营单位	操作障碍
管理	经费 反对变革 外部力量 政治活动和少数派的权益相关人
科研	经费 提高对资源的访问 现有的基础设施 激烈的竞争环境
行政	经费 销售/洞察力 地理位置 涉及当地少

对几乎所有的组织来说，经费是一个障碍，但主要的科研型大学往往有一个更复杂的挑战。这些复杂性源自高等教育机构依赖多个资金来源。有的人认为学费是资金的主要来源，实际上，各种不同的来源使大学维持运营。国家财政拨款是一个来源，特别是对公共教育机构，但这个来源在范围内已不断萎缩，更高的教育领导者不再依靠国家资助机构，他们甚至对外宣称自己从政府那里得到的不是赞助而是侵犯。对于许多机构来说，国家财政拨款有所减少，但国家的规则、要求和任务却没有任何减少。

除了资金的复杂性，大学有州政府和联邦政府的规定，就像任何公司必须遵守类似规定一样。大多数国家都有公开性保证法或公开记录法案，使公民可以要求公共机构提供某些特定记录。许多法规都涉及数据破坏，一些国家要求基于数据状态对数据泄露进行报告，换句话说，如果在蒙大拿州一所大学主机中关于一个来自加利福尼亚州的学生数据发生泄露，蒙大拿州大学不得不报告泄露时间，至少要告诉那一个加州居民。最后，高校管理从学生记录，到健康记录，再到财务记录等一切内容，他们遵守的法规包括：家庭教育权利和隐私法案（FERPA），健康保险流通与责任法案（HIPAA），格雷姆—里奇服务现代化法案（GLB），萨班斯—奥克斯利法案（SOX）。

对于教学团队，一个严重的文化障碍是许多老师已经适应了老旧的教学模式，说服这些年迈的老师改变他们过去的20年或以上的教学风格是一个巨大的障碍。另一个障碍是个性化、灵活的教学模式对于一个老师教许多学生的现状来说是难以实现的——有时一个班级里有多达1000个学生。

对行政小组而言，反对改革也是一个重要的障碍——不仅有技术的变化和业务流程调整这样的变化要求，还涉及组织的变化，如减少行政成本，并在管理组之间的合作，外部势力也是行政小组成功的一个主要障碍。财政所面临的挑战是最近最突出的一个例子，但在过去十年的过程中，任务的外包和自动化也受到了挑战。我简要地讨论了在高等教育中政治的复杂性，这一点为小组想要进行的任何改变都带来了高额的成本费用，阻碍了他们向成功迈进。除了前面所讨论的政治问题之外，受访者的注意力集中在少数派权益相关人身上，他们的个人努力对结果会有很大的影响，但其却对目前的结果没有什么太大兴趣。

科研小组的受访者将研究经费放在最重要的位置上，获得足够的资金来支持研究是一个持续的竞争过程，一旦取得了这些经费，要好好地管理它们也需要付出很多努力。获得科研经费就有了对资源的使用权，这种分类涵盖了范围广泛的详细信息，包括办公用房和用品，合格的和有承担的科研和行政助理，资源和技术资源，如基础设施、网络和安全支持。

对科研型大学来说，科研经费是一个重要资金来源。在顶级的科研型大学，开始该机构将 50％的经费给予科研人员或科研团队。这意味着 100 万美元授予带来了 50 万美元的机构和 50 万美元的科研人员，和一些用来聘用代替科研人员上课的教授，这些教授使他们能够花时间做研究。

与科研相关的是知识产权的商业化，科研人员可以通过他们的科研发现以各种方式赚取收入，这些方式不仅包括出资单位，还有根据其发现生产产品的公共机构和商业实体。

来自于管理小组的受访者找出的障碍与其他几个小组有性质上的不同，管理小组的障碍列表的收尾是其他人所强调的资金问题，但大学的营销和理解紧随其后。对两种元素的组合主导着管理小组的成功或失败。地理环境也被认为是一种障碍，当你在地理位置上占据优势时候，和校友以及潜在合作对象间建立联系也变得简单，但是，假如该大学位于宾夕法尼亚州的农村，则做那些事就会非常困难。

IT 的作用

IT 对这些团体的目标和日常运作的支持作用是最后一个主题，并示于表 3。

表 3　IT 的作用

运营单位运营单位	IT 的作用
教学	可访问性 资源节约 相互作用以及合作 最新消息 学生的理解
管理	不是技术本身，而是我们用它来做什么 IT 帮助我们提高服务 高风险：IT 的失败即是组织的失败
行政	研究经费依赖于 IT 设备 分享 IT 资源促进科学发展
科研	推动者和促进剂 IT 是一个公共利益和公共设施

教学小组将可访问性放在了他们列表的顶端，这样做是因为可访问性被508法案规定强制执行，规定要求将有效的教学和管理材料以一种可访问的方式呈现，或者提供可用的替代品。IT通常提供了一种解决这个问题的方法；技术在教学中发挥着越来越显著的作用，尽管技术的作用也被夸大了。例如，当我在新泽西学院担任网站管理员时，我们经历了长时间停电，所有行政人员和教师都被建议回家。这是一个美丽的春天的下午，当我走过哲学系的建筑时，我注意到教授在草坪上开始了他的课程，这对我来说强调了在课堂上IT所扮演的角色：它是重要的，但往往并不是必要的。

资源节约，交互和协作，对教学小组来说，这些都是IT可以扮演的角色。因为有着很大的教室及一些助教，技术使人们有可能使学生与教师的比例似乎低于它实际上所呈现的。这可以通过用播客记录课堂、网上讨论阅读任务或家庭作业，或者还有一些其他的方法来实现。教师，管理人员和学生都希望得到最新的信息。教师期望能够明白谁出席了大课或有多少学生有资格参加接下来的考试，管理人员希望能够预测教室利用率，学生想得到他们喜欢课程的最新信息。

说到学生的理解，IT也可被看做是一个机会或责任。Educause，一个在高等教育领域活动的IT从业者小组，甚至还出版了一个小册子提供给学生。这个小册子是用来对建立在科技基础上的高等教育进行评分的。比起以往的任何时候，学生们看到自己作为高等教育的消费者，在批判性地审视各机构后做出最好的选择。

对于行政部门的受访者来说，他们提供的一致信息就是IT的角色的重要之处不是一种技术，而是我们利用它可以做的事情。对行政小组提供服务的能力而言，IT是必要的，行政部门的成功取决于IT部门的成功，反之亦然。

管理部门认为IT的作用是，作为一个促进者和催化剂来帮助完成他们的任务及目标。对一些核心方案来说，IT被看做是很重要的，并能够支持部门整体功能。它被描述为一种实用工具，还有人说它应该被视为公共利益并进行相应的收费。

科研部门的受访者在很大程度上依赖于技术基础设施，并强调分享来自世界各地的共享IT资源可以促进大科学的发展。

发现

当我们交换各种会谈意见时，研究小组发现了一些非常有趣的线索。一个最重要的结论是，事实上人们从来没有与IT中心机构的一名代表这样进行过交谈；另一个非常有趣的趋势是一致性，几乎每次会谈都清晰的表达了一个观点，度量并不重要。在没有提示的情况下，大量的受访者表示，他们对度量或度量项目不是特别感兴趣。最重要的结论如下：

■ 交流；
■ 度量并不重要；
■ 联合。

交流：两只耳朵，一张嘴巴，做数学

说到交流，交流的主题包括我们所听到的一些最常见的话语。事实上，这些熟悉的警告多次出现就证明了我们应该分享它们更多。

“没有消息就是好消息”，是最常见的金句，表明客户和权益相关人相信，如果他们没有听到任何关于 IT 组的事情，那事情应该就没什么问题。不利的一面是，当他们听到从 IT 方面传出消息时，他们会预期这是个坏消息。这种先入为主的“坏消息感”孕育了不信任，在进行这场交流之始，他们就试图去搞明白 IT 部门在说什么东西坏了。同时，无论是好消息还是坏消息，IT 小组都被要求进行更好的沟通，一个交流计划既要在积极的变化发生之前就通知他人，也要在发生坏事时保持一个持续的沟通方式。

我们听到的最常见的问题之一是“发生了什么事？” IT 组织花时间去解决这个问题是很常见的，技术人员相信，当他们没有任何信息去分享时，他们的时间花在找出问题和修补错误上远远比和别人交流来的好。然而，顾客并不支持这种看法。

一贯地，受访者要求了解事件的状况，特别是在停机期间，即使是在状态没有变化的情况下。这些交流最好使用简单的英语，而不是技术术语。在我们的采访中，我们普遍被告知说，IT 人士不知道如何与正常的人类沟通，对 TLA(三字母的缩写，Three Letter Acronyms)的使用和依靠深厚的技术细节来解释问题的做法，使我们之间无法沟通。

我们还听说，IT 小组有一个现实的营销问题。我们缺乏对客户倾听的能力，并没有试着去了解真正的问题是什么，或顾客真正想要的是什么。我们的客户不相信我们理解他们的真正目的，我们也真的不知道他们试图完成什么，以及如何通过我们的 IT 专业知识来帮助他们。为了建立信任的关系，我们的受访者建议，要努力与顾客建立合作关系，重点应该放在朝着共同的目标、度量和联合前进。

最后，一个常常出现的建议是让我们多问的一些基本问题。顾客从 IT 小组得到的价值是什么？IT 成果对客户来说是什么？这个问题涉及对预期效果的测量，但它需要 IT 人员换成客户角度去期望服务标准。这些结果是如何测定的？存在很多种不同类型的表现测量方式：可信度测量、响应度测量、项目测量、实用性和适应性测量以及客户满意度测量等。

许多度量并不重要

当这些团体被问到有关度量的问题时，他们的回答说明他们对度量毫无兴趣可言，因为过于频繁的度量会成为难以达到的目标，他们只会考虑支持某个目标的度量。以下两种说法跃然纸上：其一，不测量，不要紧；其二，不要紧，不测量。

我们采访到的所有受访者一致认为行动重于度量。如果负责安全的员工或者IT工作者花时间建立行动与度量间的关系并且理解运营单位的任务和面临的挑战，那么安全工作人员的言行就可以基于他们之前所做的工作来判断。总而言之，负责运营的领导已经厌倦了不相关的度量。这些是度量作为成功的例子而被执行的测量，它们对于运营单位来讲是毫无意义的。"防御性度量"是我们需要了解的另一个术语，该术语用来表示CYA（为保险起见）度量，该度量对于尝试帮助运营单位完成任务的人们来说并不具备任何重要的意义，但是其却使IT或安全人员更难讨论需要改善的地方。这在很大程度上被认为是逃避责任，我们是出于保护的需要才建立度量，而并不是为了这类测量所提供的冷冰冰的、僵硬的、客观的反馈结果。

将安全性需求与商业结合

第三个发现，即协作度量，突出了顾客的感受，而顾客的感受是IT部门经理需要考虑的，这样才能使协作度量变为可能。动员不同的部门以发起一个关于度量的对话是IT领导的任务之一。

我们采访过人们提出的过程与SIP模型提出的建议一一吻合。顾客认为，IT部门应该提出一种度量标准。当然，也应该就该度量标准与顾客进行多次对话，因为正是通过对话才使得IT部门或安全部门理解了顾客的任务和目标，这些对话应该会建立信任。IT部门应该定期讨论所提议的度量，特别是当测量结果表明进展情况或问题时，顾客及安全性或IT部门应该共同确定度量的结果是否有用，以及该流程在一个持续的基础上是否应该重复进行，因为这两种业务需求及IT服务提供商的能力都是会改变的。

在安全员工及运营单位之间寻找结合点这个过程是持续不断的。首先也是最重要的一步就是确定将会受到你的安全改善计划影响的权益相关人。这些相关人或团体并不一定会使用你建立的度量标准，但是，当我讨论能够对其他运营单位的前进方向产生影响的工具时，我会再多提一些有关权益相关人的事情。

当权益相关人确定以后，你必须让他们参与到正在规划的进程中来。我们常听到的一个抱怨就是关于省去了中间环节的规划。尽管你可能在一个重要的权益相关人团体中从事领导工作，对于特别重要的项目来讲，你应该谨记在任何公司中，沟通都是一项艰巨的任务。如果项目成功的重要组成部分是公司的各级组织都要听从你的信息的话，你可能需要做一些额外的工作来确定消息是否正在交流，并且采取措施来改善其他组内的沟通，至少要在短期内或者在项目执行的关键期内进行这些额外的工作。

我们可以通过以下有效的方式来增进对一个公司的文化、价值以及沟通方式的了解，即向该公司员工询问他们已经实施了什么有价值的度量标准和措施，并且询问他们发现了这些度量和措施中的哪些部分是不具有价值或者是多余的。这将使你从以下两个方面对该公司有一个感性的认识，即该公司是如何衡量他们自己的，以及他们如何规划他们提供的服务或是他们从其他供应商处得到的用来测量的服务，来确定成功、失败或是出现问题的服务的整体状态。此外，这同样会使你对于你需要做多少工作来将安全改善计划所需的度量融入到运营单位的计划和过程中有一个感性认识。

要点

通过我们在四所主要的研究型大学所做的一系列的采访得出了一个关键点，首要也是最重要的，就是关注任务，不是我们的任务——而是运营单位的。你正在合作的运营单位及正在尝试说服其改变或者支持你的安全改善计划等一系列工作，都在尽力进行中以便完成一些非常具体的目标。在一个拥有良好管理的部门中，该运营单位中的每个人都会时常将目标或是一组目标放在心上，并且会尽自己最大的努力以达到那些目标。

还有一件可能经常容易忽略的并且难以适应的事情就是，这些目标对于每一个不同的单位来讲可能是不同的，而这取决于该公司的规模。在大型公司中，安全改善方案涉及多个单位，其中一些也许并没有听说过对方或是没有在一起工作的经历。在任何环境中，理解客户需求都是非常重要的，但是在一个包括多重的、先后次序有冲突的复杂环境中，有时理解客户的不同需求就成为了解决冲突或商讨支持的唯一方式。

我们还知道的一点就是度量需要协作，与客户一道决定他们认为什么是有价值的及如何使他们理解你正在与他们分享你所做的努力以及度量标准，然后根据反馈信息进行调整，这些对于安全改善计划取得长期的成功是至关重要的。这里还需要强调的一点就是积极的聆听也是一种沟通，作为技术人员，有时我们可能忘记了聆听而快速切换到了解决问题的模式，有时甚至是在问题完全被确定之前我们就那样做了。

最后，战略及运营规划与运营部门协力合作存在一个致命的缺陷：即运营单位中沟通的质量。根据你参与的安全改善计划中某项特定部分的重要性，你可能会想在网络外围增加“补充”通信，以确保具有相应权限的人员得到了相应的信息。

影响力与组织变革

该讨论的固有特征是让别人相信你正在开展的 SIP 的重要性、相关性以及价值。我们的研究显示出各种权益相关人想如何交流，但是基本的假设就是你和你的权益相关人有一个共同的目标。我们知道情况并非总是如此，特别是当与安全性相关的时候。商学院将这种类型的影响视作非市场策略，因为其并不像一个市场策略那样关注供应和需求，而是关注以下四个因素：

- 问题；
- 权益相关人；
- 权力；
- 信息。

这四个因素的结合提供了一个重要的工具，该工具将提高你影响个体和团体的能力。

问题

问题存在于感兴趣的基本话题或者是所关注的对于商业来讲非常重要的领域，这些问题包括策略、技术、事件和行动。策略问题包括涉及讨论中的行业问题的机构强制实施的规则，这些机构遍布联邦、州及地方政府。这些问题包括一些行业标准，例如 NIST(美国国家标准与技术研究院)、IEEE(美国电气和电子工程师协会)以及其他一些产业化水平的专业组织所施行或推荐的行业标准。联邦及各州法律同样被认为是策略领域的一部分，因为法律往往在公司层面上推动策略地推出及实施。这些因素中的大部分最终都被实施，尤其是在大型企业中，作为规则、标准和流程在公司内部实施，规模小一些的公司则往往会减少一些策略的实施，但他们同样遵守相同的标准和法律——他们只不过是常在公司内部反映当地政策或过程。这些层面中任何一个新提出来的或更新过的政策，如果导致非市场业务环境改变的话，都必须被视作一个问题，并对其进行考量。

技术的变革同样可以被当做问题来考虑，准备变革业务活动的新技术通常需要显著的调整，有时甚至能够导致业务的失败。对于现存的并不需要革命性变革的技术进行改变可以增加或减少竞争优势——不是针对你的优势就是针对你的竞争对手的优势——从而引出了该业务在过去从没有遇到过的一系列的新机遇和新挑战。

各种事件和活动各自独成一类，因为它们都难以预测和控制，其中可能包括像9·11事件或讨论全球变暖的结果这类社会性的事件。事件的类别同样包括自然事件，诸如自然灾害及其造成的社会影响。海地遭遇大地震就是一个自然灾害可以对坊间的谈资造成多大影响的明显的例子。一般而言，大的自然灾害通常都会对经济造成影响(同样也包括社会的其他一些方面)。当自然灾害在资源输出国发生时，水资源、石油资源以及其他的一些资源可能会形成一种短缺的状态。

政治事件对于某些业务所需的原材料或者成品材料的供应同样也产生着相似的影响，政权的更迭或者政变都是具有重大历史意义的事件，但是稳定的政府内部所进行的政治交接却是微妙的和难以处理的。新上台的政治家或政党都有自己的一套“御用”供应商，这些供应商必须学会灵活机动的打理生意。

权益相关人

清晰地确定你正在试图解决的问题，是能够说服一个个体或团体遵循你已经规划好的路线非常关键的第一步，下一步就是确定权益相关人，“权益相关人”这个词的字面意思是持有股份的股东——最早指在赌博中投入赌资的第三方，然后其意思渐渐地变为商业中和项目管理中一些不同的事情，直到近段时间，权益相关人这个词才指对于一个项目或进程的收益非常感兴趣的人或团体。如前所述，准确地确定权益相关人是重要的，因为当遇到问题时，这些人恰恰是你试图去影响的。

权力

影响力也同样依赖于权力，而这种现象在为稀缺的资源进行激烈的竞争中得到最明显的体现。在此背景下，权力有两个来源：位置和个人。

位置的权力来自于一个人在公司组织结构图中的职称和职位，正是这种类型的权力在即便他人没有兴趣参加的情况下，也可以强制他人遵守。大学校长、教务长、学院院长以及副校长都可以不费吹灰之力就依靠他们的头衔将事情搞定。

如果忽略组织结构图，我们发现了另外一个相对于个人来说的权力的来源，我们称其为“个人权力”，其既来源于对成就的肯定，也来源于随着时间的推移所建立的人脉。来自于成就的个人权力的出现，是因为总有一些人在其各自的领域被认为是出色的或至少得到了同行们的肯定。

这种权力的另一个来源就是能够带来高额资金的能力。关系也是个人权力的另一个来源。一些人已经在自己所在的领域出名许久了并且知道问题关键之所在。这些人深谙公司的制度及文化，并且无论他们在公司组织结构图中的位置如何，公司都会尊重并且重视他们的意见。他们花时间建立与校园里其他团体的关系，并且他们的意见和决定也会因他们随时间而积累起来的信任和政治资本而受到尊重。

这并不意味着每一个项目或方案的每一步都需要与权益相关人名单中的所有人交流，不过当你执行一个重要的方案时关注一下名单对你职业生涯的改善还是有好处的，同时想想你是否需要和这些团体中的某个人交流一下。

信息

在这种情况下，信息是指能让权益相关人知道问题或相信其影响的因素。举个例子来说，如果我们考虑到安全性，关于一个特定事件的新闻报道就可以引发恐惧，不管这个报道合理还是不合理。作为首席安全官来讲，你可能已经在某个周一的早晨接到了电话，被询问诸如“黑客是如何影响到我们的?”这类问题，这个问题可能并非不合理，我曾经在一个机构里工作，在那个机构中，我们部门的财务主管会定期开会讨论一个问题，即我们的计算机成本为何如此巨大？他会带来一张剪报，其内容是家用电脑的349美元特别优惠的广告，并且拿这张剪报来质问我们为什么不买这些以便省去大量的开支。解释一下原因也许可以节省纠缠于此类问题的时间，但这也不是屡试不爽。有时，仅仅向坐在会议桌旁的其他人解释一下会更有效，当然要希望他们不与那个财务主管有同样的初衷。

总 结

这类实证研究直接关系到公司中安全方案的实施。政治、权力和影响力是在任何环境下都非常重要的因素，这些问题在高等教育机构中尤为显著，缺乏一个诸如利润、提供的服务或是生产的产品这样的共同目标，使得高等教育机构成为一个高度紧张的政治环境，同时也使之成为研究这些因素影响度量计划的实施和维护的理想场所。在安全改善方案实施之前，你不必争取支持。事实上，我们建议可以以有完全掌控权为基础条件，从规模较小但却是很重要的安全性方面开始安全改善方案。这将使你的团队通过某种方式宣告成功，且不会影响到其他部门以及他们的预算，这样你就可以建立一个坚实的基础。

案例研究作者

Doug Dexter 自 1989 年以来，一直就职于思科系统公司信息安全部门。在其任期内，他负责从维护内部防火墙到领导开发各种企业内架构解决方案的一切事务。作为思科内部公钥基础设施部署团队的负责人，他建立了一个团队，提供证书和签署网络电话、管理者访问、电缆调制解调器产品代码的解决方案。自 2005 年以来，Doug 成为思科内部审计团队负责人，负责处理全球范围内思科收购、漏洞评估、现场评估活动。Doug 在思科工作之前，在美国陆军服役了 11 年，在陆军预备役信息保障部门荣膺陆军少校头衔。具有得克萨斯大学奥斯汀分校的 MBA 学位，研究专长为信息系统、控制和保障。同时他是一名信息安全员、信息系统审计师、信息系统安全认证和管理专家。

Mike Burg 是思科全球安全实践的高级解决方案架构师。他在网络安全领域有近 20 年的经验，横跨很多不同领域（医疗、教育、销售、航空、环境）。自 2004 年以来，Mike 在思科系统工作，帮助客户评估、测量、提高他们的安全架构和操作。Mike 在行业活动、合作伙伴峰会、思科网络中做了很多主题与安全相关的演讲。目前他是思科身份服务、思科信息技术治理风险、合规（GRC）实践的技术负责人，他也是思科安全态势评估小组的高级顾问。麦克毕业于加州州立大学圣贝纳迪诺分校，是思科认证网络专家（CCIE No. 19965）。

Caroline Wong 在星佳公司游戏网络部门负责管理战略安全，曾是易趣全球信息安全团队负责人，在那里着手建立了安全度量项目。她在安全度量领域的建树闻名遐迩，并在众多行业会议中担任重要演讲嘉宾，包括无线电操作人员协会、Metricon、执行妇女论坛、阿切尔峰会以及信息安全论坛。Caroline 作为信息安全一致标准定义中心的技术报告审核专家，积极与云安全联盟合作为云计算空间定义标准。她具有加州大学伯克利分校的电子工程和计算机科学的双学士学位，荣获信息系统安全认证专家认证的斯坦福大学高管教育项目的金融和会计证书。

Craig Blaha 是 IT 专业人员，在教育和信息技术方面有 15 年的经验，其中在与安全相关的操作和项目方面担当领导角色十多年。Craig 职业生活的大部分时间用于管理和协调特殊信息技术和安全项目，重点是支持大规模信息技术运作中权益相关人的参与与推广。目前他刚刚获得得克萨斯大学信息科学博士学位，从事安全、隐私和信息政策方面的研究和教学工作，其专业知识和学术研究相得益彰。Craig 定期在学术和行业会议上就技术项目策略方面展示他的研究和经验。他拥有各种认证，涵盖信息技术基础架构库（ITIL）、项目管理、信息技术和信息安全领导以及事件响应等方面。

《信息安全度量》的书评

我认为安全度量之所以困难，其中一个原因是它没有单一的成功秘诀。它不仅与数学有关，还与你试图获得的认知以及如何辅以定量分析有关。要创建一个成功的、可持续的度量项目，你必须首先设计一个合理的框架，兰斯的书首先呈现了这一点，然后他以实际的案例研究充实了理论，并举例说明如何将框架纳入到你自己的使用环境中。这种新的安全测量处理对于老手和初学者同样适用。

——Elizabeth A. Nichols 博士

PlexLogic 有限公司

作者提供了一个及时、实用的信息安全管理概述，直接呈现给负责执行任务的人。从概述到应用，此书以清晰、易读的章节在陈述技术细节的同时，更强调实际应用。为你在组织机构中应用度量标准增长见识、树立信心。

——Andrew Dillon，Yule 终身教授

德克萨斯大学信息学院信息科学系主任

来自任何地方的安全从业者都在齐心协力地进行着安全测量，这样我们才能更加多产、高效，并能保证实现安全。这本书呈现了丰富的实际体验，并提供给我们所需要应用在安全标准上的各种实用的方法。

——Mike Lloyd 博士

RedSeal Systems 有限公司首席科学家

当今的安全实践重在效力，这需要一个良好的测量过程和度量报告。这不再是通过集体考虑后将最佳实践拼凑在一起，或仅仅因为我们一直这么做而继续实践。有效的安全实践是设置策略、实施策略，加以证明它的有效性。兰斯·海登的著作《信息安全度量》阐述了测量和度量的差异，提醒我们在开始测量之前要对所进行的测量深切注意，不仅仅是要阐明我们行业当前的实践，而且要使之有所提高。这往往会使你的所得受益良多，而不会有所失。

——John N. Stewart

思科公司副总裁兼首席安全官

著作权合同登记号 图字：01-2013-4062

图书在版编目(CIP)数据

信息安全度量：用来测量安全性和保护数据的一种有效框架 /(美) 海登 (Hayden，L.) 著；吕欣，王标译. —北京：北京大学出版社，2015.8

ISBN 978-7-301-26166-8

Ⅰ. ①信… Ⅱ. ①海… ②吕… ③王… Ⅲ. ①信息安全－安全技术 Ⅳ. ①TP309

中国版本图书馆 CIP 数据核字（2015）第 185094 号

Lance Hayden, Ph.D.

IT SECURITY METRICS: A Practical Framework for Measuring Security & Protecting Data

978-0-070171340-5

书　　名　信息安全度量：用来测量安全性和保护数据的一种有效框架
著作责任者　〔美〕兰斯·海登（Lance Hayden）著
　　　　　　吕　欣　王　标　于江霞　樊　晖　译
责任编辑　王　华
标准书号　ISBN 978-7-301-26166-8
出版发行　北京大学出版社
地　　址　北京市海淀区成府路 205 号　100871
网　　址　http://www.pup.cn　　新浪微博：@北京大学出版社
电子信箱　zpup@pup.cn
电　　话　邮购部 62752015　发行部 62750672　编辑部 62765014
印 刷 者　北京大学印刷厂
经 销 者　新华书店
　　　　　720 毫米×1020 毫米　16 开本　19.25 印张　367 千字
　　　　　2015 年 8 月第 1 版　2015 年 8 月第 1 次印刷
定　　价　58.00 元